電気・電子系 教科書シリーズ 12

電子回路

須田 健二
工学博士 土田 英一 共著

コロナ社

電気・電子系 教科書シリーズ編集委員会

編集委員長	高橋　　寛	（日本大学名誉教授・工学博士）
幹　　事	湯田　幸八	（東京工業高等専門学校名誉教授）
編集委員	江間　　敏	（沼津工業高等専門学校）
（五十音順）	竹下　鉄夫	（豊田工業高等専門学校・工学博士）
	多田　泰芳	（群馬工業高等専門学校名誉教授・博士（工学））
	中澤　達夫	（長野工業高等専門学校・工学博士）
	西山　明彦	（東京都立工業高等専門学校名誉教授・工学博士）

(2006年11月現在)

刊行のことば

　電気・電子・情報などの分野における技術の進歩の速さは，ここで改めて取り上げるまでもありません．極端な言い方をすれば，昨日まで研究・開発の途上にあったものが，今日は製品として市場に登場して広く使われるようになり，明日はそれが陳腐なものとして忘れ去られるというような状態です．このように目まぐるしく変化している社会に対して，そこで十分に活躍できるような卒業生を送り出さなければならない私たち教員にとって，在学中にどのようなことをどの程度まで理解させ，身に付けさせておくかは重要な問題です．

　現在，各大学・高専・短大などでは，それぞれに工夫された独自のカリキュラムがあり，これに従って教育が行われています．このとき，一般には教科書が使われていますが，それぞれの科目を担当する教員が独自に教科書を選んだ場合には，科目相互間の連絡が必ずしも十分ではないために，貴重な時間に一部重複した内容が講義されたり，逆に必要な事項が漏れてしまったりすることも考えられます．このようなことを防いで効率的な教育を行うための一助として，広い視野に立って妥当と思われる教育内容を組織的に分割・配列して作られた教科書のシリーズを世に問うことは，出版社としての大切な仕事の一つであると思います．

　この「電気・電子系 教科書シリーズ」も，以上のような考え方のもとに企画・編集されましたが，当然のことながら広大な電気・電子系の全分野を網羅するには至っていません．特に，全体として強電系統のものが少なくなっていますが，これはどこの大学・高専等でもそうであるように，カリキュラムの中で関連科目の占める割合が極端に少なくなっていることと，科目担当者すなわち執筆者が得にくくなっていることを反映しているものであり，これらの点については刊行後に諸先生方のご意見，ご提案をいただき，必要と思われる項目

については,追加を検討するつもりでいます.

　このシリーズの執筆者は,高専の先生方を中心としています.しかし,非常に初歩的なところから入って高度な技術を理解できるまでに教育することについて,長い経験を積まれた著者による,示唆に富む記述は,多様な学生を受け入れている現在の大学教育の現場にとっても有用な指針となり得るものと確信して,「電気・電子系 教科書シリーズ」として刊行することにいたしました.

　これからの新しい時代の教科書として,高専はもとより,大学・短大においても,広くご活用いただけることを願っています.

　1999年4月

編集委員長　髙　橋　　　寛

ま え が き

　本書は，電気・電子・情報系の学生や企業技術者を対象に，電子回路，特にアナログ電子回路の基礎を平易に解説した電子回路入門書である。電子回路技術の発展は目覚ましく，それに使用される能動素子である真空管の発明に始まり，トランジスタの発明でその技術は飛躍的に発展し，さらに集積回路，大規模集積回路の出現でますます進展してきている。この電子回路技術を応用した製品は，テレビ，ビデオなどの家庭用電気機器をはじめ，最近の携帯電話や通信装置，ホビー製品など，現代社会に必須のものとなっている。このように急速に発展，変革する電子回路を学ぶことは，大変難しいといわれている。しかし，その基礎となるべき事項をしっかり理解できていれば，新しい素子や回路にも十分対応することができる。

　本書はこのような観点から，電子回路の基本回路と基礎知識が習得できるよう配慮し，1章の電子回路概説では，電子回路に使用されている素子である抵抗器やコンデンサ，ダイオードとトランジスタの概略について解説した。2章の基本増幅回路では，まずトランジスタの特性を説明し，その特性を有していることがトランジスタで増幅回路が構成できることを示し，さらに各種接地回路とその特徴，トランジスタの特性図を用いた増幅度の図式計算法，hパラメータを用いた等価回路による増幅度の計算法，T形等価回路と増幅度の計算法，増幅回路の入出力抵抗の計算法，各種バイアス回路と安定指数の求め方，FETのバイアス方法と等価回路など，3章以降の応用回路に必要な事項を中心に少し詳しく説明した。

　3章以降は，1，2章の基礎と基本回路に対する応用回路の解説である。3章は低周波増幅回路の代表であるRC結合増幅回路，4章は直流増幅回路でよく使用される直接結合増幅回路，5章は増幅回路の最終，すなわち出力段で

よく使用される電力増幅回路，6章は高周波増幅回路の代表である同調形増幅回路について，7章は電子回路の特性を改善する回路技術を取り入れた帰還増幅回路について説明した。

8章は近年，IC化され計測制御回路などによく使用される演算増幅器とその応用回路について，9章は正弦波交流を発生する各種発振回路について，10章はラジオやテレビ放送などで使用されている情報伝送方式であるAM変調回路とFM変調回路などについて述べ，11章は電子回路を動作させるために必要な直流電源を作り出すための電源回路について説明した。

本書は，筆者らが上記内容を長年にわたって高専の電気・電子・情報系の学生に講義してきた電子回路の講義ノートをもとに，今回大幅に加筆・修正し，高専はもとより，大学・短大における電子回路の教科書としても使えるようにまとめたものである。電子回路の学習には，電気回路や電子工学の予備知識は必要であるが，長年の経験からそれだけではない，センスが必要であると思っている。本書では，そのセンスを身につけられるように，図表や例題を多数用い，また回路解析に必要な数式の誘導はていねいにして，初学者にも容易に理解できる「わかりやすい教科書」を目指して執筆したつもりである。全体のまとめは須田が行い，各章の執筆分担は，1，2章と，8章は須田が，3〜7章，9〜11章が土田となっている。

執筆には十分注意したつもりであるが，思いがけない間違いやミスがあるかもしれない，そのような場合には読者諸氏からご叱正を頂ければ幸いである。

最後に，本書を執筆するにあたり多くの文献を参考にさせて頂いたがその著者各位，および出版に際してお世話になったコロナ社の方々に，深く謝意を表する。

2003年9月

著　者

目 次

1. 電子回路概説

1.1 電気回路と電子回路 …………………………………………………… *1*
1.2 アナログ電子回路とディジタル電子回路 ………………………… *2*
1.3 線形回路と非線形回路 ……………………………………………… *3*
1.4 電子回路素子 ………………………………………………………… *3*
  1.4.1 抵抗器とEシリーズ ………………………………………… *3*
  1.4.2 コンデンサ …………………………………………………… *6*
  1.4.3 ダイオード …………………………………………………… *8*
  1.4.4 トランジスタ ………………………………………………… *14*
演習問題 …………………………………………………………………… *19*

2. 基本増幅回路

2.1 トランジスタの特性 ………………………………………………… *22*
  2.1.1 電圧-電流特性 ……………………………………………… *22*
  2.1.2 絶対最大定格 ………………………………………………… *24*
  2.1.3 そ の 他 ……………………………………………………… *24*
2.2 増幅の原理と各種接地方式 ………………………………………… *25*
  2.2.1 増幅の原理 …………………………………………………… *25*
  2.2.2 エミッタ接地回路 …………………………………………… *26*
  2.2.3 コレクタ接地回路 …………………………………………… *28*
  2.2.4 ベース接地回路 ……………………………………………… *29*
  2.2.5 αとβの関係 ………………………………………………… *29*
2.3 増幅度の図式計算 …………………………………………………… *30*

  2.3.1 動 作 点 ……………………………………………………… *30*
  2.3.2 増幅度の計算 …………………………………………………… *32*
 2.4 等価回路による増幅度の計算 ……………………………………… *34*
  2.4.1 h パラメータによる等価回路と増幅度の計算 ……………… *35*
  2.4.2 T 形等価回路と増幅度の計算 ………………………………… *41*
  2.4.3 h パラメータと T 形等価回路の定数の関係 ………………… *45*
 2.5 増幅回路の入出力抵抗 ……………………………………………… *47*
  2.5.1 増幅回路の特性を表す諸量 …………………………………… *47*
  2.5.2 h パラメータによる入出力抵抗の計算 ……………………… *48*
  2.5.3 T 形等価回路の定数による入出力抵抗の計算 ……………… *49*
  2.5.4 各種接地回路の入出力抵抗の比較 …………………………… *50*
 2.6 バイアス回路と安定指数 …………………………………………… *52*
  2.6.1 バイアス回路のいろいろ ……………………………………… *53*
  2.6.2 安 定 指 数 …………………………………………………… *55*
  2.6.3 各種バイアス回路の安定指数 ………………………………… *56*
 2.7 FET のバイアス方法と等価回路 ………………………………… *60*
  2.7.1 FET の 特 徴 ………………………………………………… *60*
  2.7.2 JFET の動作原理と特性 ……………………………………… *61*
  2.7.3 JFET のバイアス方法 ………………………………………… *63*
  2.7.4 JFET の等価回路 ……………………………………………… *64*
演習問題 ……………………………………………………………………… *66*

3. *RC* 結合増幅回路

 3.1 *RC* 結合 1 段増幅回路 ……………………………………………… *69*
 3.2 *RC* 結合 2 段増幅回路 ……………………………………………… *77*
演習問題 ……………………………………………………………………… *82*

4. 直接結合増幅回路

 4.1 エミッタ接地 2 段直接結合増幅回路 ……………………………… *84*
 4.2 帰還バイアス形エミッタ接地 2 段直接結合増幅回路 …………… *86*

4.3 ダーリントン接続増幅回路 ………………………………………… 89
演習問題 ……………………………………………………………………… 90

5. 変成器結合増幅回路

5.1 変成器結合増幅回路の概要 ………………………………………… 91
5.2 電力増幅回路 ………………………………………………………… 99
演習問題 ……………………………………………………………………… 103

6. 高周波増幅回路

6.1 同調形高周波増幅回路 ……………………………………………… 106
 6.1.1 単一同調増幅回路 ……………………………………………… 106
 6.1.2 複同調増幅回路 ………………………………………………… 113
6.2 広帯域増幅回路 ……………………………………………………… 118
6.3 中 和 回 路 …………………………………………………………… 121
演習問題 ……………………………………………………………………… 125

7. 帰還増幅回路

7.1 帰還の原理 …………………………………………………………… 126
7.2 負帰還増幅回路の特徴 ……………………………………………… 128
7.3 負帰還増幅回路の種類 ……………………………………………… 130
7.4 負帰還増幅回路の回路例 …………………………………………… 132
 7.4.1 電圧直列帰還増幅回路 ………………………………………… 132
 7.4.2 ブートストラップ回路 ………………………………………… 136
演習問題 ……………………………………………………………………… 138

8. 演算増幅器

8.1 差動増幅回路 ………………………………………………………… 139
 8.1.1 差動増幅回路の構成 …………………………………………… 139

8.1.2　差動増幅回路の動作 …………………………………………… *140*
　8.1.3　差動増幅回路の CMRR の改善 ………………………………… *143*
8.2　演算増幅器の特性と IC 演算増幅器 …………………………………… *144*
　8.2.1　演算増幅器の特性 ………………………………………………… *144*
　8.2.2　IC 演算増幅器 …………………………………………………… *147*
8.3　演算増幅器の基本回路 …………………………………………………… *148*
　8.3.1　反転増幅回路 ……………………………………………………… *148*
　8.3.2　非反転増幅回路 …………………………………………………… *149*
　8.3.3　ユニティゲイン・ボルテージホロワ …………………………… *149*
8.4　演算増幅器の演算回路への応用 ………………………………………… *150*
　8.4.1　積 分 回 路 ………………………………………………………… *150*
　8.4.2　加 算 回 路 ………………………………………………………… *151*
　8.4.3　減 算 回 路 ………………………………………………………… *152*
演 習 問 題 ………………………………………………………………………… *153*

9.　発　振　回　路

9.1　発　振　条　件 …………………………………………………………… *156*
9.2　LC 発 振 回 路 …………………………………………………………… *158*
9.3　RC 発 振 回 路 …………………………………………………………… *163*
9.4　水 晶 発 振 回 路 ………………………………………………………… *169*
演 習 問 題 ………………………………………………………………………… *172*

10.　変　復　調　回　路

10.1　振　幅　変　調 …………………………………………………………… *176*
　10.1.1　振幅変調の原理 …………………………………………………… *176*
　10.1.2　振幅変調回路 ……………………………………………………… *179*
　10.1.3　振幅復調回路 ……………………………………………………… *182*
10.2　周　波　数　変　調 ……………………………………………………… *183*
　10.2.1　周波数変調の原理 ………………………………………………… *183*
　10.2.2　周波数変調回路 …………………………………………………… *186*

10.2.3　周波数復調回路 ……………………………………………… 189
10.3　　位　相　変　調 ………………………………………………………… 190
　　　10.3.1　位相変調の原理 ……………………………………………… 190
　　　10.3.2　位相変調回路 ………………………………………………… 191
　　　10.3.3　位相復調回路 ………………………………………………… 192
演習問題 ……………………………………………………………………………… 195

11. 電　源　回　路

11.1　電源回路の性能因子 ………………………………………………………… *197*
11.2　整　流　回　路 ………………………………………………………………… *198*
　　　11.2.1　単相半波整流回路 …………………………………………… *198*
　　　11.2.2　単相全波整流回路 …………………………………………… *200*
　　　11.2.3　倍電圧整流回路 ……………………………………………… *204*
11.3　平　滑　回　路 ………………………………………………………………… *205*
　　　11.3.1　コンデンサフィルタ ………………………………………… *205*
　　　11.3.2　インダクタンスフィルタ …………………………………… *208*
　　　11.3.3　LCフィルタ …………………………………………………… *210*
11.4　安　定　化　回　路 …………………………………………………………… *210*
演習問題 ……………………………………………………………………………… *215*

引用・参考文献 ……………………………………………………………………… *216*
演習問題解答 ………………………………………………………………………… *217*
索　　　　引 ………………………………………………………………………… *222*

1

電子回路概説

　電子回路を学ぶためには，そのまえに電気回路や電子工学の知識の習得が必要である．特に，電気回路におけるキルヒホッフの法則を回路解析に応用できること，有名な定理である，テブナンの定理，ミルマンの定理，重ね合わせの理などを回路解析に使いこなせることも必要である．電子回路の解析には，近似計算や非線形回路を等価な線形回路に置き換えて解析するなど，特有の計算手法もあるが，まずは電気回路のような厳密計算が確実にできることが前提である．これらについては，電気回路の良書で十分に復習しておいてほしい．

　本章では，電子回路を構成する電子部品である，抵抗器，コンデンサやトランジスタ，ダイオードなどの電子素子について，電子回路の解析・設計に必要と思われる範囲の説明をする．

1.1 電気回路と電子回路

　電気回路 (electric circuit) は，電気回路素子を接続したものである．電気回路素子としては，電気エネルギーを供給するための電源や，電圧や電流を制限するための抵抗器，コイル（インダクタ）やコンデンサ（キャパシタ），半導体であるダイオードやトランジスタなどがある．これらの電気回路素子を組み合わせることによって，電気回路は，電気エネルギーを伝送，蓄積し，また，電気信号を増幅，伝送，記憶，演算処理するなど，現代社会になくてはならない技術として発展してきている．

　電子回路 (electronic circuit) とは，電気回路の中で，特に電子要素である半導体（ダイオードやトランジスタなど）を含む回路のことをいう．すなわ

ち，電子回路は，抵抗器，コイル，コンデンサなどの部品と，ダイオードやトランジスタなどを組み合わせて作った電気回路であるといえる。この回路の特徴は，電気信号の増幅，伝送，発生，演算処理などができることであり，この技術の進歩によってラジオ，テレビ，コンピュータなどが開発されたといっても過言ではない。

1.2 アナログ電子回路とディジタル電子回路

電子回路は，大きくアナログ電子回路とディジタル電子回路に分けられる。本書ではアナログ電子回路を扱うが，アナログ電子回路とディジタル電子回路について簡単に述べておこう。

アナログの語源は**アナロジー**（analogy）で「相似」を意味し，物理量を連続量として表現する。アナログ電子回路では，表現したい量（音声の信号や画像の信号は本来，連続量）を電気信号の電圧値のような連続量として処理するものである。アナログ信号の増幅，演算処理などは，電子回路の素子の応答速度で実現できるため高速処理が可能である。しかし，電子回路の「ひずみ」や「雑音」の処理が難しいことから，高精度の処理には向いていない。

一方，ディジタルの語源は**ディジット**（digit）で「指」を意味し，物理量などのデータを指で数えるように数値で表現する。数値は，私たちが通常使用する場合は10進数が用いられるが，ディジタル回路では2進数が用いられる。2進数で用いられる数値は「0」と「1」であるが，ディジタル回路では，これを電圧の大小や電流の有無で表現する。このように「0」と「1」の2値状態を表せばよいので，ある値以上は「1」，それ未満は「0」というように，多少，値があいまいでも「0」と「1」の状態は変化することはない。このため，ディジタル電子回路に要求される精度はアナログ回路に比べ厳しくはない。しかし，高精度を必要とする場合は，けた数を多くする。例えば，$-50\,°C$〜$+50\,°C$までを$0.1\,°C$の刻みで表示できるディジタル温度計の場合，分解能は1000必要であり，2進数では10けたが必要となる。一般的に，ディジタ

ル回路のほうが，回路は複雑になるが高精度が期待できるといえる。

1.3 線形回路と非線形回路

　線形回路とは，入力信号の「和」と「重み」の関係が，出力信号にも保存される回路のことである。簡単にいえば，入力信号と出力信号の間に線形（比例）関係がある回路である。回路素子でいえば線形素子（素子の値が，その端子間の電圧またはそこを流れる電流の値に依存しない）のみからなる回路のことをいう。したがって，線形回路は，抵抗器，コンデンサ，コイルなどの線形素子からなる回路であり，ダイオード，トランジスタなどの非線形素子を含む回路は非線形回路である。

　以上のように電子回路は非線形回路である。非線形回路の解析は，一般的に面倒である。しかしながら，われわれはこの電子回路の解析をするときに，ある基準の状態からの非常に狭い範囲で，非線形回路を，線形近似により線形回路に置き換えて解析することができる。

1.4 電子回路素子

　アナログ電子回路を構成する素子は，受動素子と能動素子に分けられる。**受動素子**（passive element）は，**抵抗器**（resistor）R，**コイル**（coil）L，**コンデンサ**（capacitor）C や**変成器**（transformer）M と，電子回路素子であるダイオードなどである。能動素子はトランジスタ，電界効果トランジスタなどが代表的なものである。

1.4.1 抵抗器とEシリーズ

　抵抗器は，電子回路にはなくてはならない重要な素子である。電流を抑制したり，その両端の電圧を取り出したりする働きをするからである。抵抗器には多くの種類があり，図 **1.1** のように分類できる。

4   1. 電子回路概説

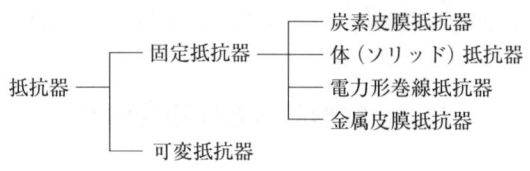

図 *1.1*　抵抗器の種類

炭素皮膜抵抗器（carbon-film resistor）は，磁器管または磁器棒の表面に密着固定させた炭素系皮膜を抵抗体とし，これに適当な端子を付け，表面を保護塗装したものである。

体抵抗器（composition resistor）は**ソリッド抵抗器**とも呼ばれ，炭素系導電物質と，ほかの適当な物質（例えば，粘土など）を混合して抵抗素体を形成し，これに端子を付けて抵抗体表面を絶縁した抵抗器である（JIS C 5062）。炭素皮膜抵抗器と比べて，精度や安定度にやや欠けるが，量産向きであり広く使用されている。抵抗値は，抵抗器の表面に公称抵抗値および抵抗値許容差をカラーコードと呼ばれる色表示によって明瞭に表示し，JIS C 5062では図 *1.2* に示すように規定している。

体抵抗器は，その製法上，同じ抵抗値を目標に製造しても，製品の抵抗値に

色	銀色	金色	黒	茶色	赤	黄赤	黄	緑	青	紫	灰色	白	色帯を施さない
第1色帯	−	−	0	1	2	3	4	5	6	7	8	9	−
第2色帯	−	−	0	1	2	3	4	5	6	7	8	9	−
第3色帯	10^{-2}	10^{-1}	10^0	10^1	10^2	10^3	10^4	10^5	10^6	10^7	10^8	10^9	−
第4色帯	±10	±5	−	±1	±2	±0.05	−	±0.5	±0.25	±0.1	−	−	±20

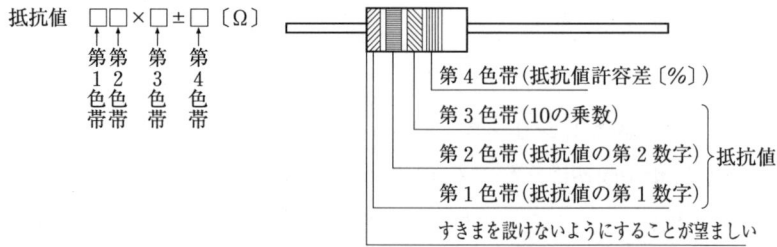

図 *1.2*　抵抗値の有効数字が2けたの場合のカラーコード（JIS C 5062）

はばらつきがある。そこで，Eシリーズと呼ばれる巧妙な方法が考えられている。表 *1.1* にEシリーズを示す。E6シリーズは抵抗値許容差±20％の数列，E12シリーズは抵抗値許容差±10％の数列，E24シリーズは抵抗値許容差±5％の数列である。

表 *1.1*　Eシリーズと公称抵抗値

Eシリーズ	公　称　抵　抗　値																							
E 6	1				1.5				2.2				3.3				4.7				6.8			
E 12	1		1.2		1.5		1.8		2.2		2.7		3.3		3.9		4.7		5.6		6.8		8.2	
E 24	1	1.1	1.2	1.3	1.5	1.6	1.8	2	2.2	2.4	2.7	3	3.3	3.6	3.9	4.3	4.7	5.1	5.6	6.2	6.8	7.5	8.2	9.1

表 *1.2* にE6シリーズにおける公称抵抗値と許容差±20％の抵抗値を示す。これによれば，例えば，E6シリーズでは公称抵抗値47 kΩの抵抗器は，±20％の許容差をもつので，抵抗器の実際の抵抗値は，37.6〜56.4 kΩの範囲であればよいことになる。

表 *1.2*　E6シリーズ公称抵抗値と許容差±20％の抵抗値

公称抵抗値 x	1	1.5	2.2	3.3	4.7	6.8
$x - 0.2x$	0.8	1.2	1.76	2.64	3.76	5.44
$x + 0.2x$	1.2	1.8	2.64	3.96	5.64	8.16

電力形巻線抵抗器（power type coated wire wound resistor）は，磁器がい管などの耐熱巻心上に抵抗線を巻き，その上にほうろう質，そのほかの耐熱被覆を施した抵抗器（JIS C 6401）のことで，低抵抗，大電力が特徴で，精度は高いが高周波における周波数特性が悪い。高周波における周波数特性は，抵抗器は見かけ上は抵抗のみに見えるが，実際には分布容量を含んでおり，抵抗器の等価回路は図 *1.3* のように考えることができる。このように，周波数によりインピーダンスが変化し，周波数によって性能が低下することを「周波数特性が悪い」といっている。

金属皮膜抵抗器（metal film resistor）は，許容差や温度係数が小さく，高精度で高安定度が得られ，高抵抗なものまであるが，一般的に高価である。

また，可変抵抗器は図 *1.4* に示すように，連続した抵抗体上にしゅう動子

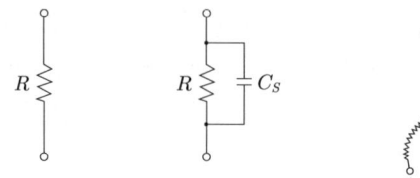

（a）抵抗の回路図記号　（b）分布容量まで考えた等価回路

図 *1.3*　抵抗器の等価回路

（a）半固定抵抗器　（b）図記号

図 *1.4*　可変抵抗器と回路図記号

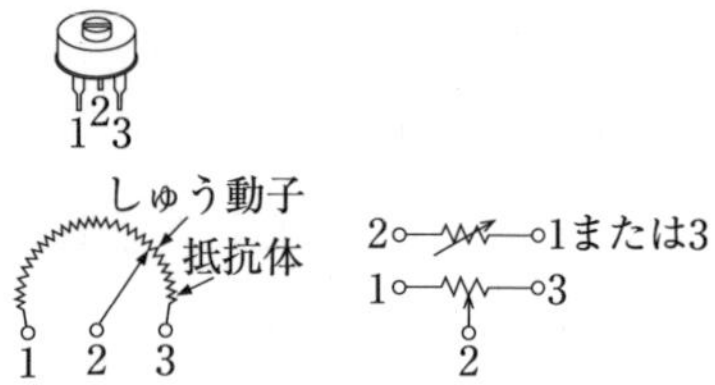

を接触させながら動かし，希望の抵抗値を得るようにしたものである。そのため，可変抵抗器には三つの端子があり，端子 1-3 間が可変抵抗器の呼称抵抗値を有しており，端子 1-2 間に可変抵抗値が得られる。したがって，しゅう動子を動かすことによって，呼称抵抗値から 0 Ω まで変化させることができる。なお，抵抗値は，しゅう動子の回転角に応じて直線的に変化しないものがあるので注意を要する。電子回路に用いられる可変抵抗器は半固定抵抗器と呼ばれ，プリント基板上にうまく配線できるように小型化されていると同時に，一度抵抗を可変させ調整したあとは，これを接着剤などで固定して使うタイプのものが多い。

1.4.2 コンデンサ

コンデンサはアナログ電子回路において，直流分のカットやノイズの除去，また，抵抗器と組み合わせて，回路の周波数特性を決めるのに使用されている。コンデンサには固定コンデンサと可変コンデンサがあり，その構造と誘電体の性質によって**図 *1.5*** のように多くの種類がある。

- コンデンサ
  - 固定コンデンサ
    - 無極性
      - セラミックコンデンサ(チタコン)
      - ポリエステルフィルムコンデンサ(マイラコン)
      - ポリスチロールフィルムコンデンサ(スチコン)
    - 有極性
      - 電解コンデンサ（ケミコン）
      - タンタルコンデンサ
  - 可変コンデンサ

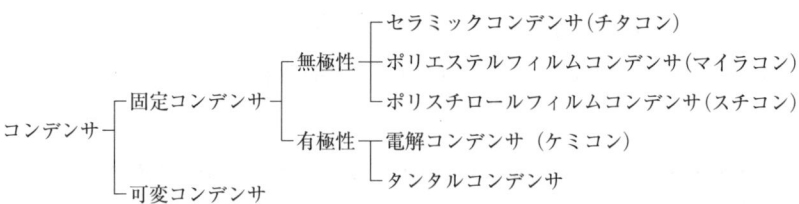

図 *1.5*　コンデンサの種類

無極性のコンデンサはプラス・マイナスの極性を意識せずに使えるが，有極性のコンデンサはプラス・マイナスの極性に注意して使う必要がある。そのため，有極性のコンデンサはどちらの端子がプラスかマイナスかを示すマークが付いている。

セラミックコンデンサは磁器コンデンサのことで，チタコンと呼ばれており，電子回路用として広く用いられている。ポリエステルフィルムコンデンサ（マイラコン）は，比較的コンデンサとしての性能に優れており，広く用いられている。ポリスチロールフィルムコンデンサ（スチコン）はコンデンサとして非常に優れた性能をもち，通信用の回路や直流増幅器などによく使用されている。電解コンデンサ（ケミコン）やタンタルコンデンサは大容量コンデンサとして使われている。

これらのコンデンサの容量は，いくつかの方法で表示される。例えば，**図1.6**のチタコンでは左側のものは数字そのものがその容量を示し，単位はpF (10^{-12} F) である。右側のチタコンは抵抗と同じ要領（カラーコードではなくて数字）で読みとる。**図1.6**の場合の681Kは，容量 $68〔pF〕\times 10^1 = 680〔pF〕$ であり，記号Kは容量の許容差を表す。**表1.3**から記号Kは，許容差±10％を示す。ケミコンの場合は外形が大きいので，**図1.6**に示すように容量値が直接印刷されている。

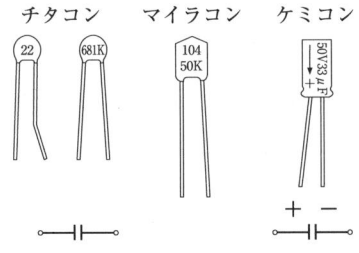

図1.6 コンデンサの種類と回路図記号

表1.3 コンデンサの容量許容差記号

記 号	B	C	D	F	G	J	K	M	N
許容差 ±%	0.1	0.25	0.5	1	2	5	10	20	30

1.4.3 ダイオード

ダイオードは二端子の素子であり，両端に加える電圧の極性によって，電流が流れたり流れなかったりする性質，すなわち，整流作用がある。ダイオードは構造によっていろいろな種類に分類され，代表的なものは，点接触形と接合形であるが，現在，点接触形は特殊な用途でしか使用されておらず，ここでは接合形のみについて説明する。

〔1〕 **真性半導体と不純物半導体** 銅などの金属は電気をよく通すので**導体**（conductor）といい，ガラスやベークライトなどのような，ほとんど電気を通さない物質を**絶縁体**（insulator）という。ゲルマニウム（Ge）やシリコン（Si）は，この両者の中間の電気抵抗を有する物質で，**半導体**（semiconductor）と呼ばれている。

半導体には，不純物が入っていない純粋なゲルマニウムやシリコンのような**真性半導体**（intrinsic semiconductor）と，真性半導体に，ごくわずかな特定の不純物〔例えば，リン（P）やガリウム（Ga）〕を混ぜた，**不純物半導体**（impurity semiconductor）とがある。

銅などの導体は，結晶の結合に直接関係のない自由電子が非常に多く，その自由電子が，電圧により移動するときに電流が流れる。この**電子**（electron）と，のちほど説明する正孔のことを**キャリヤ**（carrier）という。

シリコンなどの真性半導体では，最外殻の電子（価電子）の数は4個であるが，安定な結晶は**図 1.7**のように最外殻の電子数が8個のときである。すなわち，たがいに隣り合った原子が価電子を共有して見かけ上，最外殻の電子の数が8個であるように結合している（これを**共有結合**という）。外部から結晶

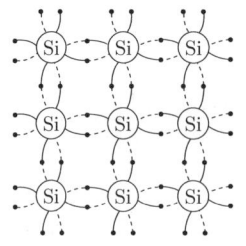

図 1.7 真性半導体の共有結合

にエネルギーが与えられない限り，最外殻電子は，原子核との結びつきを切れないので，電流は流れない。外部から電圧を加えると，結合に関係していた電子が結合からはずれ，自由電子となる。また，結合からはずれた電子の抜け跡である**正孔**（hole）は，電圧を加えられたことにより，近くの電子を呼び込み移動する。したがって，真性半導体では，電子と正孔の数は等しく，その両者によって電流が流れる。

ゲルマニウムやシリコンの真性半導体に，リン（P）や，ヒ素（As），アンチモン（Sb）などを微少量加えた不純物半導体をn形半導体という。PやAs，Sbは最外殻電子の数が5個であるため，**図 1.8** に示すように共有結合の際に結合する相手のない電子が1個でき，これが外部からのわずかなエネルギーによって，自由電子となって動き回る。この電子が抜けた跡は，正の電荷が残るが，近くの電子を取り込むことができないため正孔とはならない。さらに，真性半導体と同様に，外部に電圧を加えると共有結合を構成している電子が自由電子となり，正孔も発生するので，n形半導体では，自由電子のほうが正孔の数よりも非常に多くなる。n形半導体では，自由電子を多数キャリヤ，正孔を少数キャリヤという。

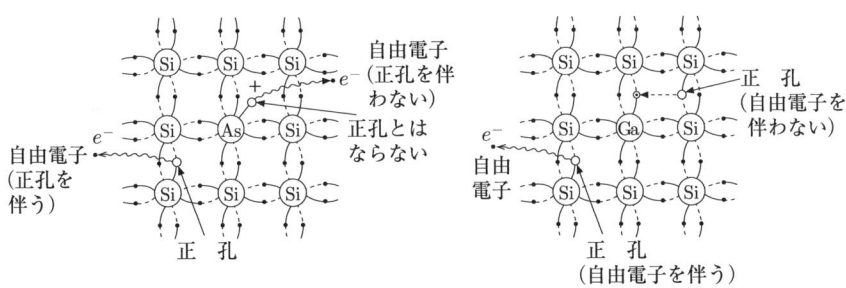

図 1.8　n形半導体の共有結合　　　図 1.9　p形半導体の共有結合

ゲルマニウムやシリコンの真性半導体に，アルミニウム（Al）や，ガリウム（Ga），インジウム（In）などを微少量加えた不純物半導体をp形半導体という。AlやGa，Inは，最外殻電子の数が3個であるため，**図 1.9** に示すように共有結合の際に結合する電子が1個不足する，これが外部からのわずかな

エネルギーによって，正孔となって動き回る。しかし，この正孔は，自由電子の発生は伴わない。p形半導体では，多数キャリヤは正孔で，少数キャリヤは自由電子である。

〔**2**〕**pn接合と整流作用**　図**1.10**(a)のようにp形半導体とn形半導体を接合したものを**pn接合**（pn junction）という。外部から電圧を加えないとき，p形とn形の接合面近くでは，正孔と自由電子のキャリヤ濃度の違いによる拡散が起き，図**1.10**(b)のようにp形から正孔が，n形から自由電子がそれぞれ他方の領域に侵入する。他方の領域に侵入したキャリヤは，その領域内では少数キャリヤであるため，多数キャリヤとの再結合により消滅する。

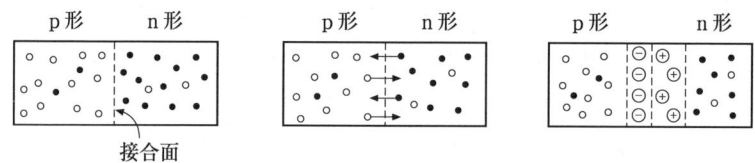

　(a)　pn接合　　　　(b)　キャリヤの拡散　　(c)　空乏層(電位障壁)の形成

図中の○は正孔を，●は自由電子を示す。

図**1.10**　pn接合と電位障壁

再結合によりキャリヤが消滅すると，図**1.10**(c)のように，接合面近くのn形内部では正電荷が，p形内部では負電荷が蓄えられている状態となり，そこに電界（電位差）を生じる。この電位差を電位障壁といい，これはn形内部の自由電子やp形内部の正孔の移動を妨げる働きをし，この状態で安定する。

また，この領域では，キャリヤはすべて再結合で消滅しているためキャリヤが存在しない。この領域を**空乏層**（depletion layer）と呼んでいる。

つぎに，図**1.11**のように，この電位障壁以上の電圧を外部から加えると，自由電子や正孔は移動しやすくなり，電流が流れる。この電圧をかける向きを順方向といい，この方向に加えた電圧を**順方向電圧**（forward voltage），流れる電流を**順方向電流**（forward current）という。

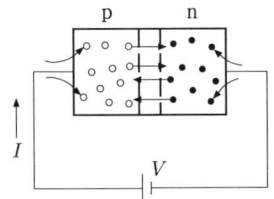
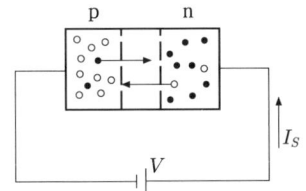

図 **1.11** 順方向電圧の pn 接合　　　図 **1.12** 逆方向電圧の pn 接合

また，図 **1.12** のように，逆方向に電圧を加えると，電位障壁はますます高くなって電流は流れない（実際には，きわめてわずかな電流が流れており，この電流を逆方向電流 I_s という）。この向きに加えた電圧を**逆方向電圧** (reverse voltage) という。正孔は p 形領域に，自由電子は n 形領域に引き寄せられて，pn 接合部分では，電荷の運び手であるキャリヤがほとんどなく，これは，抵抗値が大きいことを意味する。

このように pn 接合には，両端に加える電圧の極性によって電流が流れたり流れなかったりする性質があり，この性質を整流作用という。また，整流作用の性質を有する素子を**ダイオード**（diode）と総称している。

ダイオードの図記号を図 **1.13** に示す。ダイオード本体には図 (*a*) のように順方向を示すマークが印刷されている。また，ダイオードであることを示す型番として，1S □□□が用いられている。

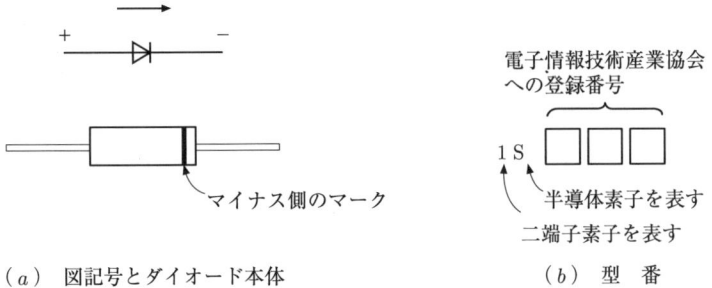

図 **1.13**　ダイオードの図記号と型番

〔3〕 **ダイオードの特性**　ダイオードの順方向に電圧をかけると電流が流れ，逆方向に電圧をかけると電流が流れない。この様子を，ダイオードの端子電圧 V と流れる電流 I との関係（電圧-電流特性）で示すと，**図1.14**のようになる。順方向では電圧が V_F を超えると急激に電流が流れる。この V_F を立ち上がり電圧といい，ダイオードの材質によって異なり，シリコンの場合は $0.6\sim0.8\,\mathrm{V}$，ゲルマニウムの場合は $0.2\sim0.3\,\mathrm{V}$ である。逆方向ではごくわずかな電流（逆方向に流れる電流は飽和電流 I_S と呼ばれ，シリコン接合ダイオードでは $10^{-9}\mathrm{A}$ 程度である）が流れる。

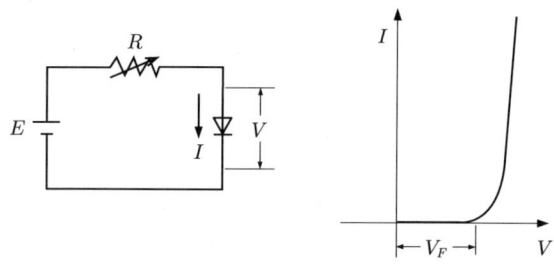

　　（a）順方向に電圧を加える　　（b）ダイオードの特性

図 **1.14**　ダイオードの順方向特性

このダイオードの電圧-電流特性は次式で示される。

$$I = I_S(e^{\frac{qV}{kT}} - 1) \tag{1.1}$$

ここで，q は電子1個のもつ電荷，k はボルツマン定数，T は絶対温度，I_S は飽和電流である。例えば，常温27℃では，順方向では $I = I_S e^{39V}$，逆方向では $I = -I_S$ となる。

ダイオードの特性として，順方向では抵抗値が 0，逆方向では抵抗値の値が無限大（∞）のダイオードを考えて，この性質をもつダイオードを理想的なダイオードという。

〔4〕 ダイオードを使った簡単な回路
1) ダイオードと抵抗の直列回路
図 **1.15** にダイオードと抵抗を直列に接続した回路を示す。

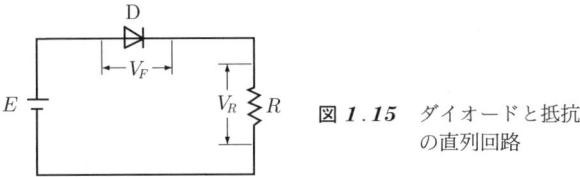

図 **1.15** ダイオードと抵抗の直列回路

① 理想的な場合

ダイオードに加わる電圧は順方向電圧なので，ダイオードの抵抗値は 0 である。したがって，回路に流れる電流 I_D〔A〕は次式で求められる。

$$I_D = \frac{E}{R} \quad 〔\mathrm{A}〕 \tag{1.2}$$

② 順方向電圧を考慮する場合

順方向電圧 V_F を考慮すると，回路に流れる電流 I_D〔A〕は次式で求められる。

$$I_D = \frac{E - V_F}{R} \quad 〔\mathrm{A}〕 \tag{1.3}$$

2) 整流回路
交流を直流に変換する整流回路に使われる回路を図 **1.16** に示す。

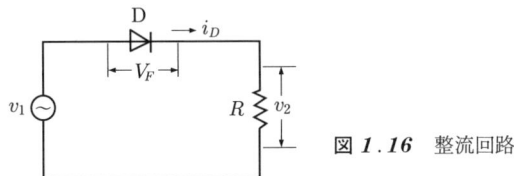

図 **1.16** 整流回路

① 理想的な場合（順方向電圧 V_F より交流の電圧が十分大きいとき）

図 **1.17**(*b*)に示すような出力波形が得られる。

14　1. 電子回路概説

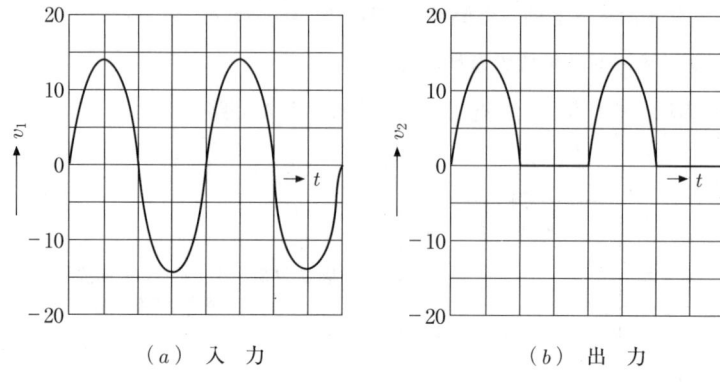

図 **1.17**　整流回路の特性（理想的な場合）

②　順方向電圧を考慮する場合（交流電圧の大きさが順方向電圧 V_F とあまり変わらないとき）

図 **1.18**(b)に示すような出力波形が得られる。

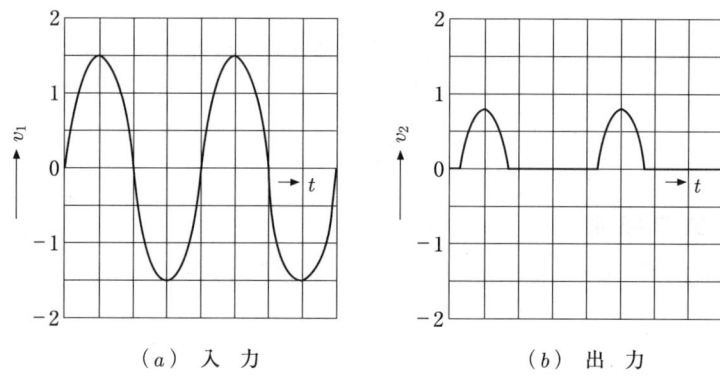

図 **1.18**　整流回路の特性（順方向電圧を考慮する場合）

1.4.4　トランジスタ

電子回路の主役は**トランジスタ**（transistor）で，1948 年に発明された。トランジスタは，図 **1.19** に示すように大きく分けて 2 種類ある。二つの端子間を流れる電流を第 3 の端子に電流を流して制御する電流制御形と，電圧を印加して制御する電圧制御形である。電流制御形は**バイポーラ**（bipolar）トラ

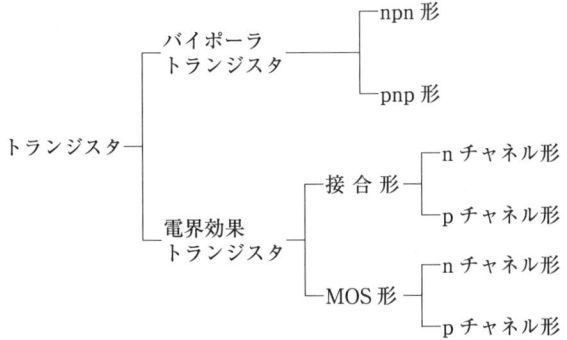

図 1.19 トランジスタの種類

ンジスタといい，npn 形と pnp 形がある．一方，電圧制御形は**電界効果トランジスタ**（field-effect transistor）といい，略して FET という．電界効果トランジスタにはいくつかの種類があるが，その代表は**接合形電界効果トランジスタ**（junction FET：**JFET**）と**絶縁ゲート形電界効果トランジスタ**（その代表例が，metal oxide semiconductor FET：**MOS 形 FET**）である．

〔1〕 **バイポーラトランジスタ**　npn 形トランジスタの原理を説明するための図を**図 1.20** に示す．n 形半導体と p 形半導体が n-p-n と三つの層をなし，それぞれの層の間は pn 接合を形成している．三つの層はそれぞれ，エミッタ（E），ベース（B），コレクタ（C）と呼ばれる．

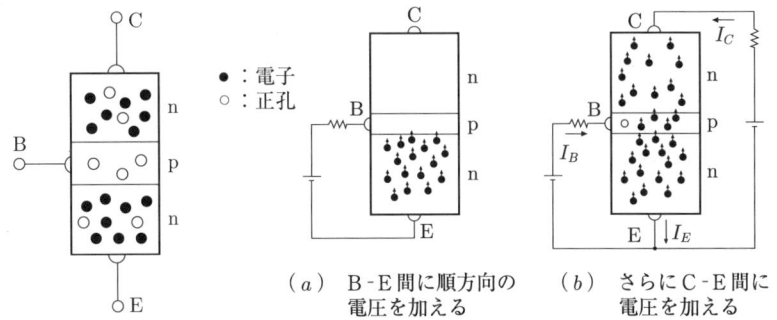

図 1.20　npn 形トランジスタ　　図 1.21　npn 形トランジスタ内部の電子の動き

さて，ベースとエミッタ間は pn 接合のダイオードと考えられ，**図 1.21**（a）のように順方向の電圧を加えると，エミッタからベースに電子が流れる．

この状態で図 **1.21**(b) のようにコレクタとエミッタ間に逆方向の電圧（ベースとエミッタ間に加える電圧より大きい）を加えると，コレクタとベース間の pn 接合に逆方向の電圧が加わる．中間の p 形半導体は非常に薄く，この pn 接合部に強い電界ができる．そこで，図 **1.21**(b) でエミッタからベースに流れていた電子の大部分は，この電界に引き寄せられてコレクタへ進み，外部に流れ出てコレクタ電流 I_C となる．また，エミッタからベースに流れた電子の一部は，ベース中の正孔と結合して消滅する．この消滅した正孔を供給するべく外部からベースに正孔が流れ込み，これがベース電流 I_B となる．したがって，I_B は非常に小さく，エミッタ電流 I_E は，$I_E = I_B + I_C$ の関係がある．

このように，コレクタ電流 I_C も，ベース電流 I_B も，エミッタからの電子の流れを配分している．この配分は一定しており，コレクタ電流とベース電流は比例する．したがって，ベース電流を増加させればコレクタ電流も増加し，ベース電流を減らせばコレクタ電流も減少する．

慣用的に用いられているトランジスタの図記号を図 **1.22** に示す．ただし，JIS による図記号では円を付けないことになっており，エミッタ，ベースやコレクタを示す電極の記号も，電極を明らかに示すためのもので，付けないのが普通である．

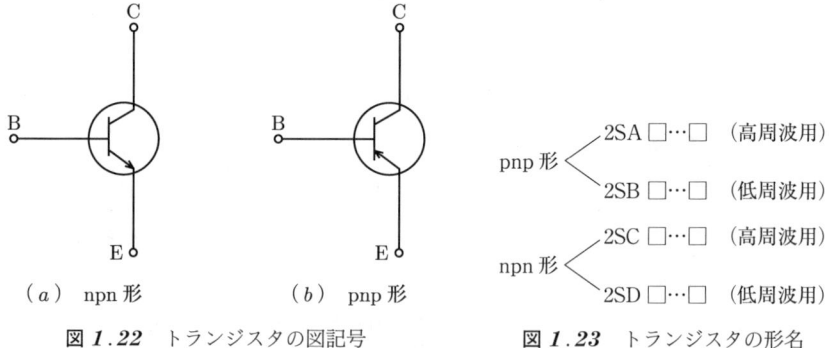

(a) npn 形　　(b) pnp 形

図 **1.22** トランジスタの図記号　　図 **1.23** トランジスタの形名

トランジスタの形名は，電子情報技術産業協会で図 **1.23** のように決められている．最初の数字の 2 は，電極の数から 1 を引いた値を意味し，S は

semiconductor の頭文字である。□…□は型番を示す数字である。

〔2〕 **電界効果トランジスタ**　nチャネル接合形電界効果トランジスタの構造を図 *1.24* に示す。n形半導体の基板にp形半導体のゲート (G) を付けて，基板との間にpn接合を構成している。n形半導体の基板には，両端にソース (S) とドレーン (D) の二つの電極が付けられている。

ソース (S) に対してゲート (G) に負の電圧 V_{GS} をかけるとき，n形半導体の内部に図 *1.24* のように空乏層を生ずる。V_{GS} の値を大きくすると空乏層の厚さが大きくなり，電流の通路（チャネルという）が狭くなるので電子が

コーヒーブレイク

電子回路の学び方

　電子回路の学び方にはいくつかあるように思います。一つ目は厳密計算で，これにはやはり電気回路の知識をきちんと理解していることが前提となります。トランジスタ回路は非線形ですが，これを等価な線形の回路に置き換えて解析することが多いためです。等価回路に置き換えてしまえば，あとは線形な，または通常の電気回路の解析とまったく同じとなりますし，電気回路の知識といっても，その多くはオームの法則やキルヒホッフの法則を回路解析に応用できる程度で十分です。さらに，テブナンやノートンの定理，あるいは重ね合わせの理やミルマンの定理など，使いこなせればさらに良いでしょう。

　二つ目は，近似計算ができることです。例えば，直流バイアス回路などの解析ではダイオードやトランジスタが動作しているならば，ダイオードの順方向電圧はシリコンでは 0.6～0.7 V となり，トランジスタのベース-エミッタ間の電圧も 0.6～0.7 V となります。これを利用することで問題が簡単に解ける場合も多くあります。また，トランジスタ回路の解析では，ベース電流がほかに比較して小さく，無視してもよい場合が多く，問題が簡単に解けるようになります。

　三つ目は前述した等価回路の導き方です。特に，信号を電子回路に与えたときの等価回路を導くことができるかどうかにあると思います。その際に，信号周波数に対して，コンデンサは開放や短絡とみなせる場合があり，それを利用すれば等価回路はかなり簡単になる場合があります。さらに，トランジスタの h パラメータや y パラメータと回路定数との関係を考慮して，適切な近似を行うことができる場合があり，これにより等価回路が簡単になり，解析を容易にすることができます。

通りにくくなり，ドレーンからソースに流れるドレーン電流が減少する。逆に，ゲートの負電圧 V_{GS} の値を小さくすると，チャネルの幅が広くなり，ドレーン電流は増加する。このように，ゲートの電圧によってドレーン電流が制御される素子である。MOS 形 FET については，スイッチング素子として用いられることが多いので，ここでは図記号と形名のみ示す。

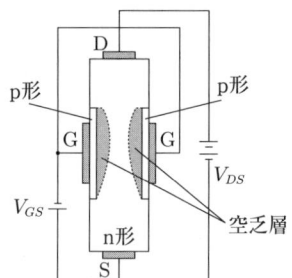

図 **1.24** n チャネル接合形電界効果トランジスタ

電界効果トランジスタの図記号を図 **1.25** に示す。上段が一般的に用いられているものであり，下段が JIS で定めた図記号である。また，FET の形名は JIS で図 **1.26** のように定められている。

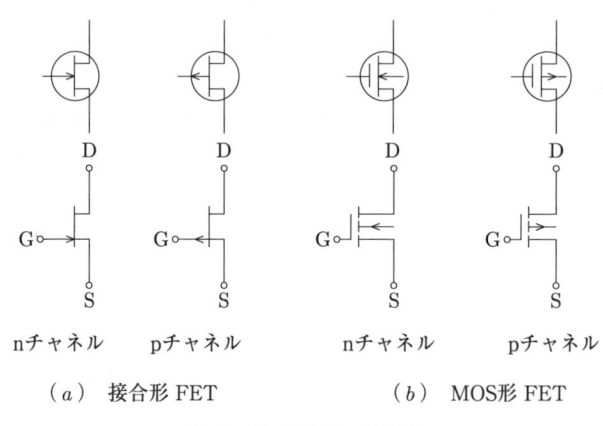

（a）接合形 FET　　（b）MOS 形 FET

図 **1.25** FET の図記号

2SK□…□　n チャネル接合形
2SJ□…□　p チャネル接合形
3SK□…□　n チャネル MOS 形
3SJ□…□　p チャネル MOS 形

図 **1.26** FET の形名

演 習 問 題

【1】 問図 1.1 の回路の電流 I_1, I_2, I_3 を，①キルヒホッフの法則を用いた閉路電流法，②ミルマンの定理を用いた方法，③重ね合わせの理を用いた方法で解いてみよ。

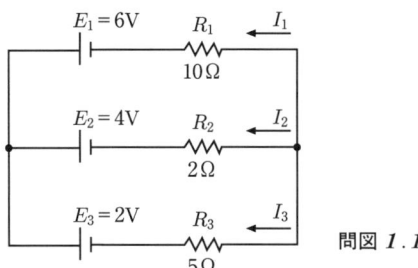

問図 1.1

【2】 正弦波交流 $e = E_m \sin\theta$ の実効値，平均値を定義式に従って求めよ。

【3】 4色帯法で示されるカラーコードが，赤，紫，黄，無しの順に表示されている抵抗器の抵抗値と精度はいくらか。

【4】 E6シリーズは 1, 1.5, 2.2, 3.3, 4.7, 6.8 である。実測値が $125\,\mathrm{k\Omega}$ のソリッド抵抗器は，どんな色帯が付けられるか記せ。

【5】 問図 1.2 の回路のシリコンダイオード D_1, D_2 を流れる電流を求めよ。ただし，ダイオードの順方向電圧 V_F は $0.7\,\mathrm{V}$ とする。

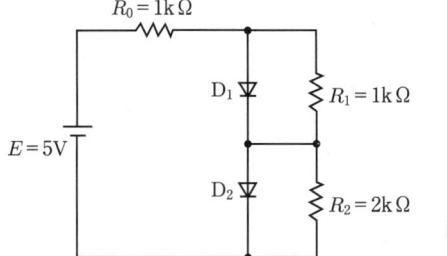

問図 1.2

【6】 問図 1.3 の回路で,電圧 v_1 が最大値 $4\,\mathrm{V}$ の正弦波であるとき,出力電圧 v_2 の波形を作図せよ。ただし,ダイオードの順方向電圧 V_F は $0.7\,\mathrm{V}$ とする。

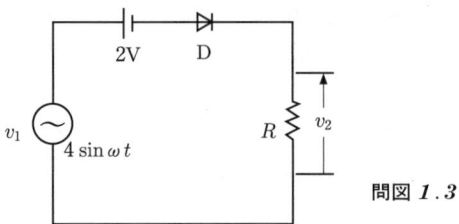

問図 1.3

【7】 問図 1.4 は npn 形トランジスタの動作原理を示す。以下の文章は,この動作原理を説明しているものである。☐ に適切な用語を書き入れ,{ } の中から適当な語を選択し,文章を完成させよ。

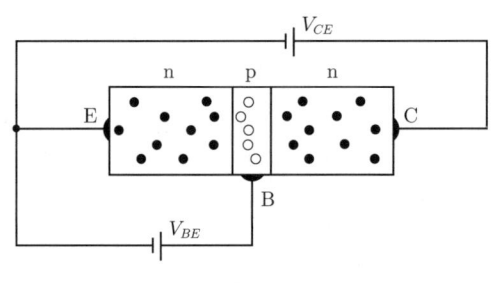

問図 1.4

　問図 1.4 は各半導体部に電極を取り付け,端子間に電圧をかけているが,まずこれらを取り除いた状態,すなわち,単純に n-p,あるいは p-n 半導体が接合された場合について調べる。

　これらが接合されると,n 形半導体のキャリヤである {電子,正孔} および p 形半導体のキャリヤである {電子,正孔} は (ア) 作用により,たがいに接する相手側の領域に入り込む。その結果,各接合面付近では,キャリヤは電気的に中和されて消滅し,いわゆる (イ) を形成する。ただし,接合面付近は各半導体の (ウ) により (エ) 化され,n 形半導体領域は {正,負} 電位に帯電し,p 形半導体領域は {正,負} 電位に帯電し,これらの領域ではたがいに電位差を生じることになる。キャリヤ側からみると,この電位差はキャリヤが移動する際の障壁になるので (オ) とも呼ばれている。

　外部電源を利用することにより,この電位差はさらに高くしたり,低くし

たりする（消滅しないで残っているキャリヤを他層へ移動しにくくしたり，移動しやすくしたり）ことができる．前者の働きをする電源は，{順，逆}バイアス電源，後者の働きをする電源は{順，逆}バイアス電源と呼ばれる．**問図 1.4** ではE-B間に{順，逆}バイアス，B-C間に{順，逆}バイアスがかかることになる．

したがって，接合されたnpn半導体において，図のように，B-E間に電圧 V_{BE} がかけられると，E領域のキャリヤはB-E間の電位差が{高く，低く}なるために，その接合領域を通過してB領域に到達できる．接合領域を越えB領域に到達したキャリヤはp形半導体のキャリヤと再結合しようとするが，B領域の幅が非常に薄いので，その大部分はそのままB-C領域を通過する．この接合領域を越えC領域に到達したキャリヤは，電荷が{＋，－}であるので，V_{CE} の{＋極，－極}に接続されているC電極に引き寄せられる．その結果，E領域のキャリヤがB領域を通過してC領域まで運ばれ，C側回路に電流が流れることになる．

2

基本増幅回路

　電子回路の最も重要な働きとして，電気信号の増幅がある．電気信号を増幅するには能動素子が必要で，現在ではトランジスタが主として使われている．トランジスタの直流に対する特性は，静特性と呼ばれ非線形であり，増幅器の特性を示す諸量の一つである増幅度などを，図式により，その静特性から求めることができる．しかし，この方法は，増幅の原理を理解するのにはよいが，求めるのが簡単ではなく誤差も大きい．そこで，トランジスタの動作点を決める直流のバイアス電圧・電流に比較して，振幅が十分小さい信号電圧・電流を増幅する回路では，電圧・電流を直流成分と信号成分に分けて計算することができるので，信号成分に対しては，線形な等価回路に置き換えて増幅度などを求めることが一般的に行われている．このように，非線形回路を線形な等価回路に置き換えることができれば，あとは電気回路の手法を使って，解析を容易に行うことができるのである．

　本章では，トランジスタの静特性と増幅の原理について説明したあと，まず，トランジスタの静特性から実際に図式により増幅度を求める．つぎに，h パラメータと T 形等価回路の定数による二つの小信号等価回路と，その解析により増幅度を求める．さらに，増幅回路の入出力抵抗の計算，動作点を決める直流バイアス回路と，その性能の尺度である安定指数について述べ，3 章以降の各種増幅回路の基礎を学習する．

2.1　トランジスタの特性

2.1.1　電圧-電流特性

　ベース-エミッタ間に電圧 V_{BE} をかけるとベース電流 I_B が流れ，コレクタ-エミッタ間に電圧 V_{CE} をかけるとコレクタ電流 I_C が流れ，エミッタ電流 I_E

との間に $I_E = I_B + I_C$ の関係があることを**1**章で述べたが，その電圧と電流との量的関係はどのようになっているのだろうか．通常，トランジスタは，つぎに示す項目によってその特性が表されている．

① V_{CE} を一定に保ったときの，V_{BE} と I_B の関係（入力特性）
② I_B を一定に保ったときの，V_{CE} と I_C の関係（出力特性）
③ V_{CE} を一定に保ったときの，I_B と I_C の関係
④ I_B を一定に保ったときの，V_{CE} と V_{BE} の関係

図**2.1**に特性の一例を示す．このうち，④の V_{CE}-V_{BE} 特性は，ほとんど用

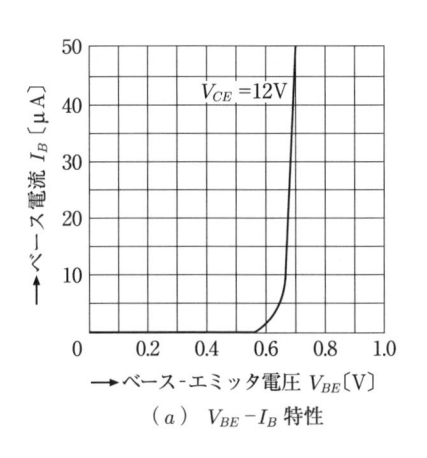

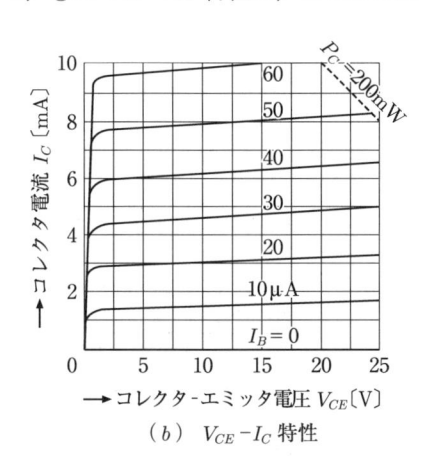

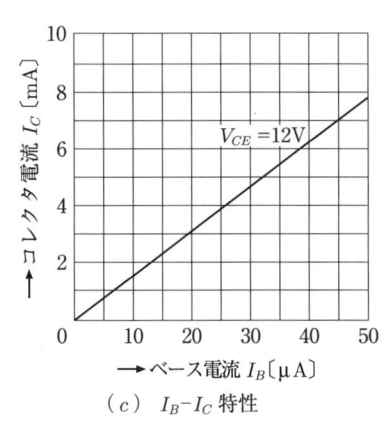

(a) V_{BE}-I_B 特性

(b) V_{CE}-I_C 特性

(c) I_B-I_C 特性

図**2.1** トランジスタの特性（2 SC 458）

いられることがないので省略されていることが多い。また，①と③の V_{BE}-I_B 特性と I_B-I_C 特性は，V_{CE} によって特性があまり変わらないので，V_{CE} がある大きさのときの特性曲線を1本のみ示す場合が多い。これに対し②の V_{CE}-I_C 特性は，I_B によって I_C が大きく変わるので，何本もの特性曲線が描かれている。

2.1.2 絶対最大定格

トランジスタに加えることができる電圧や流すことのできる電流などの最大値を表したものが**絶対最大定格**である。**表 2.1** に絶対最大定格の一例を示す。

許容コレクタ損失とは，$V_{CE}I_C$ の最大許容値を示す。すなわち，V_{CE} や I_C が最大定格値内であっても，その積である $V_{CE}I_C$ が，許容コレクタ損失を超えた大きさで使用してはならないことを示している。トランジスタの特性の中で，利用できる範囲は図 **2.2** に示す範囲となる。

表 **2.1** トランジスタの絶対最大定格の一例（2 SC 458）

項　　目	記号	単位	値
コレクタ-エミッタ電圧	V_{CEm}	V	30
コレクタ電流	I_{Cm}	mA	100
許容コレクタ損失	P_{Cm}	mW	200
ベース-エミッタ電圧	V_{BEm}	V	−5

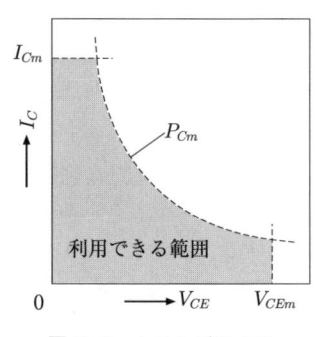

図 **2.2** トランジスタの利用できる範囲

2.1.3 そ の 他

〔1〕 **h パラメータ**　トランジスタの小信号における動作を考える場合に，電圧，電流を四端子回路の h パラメータによる等価回路として表している。これを用いると低周波増幅回路の解析が等価回路によってできることになり便利である。詳細は **2.4.1** 項を参照。

〔2〕 **y パラメータ** 高周波におけるトランジスタの等価回路はアドミタンスパラメータが用いられており，これを y パラメータと呼んでいる。おもに高周波増幅回路の解析に利用されている。詳細は **6.1.1** 項を参照。

〔3〕 I_{CBO}（**コレクタ遮断電流**） コレクタ-ベース（C-B）間に逆方向電圧を加え，ベース-エミッタ（B-E）間には電圧を加えないとき，コレクタにわずかに流れる電流（前述の 2 SC 458 で最大 $0.5\,\mu A$）である。I_{CBO} はエミッタを開放した（$I_E = 0$）状態で C-B 間に流れる電流を表している。また，I_{CBO} は周囲温度の変化で約 2 倍/10℃変化することが知られている。I_{CEO} はベースを開放した（$I_B = 0$）ときのコレクタ遮断電流で I_{CBO} に比べかなり大きな値となる。詳細は **2.6.3** 項を参照。

2.2 増幅の原理と各種接地方式

2.2.1 増幅の原理

トランジスタによる増幅の原理を説明するための基本回路を図 **2.3** に示す。この回路はコレクタと直流電源の間に抵抗 R を挿入したものである。このときに流れる電流をそれぞれ I_C，I_E，I_B とする。つぎにベース側に小さな電圧 v_1 を加える。この結果，ベース-エミッタ間電圧が少し大きくなったことになり，V_{BE}-I_B 特性よりベース電流は増加して $I_B + i_b$ となる。すると，V_{CE}-I_C 特性よりコレクタ電流 I_C は増加して $I_C + i_c$ となる。したがって，エミッタ電流 I_E も $I_E + i_e$ となる。抵抗 R の端子電圧は，直流 I_C による電

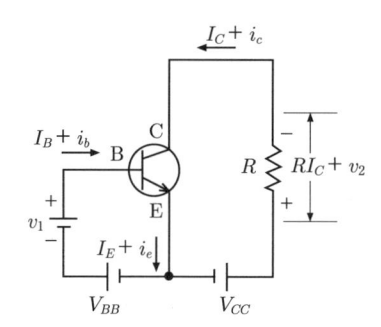

図 **2.3** 基本増幅回路

圧 RI_c と，電流変化分 i_c による電圧分 $v_2 = Ri_c$ の和である。

ベース側に加えた電圧を入力電圧 v_1，抵抗 R の端子電圧のうちの i_c による電圧 v_2 を出力電圧とし，その比

$$A_v = \frac{v_2}{v_1} = \frac{Ri_c}{v_1} \tag{2.1}$$

を考える。v_1 は小信号で，図 **2.1** の特性から，ミリボルト〔mV〕のオーダであり，v_2 は R の値にもよるが，図の特性から，i_c はミリアンペア〔mA〕のオーダであるので，v_2 の値はボルト〔V〕のオーダとなり，A_v の大きさは数十倍，数百倍の大きさになる。この A_v を**電圧増幅度**と呼んでいる。

ベース電流の増加分 i_b を入力電流，抵抗 R を流れる電流はコレクタ電流であるので，その増加分 i_c を出力電流として，その比

$$A_i = \frac{i_c}{i_b} \tag{2.2}$$

を**電流増幅度**と呼び，I_B-I_C 特性より，この値は 100 倍や 200 倍といった大きさになる。また，$v_1 i_b$ を入力電力，抵抗に消費される電力 $v_2 i_c$ を出力電力とすると，その比

$$A_p = \frac{v_2 i_c}{v_1 i_b} = A_v \cdot A_i \tag{2.3}$$

は**電力増幅度**と呼ばれ，電圧増幅度と電流増幅度の積に等しくなる。

2.2.2 エミッタ接地回路

トランジスタに直流電源や抵抗を接続して，増幅回路を構成する方法として，三つの基本回路が考えられている。すなわち，入力の小信号電圧をどこに入れるか，また，出力を取り出す抵抗をどこに挿入するかによって，エミッタ接地回路，コレクタ接地回路，ベース接地回路の三つの種類がある。

図 **2.4** は **2.2.1** 項で述べた基本回路と同じ構成である。違いは入力の小信号電圧 v_1 が図 **2.3** では直流であるが，図 **2.4** では交流になっているだけである。図 **2.4** において直流電源の部分は交流的に短絡状態（直流電源の内部抵抗は非常に小さいので）と考えられるので，入力側の端子 b と出力側の

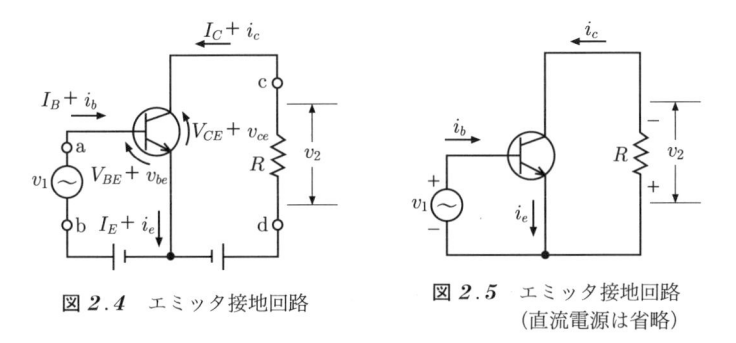

図 2.4　エミッタ接地回路

図 2.5　エミッタ接地回路
（直流電源は省略）

端子 d と，トランジスタのエミッタ端子が共通になっている。すなわち，回路図では**図 2.5** のようになっていると考えられる。このような回路を**エミッタ接地回路**と呼んでいる。

この回路の動作を考えてみよう。入力信号 v_1 によってベース電流が**図 2.6**（c）のように変化する。すると，出力側において図（e）のようにコレクタ電圧が変化し，そのコレクタ電圧の変化は抵抗の端子電圧の変化，すなわち出力電圧 v_2 である。ここで注目したいのは入力に加えた小信号電圧 v_1 と出力電圧 v_2 の波形の極性が反転していることである。このことを「入出力の位相が反転」

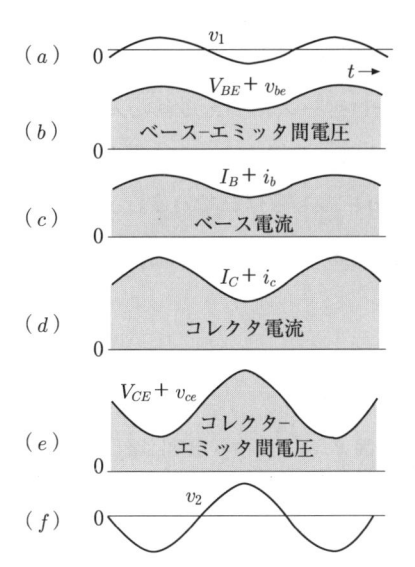

図 2.6　図 2.4 の回路の各部の波形

するという。エミッタ接地回路では，前述したように，電圧増幅度 A_v も電流増幅度 A_i も大きい。しかし，「$R=0$ の場合」には A_v は 0 である。また，このときの電流増幅度 A_i はほぼ同じ値である。この値を一般に β で表している。すなわち

$$A_i = \frac{i_c}{i_b} = \beta \qquad (R=0 \text{ のとき}) \tag{2.4}$$

であり，この β のことを**エミッタ接地電流増幅率**と呼んでいる。

一方，$R=0$ の場合で，直流のベース電流とコレクタ電流の比〔**2.1.1** 項で述べた③の関係と図 **2.1**(c)〕を

$$\frac{I_C}{I_B} = h_{FE} \tag{2.5}$$

と書き，h_{FE} を**エミッタ接地直流電流増幅率**と呼んでいる。近似的には $\beta = h_{FE}$ で，その値は数十〜数百程度である。

2.2.3 コレクタ接地回路

図 **2.7** に**コレクタ接地回路**を示す。コレクタは直接，直流電源に接続されている。したがって，交流的に考えると接地されているのと同じになる。抵抗はエミッタと共通端子の間に接続され，出力電圧はエミッタから取り出される。回路図からわかるように，出力電圧はベースに加えられた入力電圧 v_1 に対して，ベース-エミッタ間電圧 v_{be} だけ低く追従する。この動作から，この回路は**エミッタホロワ**（emitter follower）とも呼ばれている。

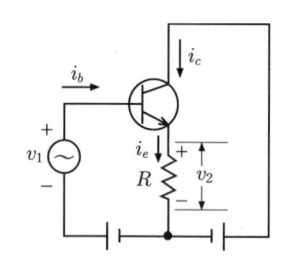

図 **2.7** コレクタ接地回路

電圧増幅度は，ほぼ 1（少し小さい）で，電流増幅度は大きく，ほぼ $\beta + 1$ である。また。図 **2.7** から明らかなように，「入出力の位相は同相」である。

2.2.4 ベース接地回路

図 2.8 に**ベース接地回路**を示す。ベースが直接，共通端子に接続され，出力を取り出す抵抗はコレクタと直流電源の間に接続されている。エミッタに加えた小信号電圧の極性に対して，出力電圧である抵抗の端子電圧の極性は，図 2.8 のようになる。

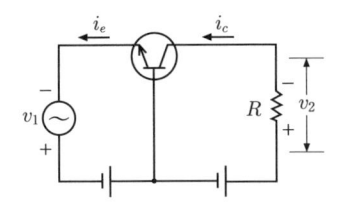

図 2.8 ベース接地回路

図からわかるように電圧増幅度は大きく，ほぼエミッタ接地回路の場合と同じである。しかし，ベース接地の V_{CB}-I_C 特性において，コレクタ電流 I_C は，コレクタ-ベース間電圧 V_{CB} を変化させても，ほとんど変化しない。このことは，ベース接地回路では，より大きな抵抗 R を接続できることになる。したがって，エミッタ接地回路の場合より大きな電圧増幅度が得られる。電流増幅度は，コレクタ電流がエミッタ電流よりベース電流の分だけ差し引いた値であるので，1より少し小さい値となる。「抵抗 $R = 0$ の場合」は電圧増幅度は 0 となるが，電流増幅度 A_i は 0 にはならず，ある値になる。この A_i を一般に α で表している。すなわち

$$A_i = \frac{i_c}{i_e} = \alpha \quad (R = 0 \text{ のとき}) \tag{2.6}$$

である。ここで α を**ベース接地電流増幅率**と呼んでいる。α の値は一般に $0.98 \sim 0.995$ 程度である。また，図 2.8 からわかるように「入出力の位相は同相」である。

2.2.5 α と β の関係

ベース接地電流増幅率 α と，エミッタ接地電流増幅率 β の関係を調べてみよう。直流のエミッタ電流 I_E は，コレクタ電流 I_C とベース電流 I_B の和であ

り，小信号の交流成分についても同様に式 (2.7) が成り立つ。

$$i_e = i_c + i_b \tag{2.7}$$

式 (2.7) に，式 (2.6) を代入し，i_e を消去し，i_c を求めると

$$i_c = \frac{\alpha}{1-\alpha} i_b \tag{2.8}$$

となる。すなわち，式 (2.4) より

$$\beta = \frac{\alpha}{1-\alpha} \tag{2.9}$$

である。逆の関係を求めると，式 (2.10) のようになる。

$$\alpha = \frac{\beta}{1+\beta} \tag{2.10}$$

2.3 増幅度の図式計算

後述の図 **2.9** は，**2.2** 節で説明した基本増幅回路である。この増幅回路の動作点と実際の増幅度の値をトランジスタの静特性の図から求めてみる。

2.3.1 動　作　点

図 **2.9** の回路において，信号電圧 v_i が 0 の場合を考えると，入力側に式 (2.11) が成り立つ。

$$V_{BB} = R_B I_B + V_{BE} \tag{2.11}$$

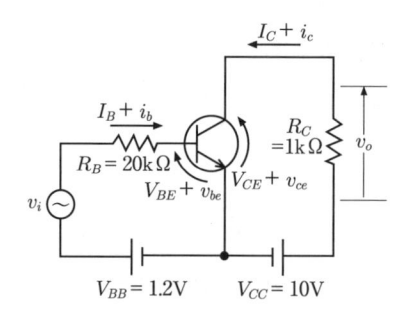

図 **2.9**　基本増幅回路

これを変形すると，式 (2.12) となる。

$$I_B = -\frac{1}{R_B}V_{BE} + \frac{V_{BB}}{R_B} \qquad (2.12)$$

数値を代入して整理し，マイクロアンペア〔μA〕で表すと

$$I_B = -\frac{1}{0.02\,[\text{M}\Omega]}V_{BE} + 60\,[\mu\text{A}] \qquad (2.13)$$

となる。

この関係式を，図 2.10 のトランジスタの**静特性**の図に記入する。すなわち，点 A は横軸上の V_{BB} の値に等しい点であり，点 B は縦軸上の V_{BB}/R_B の値に等しい点である。このような直線を**負荷直線** (load line) と呼んでいる。静特性上の値と負荷直線との交点 P から，入力側の**動作点**が，$I_B = 25\,\mu\text{A}$，$V_{BE} = 0.7\,\text{V}$ と求めることができる。

一方，図 2.9 の出力側の回路から式 (2.14) が得られる。

$$V_{CC} = R_C I_C + V_{CE} \qquad (2.14)$$

変形して式 (2.15) となる。

$$I_C = -\frac{1}{R_C}V_{CE} + \frac{V_{CC}}{R_C} \qquad (2.15)$$

数値を代入して，I_C をミリアンペア〔mA〕で表せば

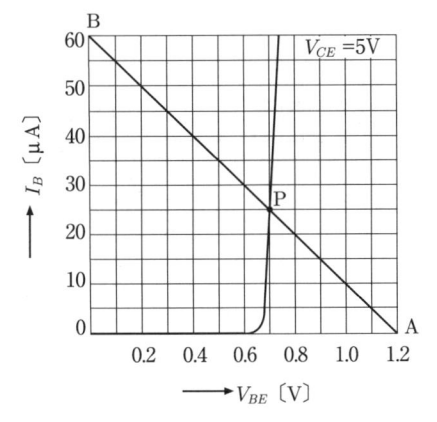

図 2.10　V_{BE}-I_B 特性（入力の静特性） 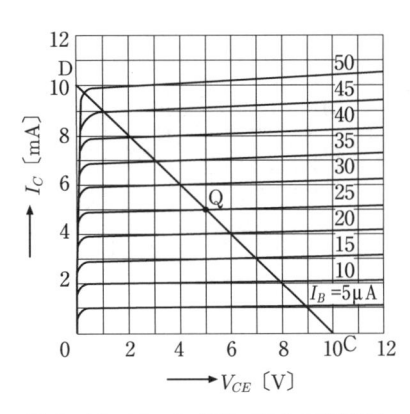　　図 2.11　V_{CE}-I_C 特性（出力の静特性）

$$I_C = -\frac{1}{1\,[\mathrm{k}\Omega]}V_{CE} + 10\,[\mathrm{mA}] \tag{2.16}$$

となる。

式 (2.16) を図 **2.11** の静特性のグラフ上に記入すると，図の直線 CD のようになる。直線 CD は出力側の負荷直線である。一方，I_C と V_{CE} は，図のように，$I_B = 25\,\mu\mathrm{A}$（一定）のときの V_{CE}-I_C 特性曲線上の値でなければならない。したがって，図のように，その交点を Q とすれば，その Q が出力側の動作点となり，$I_C = 5\,\mathrm{mA}$，$V_{CE} = 5\,\mathrm{V}$ となる。

2.3.2 増幅度の計算

図 **2.10**，図 **2.11** で示した動作点 P, Q は，ベース-エミッタ間電圧 V_{BE} の変化に応じて移動する。

つぎに，図 **2.9** で示した回路の入力側に交流の信号電圧 v_i を加えた場合を考える。図 **2.12**(a) は，直流と信号成分である交流が重なった様子を示している。大文字が直流成分を，小文字が交流成分を表している。

直流電源 V_{BB} に加えられた信号電圧 v_i によって負荷直線は平行移動し，ベースの動作点 P は図(a)で示すような P$_1$-P$_2$ の間を移動する。これに対応し

(a) v_i と i_b の関係   (b) i_c と v_{ce} の関係

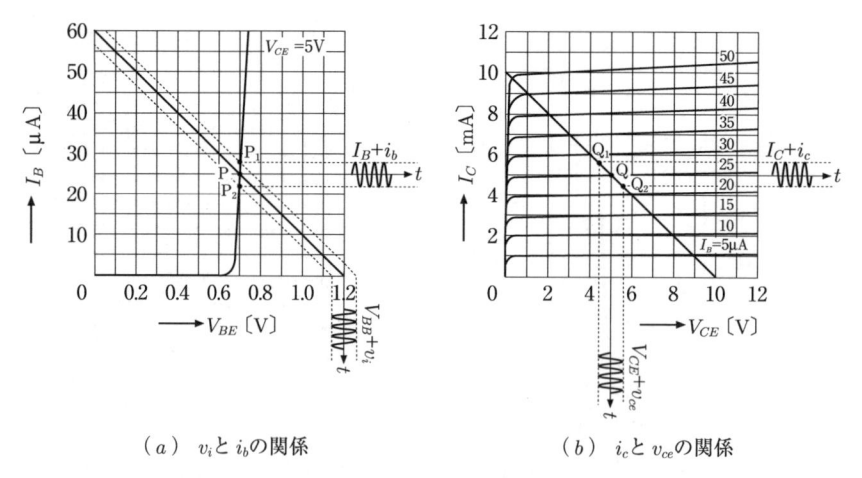

図 **2.12** 入出力の変化の様子

てベース電流は $I_B + i_b$ となる。そして，ベース-エミッタ間電圧は $V_{BE} + v_{be}$ であるが，このうち，v_i による分は，P_1 と P_2 から垂線を引いた点の間の電圧になり，かなり小さい値となる。

このベース電流の変化に応じて，コレクタ側の動作点は，図 $2.12(b)$ の Q_1-Q_2 間を移動する。その結果，コレクタ電流は $I_C + i_c$ となり，コレクタ-エミッタ間電圧は $V_{CE} + v_{ce}$ となる。以上の説明から，電圧増幅度 A_v と電流増幅度 A_i は，次式より求めることができる。

電圧増幅度 $\quad A_v = \dfrac{v_o}{v_i} = -\dfrac{R_C i_c}{v_i}$ \hfill (2.17)

電流増幅度 $\quad A_i = \dfrac{i_c}{i_b}$ \hfill (2.18)

例題 2.1 図 2.9 で示した回路の信号電圧 v_i を振幅 ± 0.05 V とする。このときのトランジスタの静特性を，図 2.10，図 2.11 としたときの，図 2.9 の基本増幅回路の電圧増幅度 A_v と電流増幅度 A_i を図式解法で求めよ。

【解答】 信号電圧 v_i を考慮した負荷直線を，図 2.10 に引くと，図 2.13 のようになる。信号電圧によって動作点は図の破線の範囲のように変化する。つぎに，ベース電流の変化分 i_b を図から読みとると，およそ ± 2.5 μA である。さらに，このベース電流の変化を図 2.11 に記入すると，コレクタ側の動作点 Q は図 2.14 に示

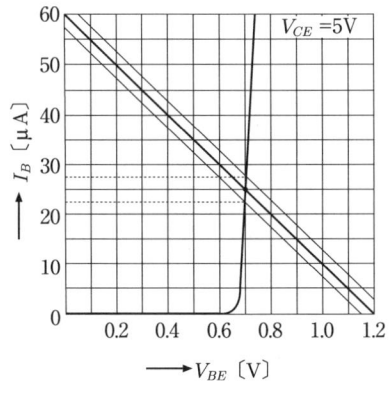

図 2.13 信号 v_i の変化による I_B の変化 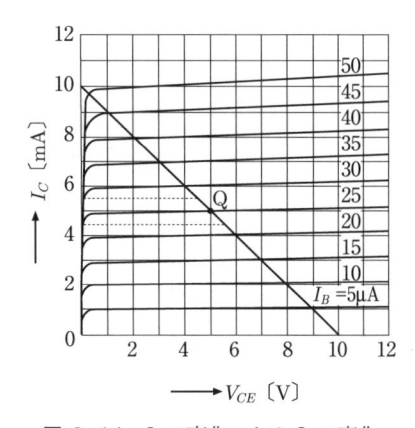　　　　図 2.14 I_B の変化による I_C の変化

すようになる。

この結果，コレクタ電流の変化分 i_c を図から読みとると $\pm 0.5\,\mathrm{mA}$ である。したがって式 (2.17) から

電圧増幅度 $\quad A_v = \dfrac{-1\,[\mathrm{k\Omega}] \times 0.5\,[\mathrm{mA}]}{0.05\,[\mathrm{V}]} = -10\,[倍]$

電流増幅度 $\quad A_i = \dfrac{0.5\,[\mathrm{mA}]}{2.5\,[\mathrm{\mu A}]} = 200\,[倍]$

となる。 ◇

2.4 等価回路による増幅度の計算

2.3 節で説明した増幅度の図式計算は，トランジスタによる増幅の原理を理解するのには適した方法であるが，かなり面倒で，また誤差も大きい。トランジスタを用いた回路の増幅度などを求める場合には，一般的には，つぎに述べる等価回路による方法が用いられている。

トランジスタは非線形素子であるが，小振幅な信号の場合は，2.3 節でみたように，動作点の近傍でトランジスタの静特性の直線関係にある部分を利用すれば，ほとんど線形とみなしてよい。信号が小振幅であり，トランジスタの線形な部分だけを使用すると，トランジスタを等価的に図 2.15 のような四端子回路として考えることができる。

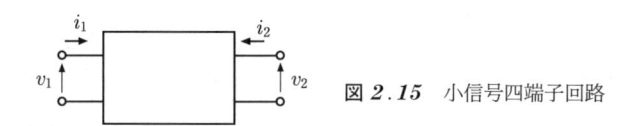

図 2.15 小信号四端子回路

四端子回路の入力電圧 v_1，入力電流 i_1，出力電圧 v_2，出力電流 i_2 を図 2.15 のようにとれば，これらの 4 変数 (v_1, i_1, v_2, i_2) において，任意の 2 変数は，残りの 2 変数との線形な関係式で表される。したがって，関係式は全部で 6 組あるが，トランジスタの場合，実測が容易であるという理由から，**h パラメータ** (hybrid parameter) を使用した関係式が使われている。

2.4.1 hパラメータによる等価回路と増幅度の計算

[1] hパラメータとは　hパラメータを使用した入出力の関係は，式 (2.19) のようになる。

$$\left. \begin{array}{l} v_1 = h_i i_1 + h_r v_2 \\ i_2 = h_f i_1 + h_o v_2 \end{array} \right\} \quad (2.19)$$

これらのパラメータは，式 (2.20)～(2.23) の条件から実測できる。

$$h_i = \left. \frac{v_1}{i_1} \right|_{v_2=0} \quad (2.20)$$

$$h_r = \left. \frac{v_1}{v_2} \right|_{i_1=0} \quad (2.21)$$

$$h_f = \left. \frac{i_2}{i_1} \right|_{v_2=0} \quad (2.22)$$

$$h_o = \left. \frac{i_2}{v_2} \right|_{i_1=0} \quad (2.23)$$

ここで，$v_2 = 0$ は出力短絡，$i_1 = 0$ は入力開放の意味である。よって h_i は出力端子を短絡した状態での入力端子からみたインピーダンス（入力インピーダンス），h_r は入力端子を開放した状態での入力電圧と出力電圧との比（逆方向電圧比），h_f は出力端子を短絡した状態での出力電流と入力電流との比（電流増幅率），h_o は入力端子を開放した状態での出力端子からみたアドミタンス（出力アドミタンス）の意味である。すなわち，hパラメータ測定回路では，入力開放や出力短絡の条件を交流の信号周波数において実現させればよい。

また，hパラメータは，トランジスタの静特性のグラフ上から作図によっても求めることができる。図 **2.16** は，入出力の静特性にさらに，I_B-I_C 特性，V_{CE}-V_{BE} 特性を加えたものである。これらの特性より，h_i は V_{BE}-I_B 特性曲線の傾き，すなわち $\Delta V_{BE}/\Delta I_B$，単位は〔Ω〕である。h_r は特性曲線 V_{CE}-V_{BE} の傾き，すなわち $\Delta V_{BE}/\Delta V_{CE}$，単位はない。$h_f$ は特性曲線 I_B-I_C の傾き，すなわち $\Delta I_C/\Delta I_B$，単位はない。h_o は特性曲線 V_{CE}-I_C の傾き，すなわち $\Delta I_C/\Delta V_{CE}$，単位は〔S〕である。このように異なったディメンションの定数を混用 (hybrid) するので hパラメータと呼んでいる。

2. 基本増幅回路

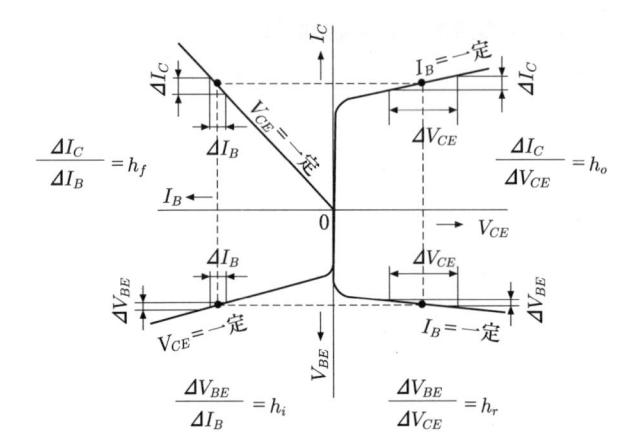

$$\frac{\Delta I_C}{\Delta I_B} = h_f \qquad \frac{\Delta I_C}{\Delta V_{CE}} = h_o$$

$$\frac{\Delta V_{BE}}{\Delta I_B} = h_i \qquad \frac{\Delta V_{BE}}{\Delta V_{CE}} = h_r$$

図 2.16　h パラメータの意味

　また，h パラメータは接地方式が異なると，一般にはその値が異なる。そこで，各接地方式を表すため添字を付ける。エミッタ接地なら h_{ie}，…，ベース接地なら h_{ib}，…，コレクタ接地なら h_{ic}，…，のように書く。図 2.16 の特性図から，その傾きは動作点により変化することがわかる。図 2.17 に 2

2SC458 の h パラメータの値

h_{ie}	h_{re}	h_{fe}	h_{oe}
16.5 kΩ	70×10^{-6}	130	11.0μS
測定条件（動作点）$I_C = 0.1$ mA, $V_{CE} = 5$ V			

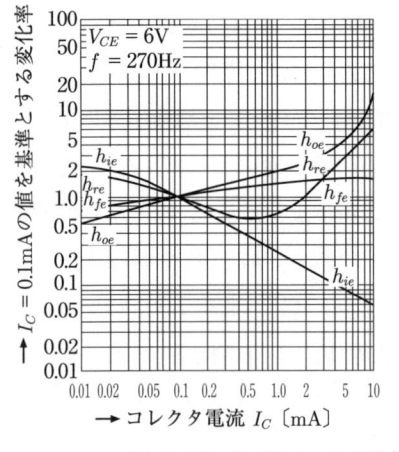

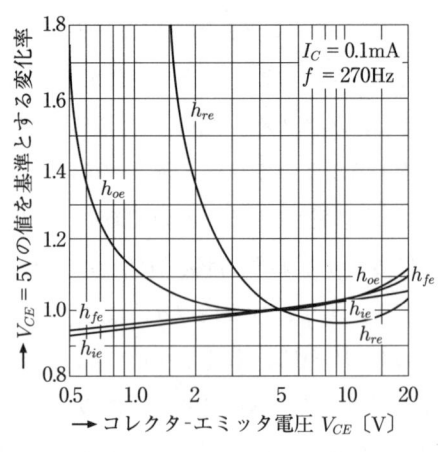

図 2.17　h パラメータが動作点により変化する様子（2SC458）

SC 458 のエミッタ接地の h パラメータが動作点により変化する様子を示す。

例題 2.2 ある接地方式の h パラメータの値がわかっていれば,ほかの接地方式の h パラメータも計算によって求めることができる。エミッタ接地の h パラメータから,コレクタ接地の h パラメータの値を求める式を導け。

【解答】 図 2.18(a) のエミッタ接地回路において式 (2.24) の関係がある。

$$v_1 = h_{ie}i_1 + h_{re}v_2, \qquad i_2 = h_{fe}i_1 + h_{oe}v_2 \qquad (2.24)$$

また,図 (b) のコレクタ接地回路において,式 (2.25) の関係がある。

$$v_1' = v_1 + v_2', \qquad v_2' = -v_2, \qquad i_1' = i_1, \qquad i_2' = -i_1 - i_2 \qquad (2.25)$$

これより,式 (2.26) が求められる。

$$v_1 = v_1' - v_2', \qquad v_2 = -v_2', \qquad i_1 = i_1', \qquad i_2 = -i_1' - i_2' \qquad (2.26)$$

式 (2.26) を式 (2.24) に代入して整理すると式 (2.27)〜(2.28) が得られる。

$$v_1' = h_{ie}i_1' + (1 - h_{re})v_2' \qquad (2.27)$$

$$i_2' = -(1 + h_{fe})i_1' + h_{oe}v_2' \qquad (2.28)$$

したがって,コレクタ接地の h パラメータは式 (2.29) から求められる。

$$h_{ic} = h_{ie}, \qquad h_{rc} = 1 - h_{re}, \qquad h_{fc} = -(1 + h_{fe}), \qquad h_{oc} = h_{oe} \qquad (2.29)$$

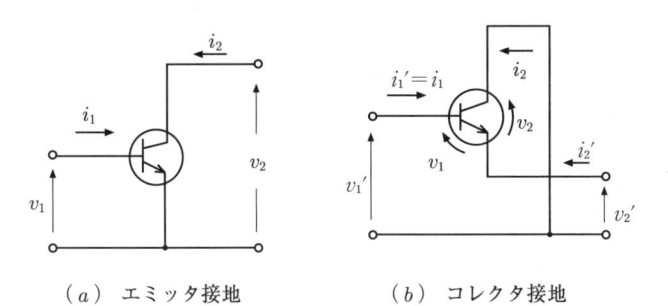

(a) エミッタ接地　　(b) コレクタ接地

図 2.18 エミッタ接地回路とコレクタ接地回路における電圧・電流

◇

〔2〕 小信号等価回路と増幅度の計算　トランジスタの小信号における動作を考えるときは,トランジスタを四端子回路とみなして,式 (2.19) のような,h パラメータを使用した式で表現できることはすでに述べた。この式をそのまま回路の形に表現すると,**図 2.19** に示す形になる。これが,トランジスタの h パラメータによる小信号等価回路である。この等価回路を使用す

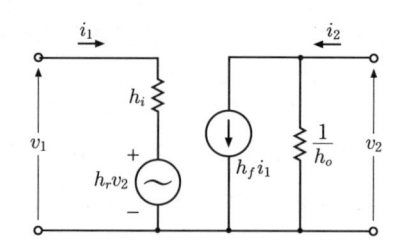

図 2.19 h パラメータによる小信号等価回路

ることにより，比較的簡単にトランジスタ回路の小信号動作の解析ができることになる。

例として，**2.3.2** 項で図式で求めた電圧増幅度，電流増幅度の計算を，h パラメータによる等価回路で求めてみよう。対象のトランジスタ回路は，**図 2.9** であり，これを等価回路で表すと**図 2.20** のようになる。

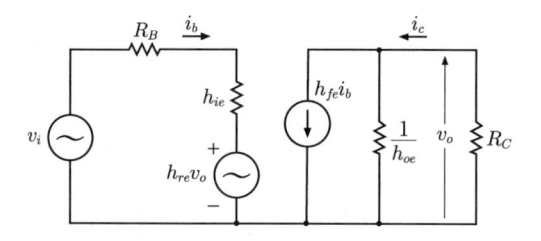

図 2.20 図 2.9 の回路の h パラメータによる小信号等価回路

この等価回路より回路方程式を導けば，式 (2.30)〜(2.32) が得られる。

$$v_i = (R_B + h_{ie})i_b + h_{re}v_o \tag{2.30}$$

$$i_c = h_{fe}i_b + h_{oe}v_o \tag{2.31}$$

$$v_o = -R_C i_c \tag{2.32}$$

式 (2.30)〜(2.32) から，つぎのような連立 1 次方程式が得られる。

$$(R_B + h_{ie})i_b + h_{re}v_o = v_i \tag{2.33}$$

$$h_{fe}i_b + \left(h_{oe} + \frac{1}{R_C}\right)v_o = 0 \tag{2.34}$$

この連立 1 次方程式を整理して，v_o を求めれば，式 (2.35) のようになる。

$$v_o = -\frac{h_{fe}v_i}{(R_B + h_{ie})\left(h_{oe} + \dfrac{1}{R_C}\right) - h_{fe}h_{re}} \qquad (2.35)$$

これから，電圧増幅度と電流増幅度を求めると式 (2.36)，(2.37) のようになる．

電圧増幅度 $\quad A_v = \dfrac{v_o}{v_i} = -\dfrac{h_{fe}}{(R_B + h_{ie})\left(h_{oe} + \dfrac{1}{R_C}\right) - h_{fe}h_{re}}$

$$\fallingdotseq -\frac{h_{fe}R_C}{(R_B + h_{ie})} \qquad (2.36)$$

電流増幅度 $\quad A_i = \dfrac{i_c}{i_b} = \dfrac{-\dfrac{v_o}{R_C}}{i_b} = \dfrac{\dfrac{h_{fe}}{R_C}}{h_{oe} + \dfrac{1}{R_C}}$

$$= \frac{h_{fe}}{1 + h_{oe}R_C} \fallingdotseq h_{fe} \qquad (2.37)$$

例題 2.3　図 2.9 に示した回路の動作点における h パラメータの値を代入して，電圧増幅度 A_v と電流増幅度 A_i を求めよ．

【解答】　図 2.9 の基本増幅回路の動作点における h パラメータの値を求める．動作点は，$I_C = 5\,\text{mA}$ で $V_{CE} = 5\,\text{V}$ であった．したがって，図 2.17 から動作点での h パラメータを求めるとつぎのようになる．その際に，h パラメータはすべて V_{CE} による補正は必要ないが，I_C による補正を行う必要がある．

$$h_{ie} = 16.5\,[\text{k}\Omega] \times 0.085 = 1.4\,[\text{k}\Omega] \qquad (2.38)$$
$$h_{re} = 7 \times 10^{-5} \times 2.5 = 17.5 \times 10^{-5} \qquad (2.39)$$
$$h_{fe} = 130 \times 1.6 = 208 \qquad (2.40)$$
$$h_{oe} = 11\,[\mu\text{S}] \times 4.4 = 48.4\,[\mu\text{S}] \qquad (2.41)$$

この h パラメータの値を式 (2.36) と式 (2.37) に代入して，A_v，A_i の値を求めると，それぞれ約 -9.3，約 198 となり，例題 2.1 で求めた値とほぼ一致する．◇

〔3〕**小信号等価回路の簡略化**　すでに，みてきたことであるが，エミッタ接地回路に負荷抵抗を接続した等価回路は，図 2.20 のようであった．負荷抵抗は，図 2.9 の例題では 1 kΩ であったが，多くの場合，数 kΩ 以下である．これに対して，$1/h_{oe}$ は約 20.7 kΩ であった．したがって，R_C に対し

て $1/h_{oe}$ を無視できる。

一方，$h_{re}v_2 \fallingdotseq h_{re}h_{fe}R_C i_1 \fallingdotseq 36i_1$ であり，$h_{ie}i_1 \fallingdotseq 1400i_1$ に比べて小さいので，$h_{re}v_2$ を無視できる。よって，簡略化した等価回路を図 2.21 に示す。

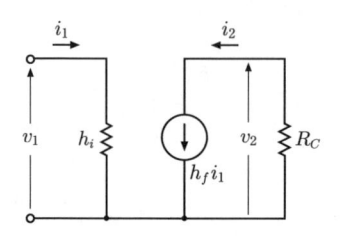

図 2.21　簡略化した等価回路

例題 2.4　つぎの図 $2.22(a)$ で示されるエミッタホロワ回路の電圧増幅度を簡略化した等価回路を用いて求めよ。

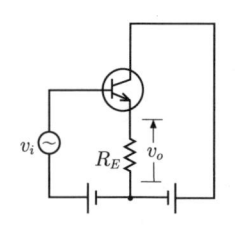

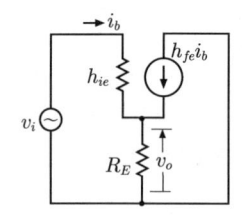

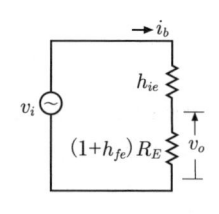

（a）エミッタホロワ回路　　　（b）等価回路　　　（c）（b）の等価回路

図 2.22　エミッタホロワ回路とその等価回路

【解答】　等価回路の入力側にキルヒホッフの法則を適用すると次式が得られる。
$$v_i = h_{ie}i_b + R_E(i_b + h_{fe}i_b)$$
したがって
$$i_b = \frac{v_i}{h_{ie} + (1+h_{fe})R_E}$$
となる。出力電圧 $v_o = (1+h_{fe})R_E i_b$ であるから，電圧増幅度 A_v は式 (2.42) のようになる。

$$A_v = \frac{(1+h_{fe})R_E}{h_{ie} + (1+h_{fe})R_E} \fallingdotseq 1 \qquad (2.42)$$

◇

2.4.2 T形等価回路と増幅度の計算

〔**1**〕 **トランジスタの直流等価回路とは**　npn形トランジスタの構造は，図 **1**.**20** で示したように，2組の pn 接合からなっている。また，2.2 節で述べたように，コレクタにはエミッタの α（ベース接地電流増幅率）倍の電流が流れる。これから，直観的に，図 **2**.**23** のようなトランジスタの直流等価回路が得られる。r_b は，ベース広がり抵抗であり，ダイオード D_E，D_C は，それぞれ，ベース-エミッタ間，ベース-コレクタ間の pn 接合の整流作用を表す。

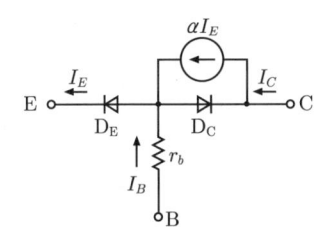

図 **2**.**23** トランジスタの直流等価回路

〔**2**〕 **ダイオードの小信号等価回路**　トランジスタの小信号（交流）等価回路を導出する前に，必要なダイオードの小信号等価回路について説明する。ダイオードの電圧-電流特性は，図 **1**.**14** のようであった。これを式で示せば，次式で与えられることが知られている。

$$I = I_S(e^{\frac{qV}{kT}} - 1) \tag{2.43}$$

ここで，V はダイオードの端子電圧，I は流れる電流であり，k はボルツマン定数，T は絶対温度である。このとき，順方向電流 I_D が流れている場合，小信号に対するダイオードの動作抵抗（交流抵抗）r はつぎのようになる。すなわち，常温 27 ℃ を考えると絶対温度 300 K で

$$q = 1.6 \times 10^{-19} \,[\text{C}], \qquad k = 1.38 \times 10^{-23} \,[\text{J/K}]$$

であるから

$$\frac{q}{kT} \fallingdotseq \frac{1}{0.026} \,[\text{V}^{-1}]$$

となり，V は 0.6 ～ 0.7 V であり，$e^{\frac{0.6}{0.026}} \gg 1$ であるから

2. 基本増幅回路

$$I_D \fallingdotseq I_S e^{\frac{qV}{kT}}$$

となる。

ダイオードの交流抵抗は，電圧-電流特性の傾きの逆数に等しい。よって

$$r = \frac{1}{\frac{dI_D}{dV}} \fallingdotseq \frac{1}{I_S \frac{q}{kT} e^{\frac{qV}{kT}}} \fallingdotseq \frac{1}{I_D} \cdot \frac{kT}{q} = \frac{0.026}{I_D} \quad (2.44)$$

となる。

このダイオードの交流等価抵抗を用いて，ダイオードの小信号等価回路を書けば図 2.24 のようになる。

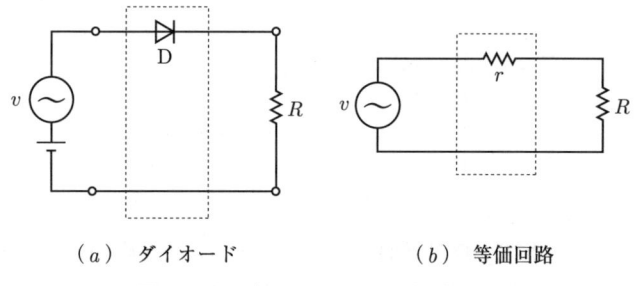

　　　　(a) ダイオード　　　　(b) 等価回路

図 2.24　ダイオードの小信号等価回路

〔3〕 **ベース接地トランジスタのT形等価回路**　ダイオードの小信号等価回路が，抵抗で置き換えられることを用い，また交流（小信号）等価回路では，信号の電圧・電流の向きは自由に定めてよいので，図 2.23 のベース接地回路のトランジスタの小信号等価回路は，図 2.25 のように書ける。ここで，抵抗 r_e は式 (2.38) で与えられる順方向ダイオードの交流等価抵抗である。また r_c はベース-コレクタ間の逆方向ダイオードの等価抵抗であり，かなりの高抵抗である。図で示す等価回路をベース接地 T 形等価回路という。

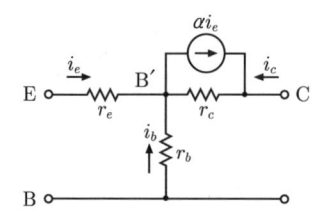

図 2.25　ベース接地 T 形等価回路

〔**4**〕 **エミッタ接地トランジスタの T 形等価回路**　図 **2.25** のベースとエミッタを入れ替えると，図 **2.26** のエミッタ接地等価回路が得られる。しかし，この回路では電流源の電流が入力電流で表示されていないため不便である。そこで，これを入力電流 i_b で表現することを考える。図より

$$i_e = -(i_b + i_c) \tag{2.45}$$

が成立する。これを電流源 i_e に代入して，電流源の向きを逆にしたのが図 **2.27** である。r_c の端子電圧は，r_c に流れる電流が $i_c(1-\alpha) - \alpha i_b$ であるので $(1-\alpha)r_c i_c - \alpha r_c i_b$ となる。これを利用して B′-C 間を定電圧源で書き直すと図 **2.28** のようになる。

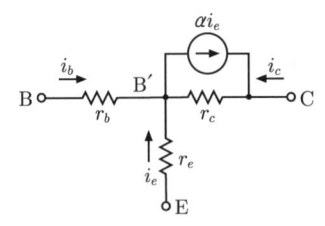

図 **2.26**　エミッタ接地等価回路

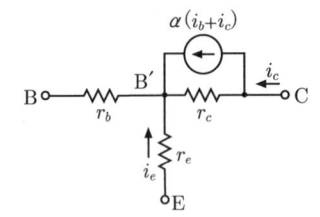

図 **2.27**　図 **2.26** の変形

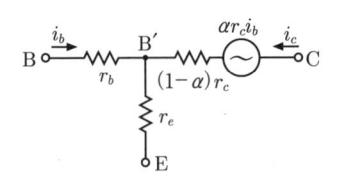

図 **2.28**　図 **2.27** を定電圧源で置きかえた等価回路

これを，今度は電源の等価変換により，定電圧源を定電流源で表すと図 **2.29** のようになる。ここで，β は，$\alpha/(1-\alpha)$ である。図の回路をエミッタ接地 T 形等価回路という。

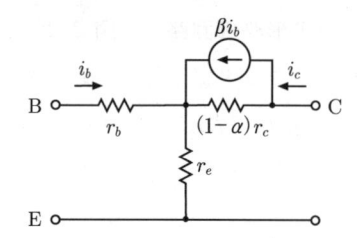

図2.29 エミッタ接地T形等価回路

[5] エミッタ接地T形等価回路とその定数による増幅度の計算 図 2.29 のエミッタ接地T形等価回路を用いて,増幅回路の電圧増幅度および電流増幅度を計算で求めてみよう。対象の増幅回路は,**図2.9** の h パラメータの説明の際に使った回路を用いる。これをT形等価回路で表すと,**図2.30** のようになる。

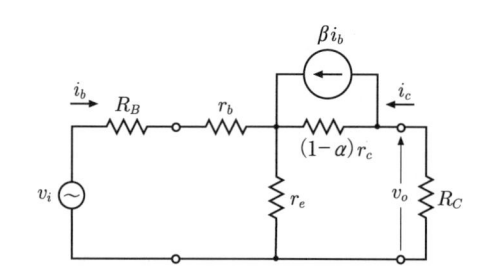

図2.30 図2.9のエミッタ接地T形等価回路

この等価回路から回路方程式を導けば式 (2.46)〜(2.48) が得られる。

$$v_i = (R_B + r_b + r_e)i_b + r_e i_c \tag{2.46}$$

$$v_o = r_c(1-\alpha)(i_c - \beta i_b) + r_e(i_c + i_b) \tag{2.47}$$

$$v_o = -R_c i_c \tag{2.48}$$

この3式から連立1次方程式を導けば,次式となる。

$$(R_B + r_b + r_e)i_b + r_e i_c = v_i \tag{2.49}$$

$$(-\alpha r_c + r_e)i_b + \{r_c(1-\alpha) + r_e + R_C\}i_c = 0 \tag{2.50}$$

この連立1次方程式を整理して,i_b と i_c を求めれば,電圧増幅度 A_v と電流増幅度 A_i は式 (2.51)〜(2.52) のように求めることができる。

$$A_v = \frac{v_o}{v_i} = \frac{-R_c i_c}{v_i} = \frac{-(\alpha r_c - r_e)R_C}{(R_B+r_b+r_e)R_C+(R_B+r_b)\{(1-\alpha)r_c+r_e\}+r_e r_c} \tag{2.51}$$

$$A_i = \frac{\alpha r_c - r_e}{(1-\alpha)r_c + r_e + R_C} \tag{2.52}$$

2.4.3　h パラメータと T 形等価回路の定数の関係

図 2.31 と図 2.32 は，同一のトランジスタを表したものであるから，h パラメータと T 形等価回路の定数との間には，一定の関係がある．エミッタ接地の場合について，この関係式を求めてみよう．

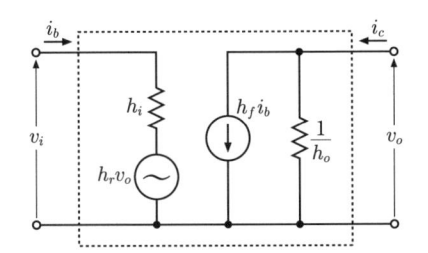

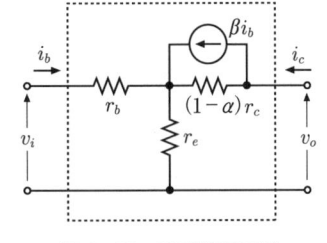

図 2.31 h パラメータによる等価回路　　**図 2.32** T 形等価回路

h パラメータによる入出力の関係式は次式である．

$$v_i = h_{ie}i_b + h_{re}v_o \tag{2.53}$$

$$i_c = h_{fe}i_b + h_{oe}v_o \tag{2.54}$$

一方，T 形等価回路による入出力の関係式は次式で表される．

$$v_i = (r_b + r_e)i_b + r_e i_c \tag{2.55}$$

$$v_o = r_c(1-\alpha)(i_c - \beta i_b) + r_e(i_c + i_b)$$

$$= \{r_c(1-\alpha) + r_e\}i_c + (r_e - \alpha r_c)i_b \tag{2.56}$$

式 (2.56) を整理して式 (2.57) を得る．この式 (2.57) を式 (2.55) に代入して，式 (2.58) を得る．

$$i_c = \frac{1}{r_c(1-\alpha) + r_e}\{(\alpha r_c - r_e)i_b + v_o\} \tag{2.57}$$

$$v_i = \left\{ r_b + r_e + \frac{r_e}{r_c(1-\alpha) + r_e}(\alpha r_c - r_e) \right\} i_b + \frac{r_e}{r_c(1-\alpha) + r_e} v_o \tag{2.58}$$

式 (2.53) と式 (2.58)，式 (2.54) と式 (2.57) を比較して，次式を得る。

$$h_{ie} = r_b + r_e + \frac{r_e(\alpha r_c - r_e)}{r_c(1-\alpha) + r_e} \fallingdotseq r_b + \frac{r_e}{1-\alpha} \tag{2.59}$$

$$h_{re} = \frac{r_e}{r_c(1-\alpha) + r_e} \fallingdotseq \frac{r_e}{r_c(1-\alpha)} \tag{2.60}$$

$$h_{fe} = \frac{\alpha r_c - r_e}{r_c(1-\alpha) + r_e} \fallingdotseq \frac{\alpha}{1-\alpha} \tag{2.61}$$

$$h_{oe} = \frac{1}{r_c(1-\alpha) + r_e} \fallingdotseq \frac{1}{r_c(1-\alpha)} \tag{2.62}$$

この式は，T形等価回路の定数の値を求めてから，h パラメータの値を得る式であるが，逆に h パラメータの値から T形等価回路の定数の値を求める式は，つぎのようになる。

$$\alpha = \frac{h_{fe}}{1 + h_{fe}} \tag{2.63}$$

$$r_c = \frac{1 + h_{fe}}{h_{oe}} \tag{2.64}$$

$$r_e = \frac{h_{re}}{h_{oe}} \tag{2.65}$$

$$r_b = h_{ie} - \frac{h_{re}}{h_{oe}}(1 + h_{fe}) \tag{2.66}$$

例題 2.5 2.4.1項の**例題 2.3** の h パラメータから T形等価回路の定数を求めよ。

【解答】 h パラメータの値は，$h_{ie} = 1.4\,\mathrm{k\Omega}$，$h_{re} = 17.5 \times 10^{-5}$，$h_{fe} = 208$，$h_{oe} = 48.4\,\mathrm{\mu S}$ であるから，この値を，式 (2.63)～(2.66) に代入すると，つぎのような値となる。

$$\alpha = 0.995, \quad r_c = 4.3\,\mathrm{M\Omega}, \quad r_e = 3.6\,\Omega, \quad r_b = 644\,\Omega \tag{2.67}$$

◇

2.5 増幅回路の入出力抵抗

2.5.1 増幅回路の特性を表す諸量

増幅回路は一般に，図 2.33 のように表すことができる。増幅したい信号は入力端子 a，b に接続され，これを信号源と呼び，信号源は電圧源 e_g と内部抵抗 r_g の直列回路で表される。出力は，抵抗 R_L を出力端子 c，d に接続し，この抵抗より取り出す。この抵抗のことを負荷抵抗という。

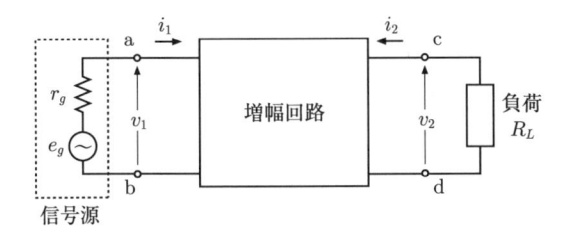

図 2.33 増幅回路の接続

図の回路の各部の電圧・電流を用いて，増幅回路の特性をつぎのような量によって表す。

① 入力インピーダンス　　$Z_i = \dfrac{v_1}{i_1}$　　　　　　　　　　　　　(2.68)

② 出力インピーダンス　　$Z_o = \dfrac{v_2}{i_2}$　　（ただし，$e_g=0$ とする）(2.69)

③ 電圧増幅度　　$A_v = \dfrac{v_2}{v_1}$　　　　　　　　　　　　　　　(2.70)

④ 電流増幅度　　$A_i = \dfrac{i_2}{i_1}$　　　　　　　　　　　　　　　(2.71)

⑤ 電力増幅度　　$A_p = \dfrac{v_2 \cdot i_2}{v_1 \cdot i_1}$　　　　　　　　　　　　　　(2.72)

すなわち，端子 a，b から右側を見たインピーダンスが入力インピーダンスであり，出力インピーダンスは，電源 e_g を短絡して端子 c，d から左側を見たインピーダンスに相当する。インピーダンスが純抵抗と考えられるときは，それぞれ入力抵抗，出力抵抗という。

また，図 **2.33** の回路で信号源の抵抗 r_g と増幅回路の入力抵抗の値が等しいとき，あるいは回路の出力抵抗と負荷抵抗 R_L の値が等しいとき，**整合** (matching) がとれているという。このようなときには，それぞれの場合に最大電力を供給できることになる。

2.5.2 h パラメータによる入出力抵抗の計算

エミッタ接地増幅回路の諸量を求めてみよう。入力抵抗 R_i を求める回路は，図 **2.34** に示すようになる。図から式 (2.73) が得られ，h パラメータを特徴づける式 (2.74) と R_i から，入力抵抗は式 (2.75) のように求めることができる。

$$R_i = \frac{v_1}{i_1}, \qquad v_2 = R_L(-i_2) \tag{2.73}$$

$$\left. \begin{array}{l} v_1 = h_{ie}i_1 + h_{re}v_2 \\ i_2 = h_{fe}i_1 + h_{oe}v_2 \end{array} \right\} \tag{2.74}$$

$$R_i = h_{ie} - \frac{h_{re}h_{fe}}{h_{oe} + \dfrac{1}{R_L}} \tag{2.75}$$

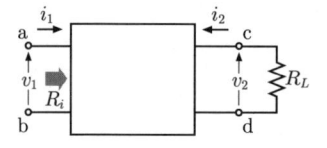

図 **2.34** 入力抵抗 R_i を求める回路 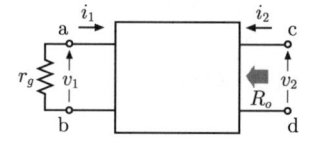 　　図 **2.35** 出力抵抗 R_o を求める回路

一方，出力抵抗を求める回路は，図 **2.35** のようになり，これより式 (2.76) が得られ，式 (2.74) と R_o から出力抵抗は式 (2.77) のようになる。

$$R_o = \frac{v_2}{i_2}, \qquad v_1 = -r_g i_1 \tag{2.76}$$

$$R_o = \frac{1}{h_{oe} - \dfrac{h_{fe}h_{re}}{h_{ie} + r_g}} \tag{2.77}$$

2.5.3 T形等価回路の定数による入出力抵抗の計算

T形等価回路の定数を用いた入出力抵抗の計算は，2.5.2項で求めた式 (2.75)，(2.77) に，2.4.3項で求めた式 (2.59)〜(2.62) を代入することによって求めることもできる（章末の**演習問題【8】**参照）。ここでは，**図 2.36** に示すエミッタ接地 T 形等価回路から求めてみよう。

図 2.36 T 形等価回路の入力抵抗

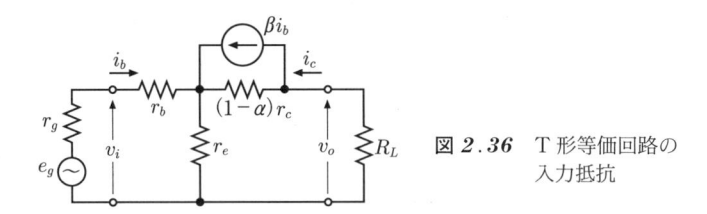

図 2.36 の等価回路から回路方程式を導けば，式 (2.78)〜(2.80) が得られる。

$$v_i = (r_b + r_e)i_b + r_e i_c \tag{2.78}$$

$$v_o = r_c(1-\alpha)(i_c - \beta i_b) + r_e(i_c + i_b) \tag{2.79}$$

$$v_o = -R_L i_c \tag{2.80}$$

式 (2.78)〜(2.80) から連立 1 次方程式を導けば，次式となる。

$$(r_b + r_e)i_b + r_e i_c = v_i \tag{2.81}$$

$$(-\alpha r_c + r_e)i_b + \{r_c(1-\alpha) + r_e + R_L\}i_c = 0 \tag{2.82}$$

この連立 1 次方程式を整理して i_b を求めれば，入力抵抗 R_i は，次式のように求めることができる。

$$\begin{aligned}R_i &= \frac{v_i}{i_b} = \frac{(r_b + r_e)\{R_L + r_c(1-\alpha) + r_e\} - r_e(r_e - \alpha r_c)}{r_e + r_c(1-\alpha) + R_L} \\ &= r_b + \frac{r_e(r_c + R_L)}{r_e + r_c(1-\alpha) + R_L}\end{aligned} \tag{2.83}$$

出力抵抗 R_o は，**図 2.37** の等価回路からつぎのように求めることができる。

まず，回路方程式は

$$(r_g + r_b + r_e)i_b + r_e i_c = 0 \tag{2.84}$$

50   2. 基本増幅回路

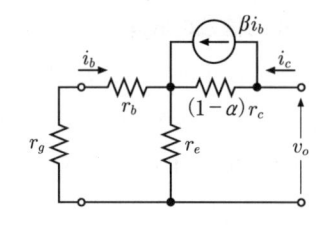

図 2.37 T形等価回路の出力抵抗

$$r_c(1-\alpha)(i_c - \beta i_b) + r_e(i_b + i_c) = v_o \tag{2.85}$$

となる。これより，i_c を求めれば，出力抵抗 R_o は次式のように求めることができる。

$$R_o = \frac{v_o}{i_c} = \frac{(r_g + r_b + r_e)\{r_e + r_c(1-\alpha)\} - r_e(r_e - \alpha r_c)}{(r_g + r_b + r_e)}$$

$$= r_c(1-\alpha) + \frac{r_e(r_g + r_b + \alpha r_c)}{r_g + r_b + r_e} \tag{2.86}$$

2.5.4 各種接地回路の入出力抵抗の比較

各種接地回路における入出力抵抗の値が，どの程度になるか求めてみる。計算には，h パラメータを使った式 (2.75) と式 (2.77) を用いる。この式は，エミッタ接地の h パラメータ用のものであるが，エミッタ接地以外の接地回路の h パラメータの値を代入すれば，エミッタ接地以外の接地回路の入出力抵抗を求めることができる。

そこで，エミッタ接地の h パラメータの値からほかの接地方式（コレクタ接地，ベース接地）の h パラメータの値を求めておきたい。そのためには**表 2.2** を用いる。この表のうちコレクタ接地の h パラメータは，すでに**例題 2.2** で求めた。また，ベース接地の h パラメータは章末の**演習問題【4】**に示してある。

表 2.2 の式を使って，エミッタ接地の h パラメータの値から，ほかの接地方式（コレクタ接地，ベース接地）の h パラメータの値を求めると，**表 2.3** のようになる。ここで，もとになるエミッタ接地の h パラメータの値は，図 2.17 に示してあるトランジスタ 2SC 458 のものを使用した。

2.5 増幅回路の入出力抵抗

表2.2 エミッタ接地の h パラメータの値から
ほかの接地方式の h パラメータを求める式

コレクタ接地の h パラメータ		ベース接地の h パラメータ	
h_{ic}	h_{ie}	h_{ib}	$\dfrac{h_{ie}}{1+h_{fe}}$
h_{rc}	$1-h_{re}$	h_{rb}	$\dfrac{h_{ie}h_{oe}}{1+h_{fe}}-h_{re}$
h_{fc}	$-(1+h_{fe})$	h_{fb}	$-\dfrac{h_{fe}}{1+h_{fe}}$
h_{oc}	h_{oe}	h_{ob}	$\dfrac{h_{oe}}{1+h_{fe}}$

表2.3 各接地方式の h パラメータの数値例
(2SC458 の $I_C=0.1\,\mathrm{mA}$, $V_{CE}=5\,\mathrm{V}$ における値)

	エミッタ接地	コレクタ接地	ベース接地
h_i	$16.5\,\mathrm{k\Omega}$	$16.5\,\mathrm{k\Omega}$	$126\,\Omega$
h_r	70×10^{-6}	1	13.2×10^{-4}
h_f	130	-131	-0.992
h_o	$11\,\mathrm{\mu S}$	$11\,\mathrm{\mu S}$	$8.4\times10^{-2}\,\mathrm{\mu S}$

〔**1**〕 **入力抵抗の数値例** 入力抵抗は，式 (2.75) から求めることができる．そこで，**表2.3** の h パラメータの値を使い，負荷抵抗 R_L の値を 0, $10\,\mathrm{k\Omega}$, 無限大 (∞) と変化させたときの，入力抵抗値を計算したものを**表2.4** に示した．

表2.4 各接地方式の入力抵抗の数値例

R_L	エミッタ接地	コレクタ接地	ベース接地
0	$16.5\,\mathrm{k\Omega}$	$16.5\,\mathrm{k\Omega}$	$126\,\Omega$
$10\,\mathrm{k\Omega}$	$16.4\,\mathrm{k\Omega}$	$28.3\,\mathrm{k\Omega}$	$247\,\Omega$
∞	$15.7\,\mathrm{k\Omega}$	$11.2\,\mathrm{M\Omega}$	$15.7\,\mathrm{k\Omega}$

表2.4 から，入力抵抗は，コレクタ接地回路が最も大きく，ベース接地回路が最も小さい．また，エミッタ接地回路がその中間の値となっていることがわかる．

〔2〕 **出力抵抗の数値例** 出力抵抗は，式 (2.77) から求めることができる。そこで，表 2.3 の h パラメータの値を使い，信号源の内部抵抗 r_g の値を 0，10 kΩ，無限大（∞）と変化させたときの出力抵抗値を計算したものを表 2.5 に示した。

表 2.5 各接地方式の出力抵抗の数値例

r_g	エミッタ接地	コレクタ接地	ベース接地
0	95.7 kΩ	125 Ω	96.2 kΩ
10 kΩ	93.8 kΩ	202 Ω	4.68 MΩ
∞	86.2 kΩ	86.2 kΩ	11.9 MΩ

これによれば，出力抵抗は，ベース接地回路が最も大きく，コレクタ接地回路が最も小さい。また，エミッタ接地回路がその中間の値となっていることがわかる。

ここでの数値例は，2 SC 458 の一例にすぎないが，ほかのトランジスタの h パラメータの値もほぼ同じオーダなので，この例は，一般的な値といえる。

2.6 バイアス回路と安定指数

増幅回路を動作させるには，トランジスタに直流の電圧，電流を与える必要があることはすでに述べた（**2.3.1** 項参照）。この電圧，電流をそれぞれバイアス電圧，バイアス電流といい，両者をあわせて単に，バイアス（bias）という。このように，直流の動作点を決める回路をバイアス回路という。**2.3.1** 項の説明で取り上げたバイアス回路は図 2.38 のような回路であっ

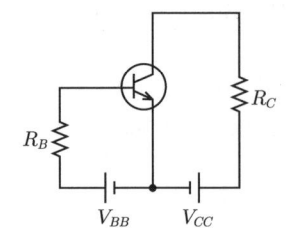

図 2.38 バイアス回路

た。図は，エミッタ接地回路の場合であるが，動作点は，トランジスタの静特性と負荷直線の交点から求めることはすでに述べたとおりである。

図 2.38 のバイアス回路はバイアスの与え方を説明したものであるが，実際のバイアス回路では，重くて大きい直流電源を1個にしたい要求があり，いろいろな種類のバイアス回路が工夫されている。

2.6.1 バイアス回路のいろいろ

直流電源1個で，ベースとコレクタに電流を流すことができればよいのであるから，最も簡単な方法としては，図 2.39 のようなバイアス回路が考えられる。また，少し変形させた図 2.40 の回路も考えられる。これらの回路では，なんらかの原因（温度の変化やトランジスタの特性のばらつき）で直流電流増幅率 h_{FE} が変化すると，動作点が図 2.41 のように移動してしまうという欠点がある。

また，図 2.42 や図 2.43 のようなバイアス回路も考えられる。これらの

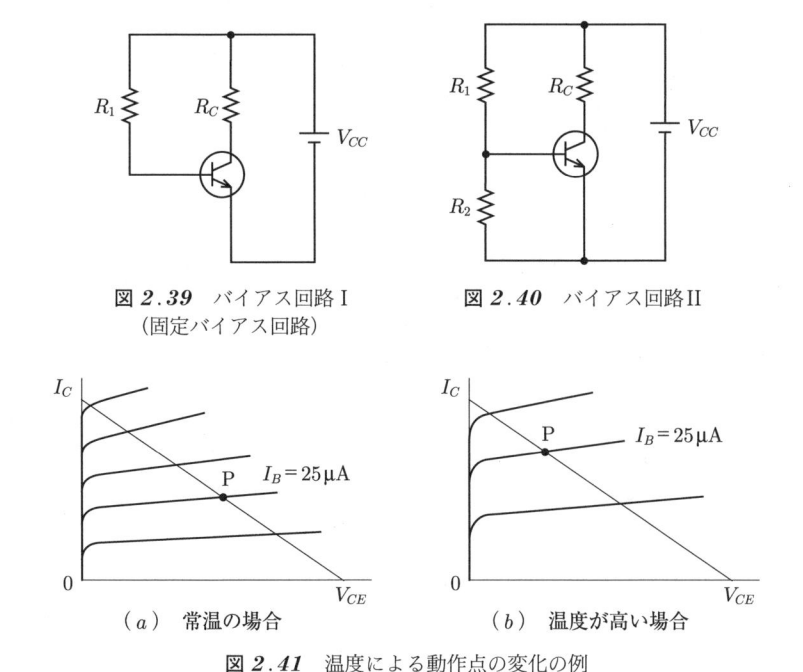

図 2.39 バイアス回路Ⅰ
（固定バイアス回路）

図 2.40 バイアス回路Ⅱ

（a）常温の場合

（b）温度が高い場合

図 2.41 温度による動作点の変化の例

2. 基本増幅回路

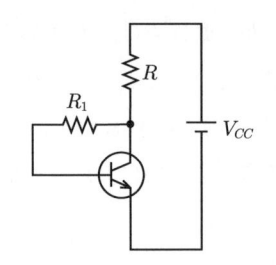

図2.42 バイアス回路III（電圧帰還形バイアス回路）

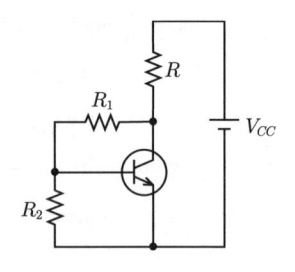

図2.43 バイアス回路IV

回路では，なんらかの原因でコレクタ電流が増加したとすると，抵抗 R での電圧降下が増え，コレクタ電圧が低下して，ベース電流が減る。さらにベース電流が減るとコレクタ電流が減る。すなわち，コレクタ電流の変化が抑制されることになり，図 2.39 や図 2.40 の回路に比べて，動作点が変化しないので，安定な回路といえる。

さらに，図 2.44 や図 2.45 のような回路も考えられる。これらの回路は，図 2.40 と図 2.43 の回路のエミッタ側に抵抗 R_E を挿入したものである。これらの回路もなんらかの原因でコレクタ電流が増加した場合，エミッタに挿入した抵抗 R_E での電圧降下が大きくなり，この結果，ベースとエミッタ間の電圧が小さくなり，ベース電流が減り，コレクタ電流の変化が抑制される効果があり，動作点が変化しない安定した回路となる。

図 2.39 のバイアス回路は固定バイアス回路，図 2.42 の回路は電圧帰還形バイアス回路，図 2.44 の回路は電流帰還形バイアス回路，図 2.45 の回

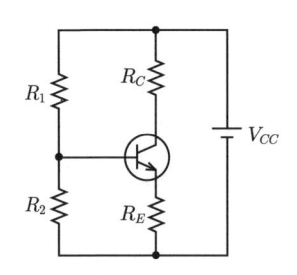

図2.44 バイアス回路V（電流帰還形バイアス回路）

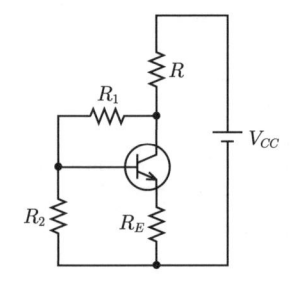

図2.45 バイアス回路VI（電圧・電流帰還形バイアス回路）

路は電圧・電流帰還形バイアス回路と呼ばれている。

例題 2.6 図 $2.46(a)$, (b), (c) に示す三つのバイアス回路のそれぞれのバイアス (V_{CE}, I_C) を求めよ。ただし, $h_{FE} = 150$, $V_{BE} = 0.7\,\mathrm{V}$ とする。

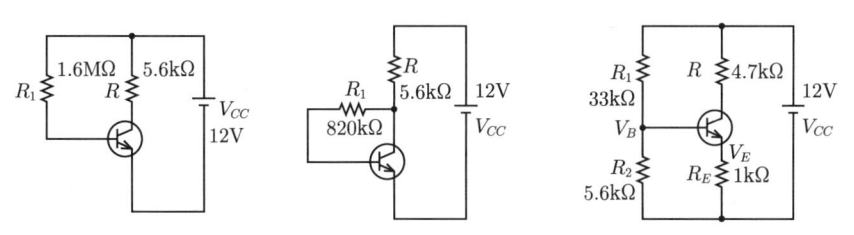

(a) 固定バイアス回路　(b) 電圧帰還形バイアス回路　(c) 電流帰還形バイアス回路
図 2.46 各種バイアス回路のバイアス計算 (V_{CE}, I_C)

【解答】

(a) $I_B = \dfrac{V_{CC} - V_{BE}}{R_1} = 7.06\,[\mu\mathrm{A}]$,　　$I_C = h_{FE}I_B = 1.06\,[\mathrm{mA}]$

$V_{CE} = V_{CC} - RI_C = 6.06\,[\mathrm{V}]$

(b) $I_C = \dfrac{h_{FE}(V_{CC} - RI_C - V_{BE})}{R + R_1}$

$\therefore\ I_C = \dfrac{h_{FE}(V_{CC} - V_{BE})}{R_1 + (1 + h_{FE})R} = 1.02\,[\mathrm{mA}]$

$V_{CE} = V_{CC} - RI_C = 6.29\,[\mathrm{V}]$

(c) $V_B = \dfrac{R_2}{R_1 + R_2} \cdot V_{CC} = 1.74\,[\mathrm{V}]$

$I_C \fallingdotseq \dfrac{V_E}{R_E} = \dfrac{V_B - V_{BE}}{R_E} = 1.04\,[\mathrm{mA}]$

$V_{CE} = V_{CC} - (R + R_E)I_C = 6.07\,[\mathrm{V}]$　　　　　　　　　　◇

2.6.2 安 定 指 数

2.6.1 項で述べたように，動作点は温度の変化やトランジスタの置き換えなどによって変動してしまう。バイアス回路としてはこれらの変動の影響を受けず，動作点ができるだけ安定していることが望ましい。2.6.1 項であげた六つのバイアス回路で，その変動の影響を定量的に計る尺度として，**安定指数**

(stability factor) が知られている。

バイアス回路のコレクタ電流 I_C は，温度の変化などによってコレクタ遮断電流 I_{CBO} やベース-エミッタ間電圧 V_{BE}，直流電流増幅率 h_{FE} の値が変動したり，直流電源 V_{CC} などの値が変動すると，その値が影響を受ける。いま，なんらかの原因で，I_{CBO}，V_{BE}，h_{FE}，V_{CC} がそれぞれ，ΔI_{CBO}，ΔV_{BE}，Δh_{FE}，ΔV_{CC} だけ変化したとする。そのときのコレクタ電流の変化分 ΔI_C は

$$\Delta I_C = \frac{\partial I_C}{\partial I_{CBO}}\Delta I_{CBO} + \frac{\partial I_C}{\partial V_{BE}}\Delta V_{BE} + \frac{\partial I_C}{\partial h_{FE}}\Delta h_{FE} + \frac{\partial I_C}{\partial V_{CC}}\Delta V_{CC} \quad (2.87)$$

で与えられる。これを

$$\Delta I_C = S_1 \Delta I_{CBO} + S_2 \Delta V_{BE} + S_3 \Delta h_{FE} + S_4 \Delta V_{CC} \quad (2.88)$$

と書くことにする。このときの，S_1, S_2, S_3, S_4 を安定指数といい，回路定数と直流電源，トランジスタが決まれば，計算で求めることができる。

2.6.3 各種バイアス回路の安定指数

2.6.1項の六つのバイアス回路のうちから三つのバイアス回路の安定指数を求めてみよう。

〔1〕 **固定バイアス回路** 図 2.47 で示す固定バイアス回路において，各部の電圧，電流を図のように決めると，次式が得られる。

$$V_{CC} = R_1 I_B + V_{BE} \quad (2.89)$$

$$I_E = I_C + I_B \quad (2.90)$$

一方，ベース接地回路におけるコレクタ電流 I_C は次式で表される。

$$I_C = h_{FB} I_E + I_{CBO} \quad (2.91)$$

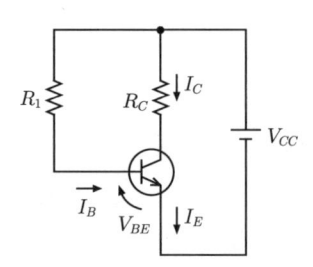

図 2.47 固定バイアス回路

ここで，h_{FB} はベース接地直流電流増幅率であり，$h_{FE}/(1+h_{FE})$ に等しい（**表 2.2** 参照）。そこで，エミッタ接地回路におけるコレクタ電流とコレクタ遮断電流 I_{CEO}（I_{CBO}）との関係は次式のようになる。

$$I_C = h_{FE}I_B + I_{CEO} = h_{FE}I_B + (1+h_{FE})I_{CBO} \tag{2.92}$$

また，式 (2.89) から $I_B = (V_{CC} - V_{BE})/R_1$ が得られるので，これを式 (2.92) に代入して

$$I_C = \frac{(V_{CC}-V_{BE})}{R_1}h_{FE} + (1+h_{FE})I_{CBO} \tag{2.93}$$

が得られる。これから，つぎのように安定指数が求められる。

$$S_1 = \frac{\partial I_C}{\partial I_{CBO}} = 1 + h_{FE} \tag{2.94}$$

$$S_2 = \frac{\partial I_C}{\partial V_{BE}} = -\frac{h_{FE}}{R_1} \tag{2.95}$$

$$S_3 = \frac{\partial I_C}{\partial h_{FE}} = \frac{V_{CC}-V_{BE}}{R_1} + I_{CBO} = \frac{I_C - I_{CBO}}{h_{FE}} \tag{2.96}$$

$$S_4 = \frac{\partial I_C}{\partial V_{CC}} = \frac{h_{FE}}{R_1} \tag{2.97}$$

例題 2.7 図 **2.47** の固定バイアス回路で，直流電源 V_{CC} は 12 V，トランジスタの h_{FE} は 200 であった。このとき，コレクタ電流が 0.5 mA 流れるようにするためには，抵抗 R_1 の値をいくらにすればよいか。また，このトランジスタの置き換えにより，トランジスタの h_{FE} が 100 〜 300 まで変化するとした場合，コレクタ電流の変動はいくらか。ただし，$V_{BE} = 0.7$ V とせよ。

【**解答**】 抵抗 R_1 の値は，式 (2.89) から

$$\frac{12-0.7}{0.5 \times 10^{-3}/200} = 4.52 \, [\text{M}\Omega]$$

である。h_{FE} の変化（200 → 100）によるコレクタ電流の変化分を ΔI_C とすれば

$$\Delta I_C = S_3 \Delta h_{FE} = \frac{I_C \Delta h_{FE}}{h_{FE}} = -0.25 \, [\text{mA}]$$

となる。よって，トランジスタの h_{FE} が 100 のときのコレクタ電流は，0.25 mA であり，トランジスタの h_{FE} が 300 のときのコレクタ電流は 0.75 mA である。　◇

〔2〕 **電圧帰還形バイアス回路**　　図 2.48 で示す電圧帰還形バイアス回路で，各部の電圧，電流を図のように決めると次式が得られる。

$$V_{CC} = RI + R_1 I_B + V_{BE} \tag{2.98}$$

$$I_C = h_{FE} I_B + (1 + h_{FE}) I_{CBO} \tag{2.99}$$

$$I = I_C + I_B \tag{2.100}$$

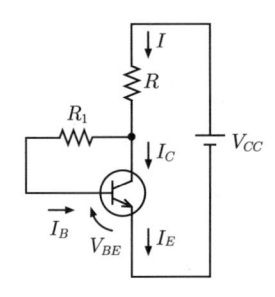

図 2.48　電圧帰還形バイアス回路

式 (2.98)〜(2.100) から，I_C の式を求めると，式 (2.101) が得られる。

$$I_C = \frac{(V_{CC} - V_{BE})h_{FE} + (R + R_1)(1 + h_{FE})I_{CBO}}{(1 + h_{FE})R + R_1} \tag{2.101}$$

これより安定指数を求めると，次式のようになる。

$$S_1 = \frac{\partial I_C}{\partial I_{CBO}} = \frac{(R + R_1)(1 + h_{FE})}{(1 + h_{FE})R + R_1} \tag{2.102}$$

$$S_2 = \frac{\partial I_C}{\partial V_{BE}} = -\frac{h_{FE}}{(1 + h_{FE})R + R_1} \tag{2.103}$$

$$S_3 = \frac{\partial I_C}{\partial h_{FE}} = \frac{I_C - I_{CBO}}{h_{FE}\left(1 + \dfrac{h_{FE} R}{R + R_1}\right)} \tag{2.104}$$

$$S_4 = \frac{\partial I_C}{\partial V_{CC}} = \frac{h_{FE}}{(1 + h_{FE})R + R_1} \tag{2.105}$$

〔3〕 **電流帰還形バイアス回路**　　図 2.49 で示すような電流帰還形バイアス回路で，各部の電圧，電流を図のように決めると次式が得られる。

$$V_{CC} = R_1 I_1 + R_2 I_2 \tag{2.106}$$

$$I_E = I_C + I_B, \quad I_1 = I_2 + I_B \tag{2.107}$$

$$I_2 R_2 = V_{BE} + I_E R_E \tag{2.108}$$

2.6 バイアス回路と安定指数

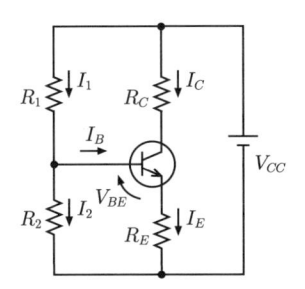

図 2.49 電流帰還形バイアス回路

$$I_C = h_{FE}I_B + (1 + h_{FE})I_{CBO} \qquad (2.109)$$

これらの式から I_C の式を求めると，次式が得られる。

$$I_C = \frac{h_{FE}R_2V_{CC} + \{R_E(R_1+R_2)+R_1R_2\}(1+h_{FE})I_{CBO} - h_{FE}R_2\left(1+\dfrac{R_1}{R_2}\right)V_{BE}}{R_E(R_1+R_2)+R_1R_2+h_{FE}R_E(R_1+R_2)}$$

$$= \frac{1}{1+\dfrac{R_1R_2}{(1+h_{FE})\{R_E(R_1+R_2)\}}}\Bigg[\bigg\{1+\frac{R_1R_2}{R_E(R_1+R_2)}\bigg\}I_{CBO}$$

$$+ \frac{h_{FE}}{1+h_{FE}}\bigg\{\frac{R_2V_{CC}}{R_E(R_1+R_2)} - \frac{V_{BE}}{R_E}\bigg\}\Bigg] \qquad (2.110)$$

これより，安定指数を求めると次式となる。

$$S_1 = \frac{\partial I_C}{\partial I_{CBO}} = \frac{1+h_{FE}}{1+\dfrac{h_{FE}R_E}{R_E+\dfrac{R_1R_2}{R_1+R_2}}} \fallingdotseq \frac{R_E+R_B}{R_E+\dfrac{R_B}{h_{FE}}} \qquad (2.111)$$

$$S_2 = \frac{\partial I_C}{\partial V_{BE}} = -\frac{h_{FE}}{R_E(1+h_{FE})+\dfrac{R_1R_2}{R_1+R_2}} \fallingdotseq -\frac{1}{R_E+\dfrac{R_B}{h_{FE}}}$$

$$= -\frac{S_1}{R_E+R_B} \qquad (2.112)$$

$$S_3 = \frac{\partial I_C}{\partial h_{FE}} = \frac{I_C-I_{CBO}}{h_{FE}\left(1+\dfrac{h_{FE}R_E}{R_E+\dfrac{R_1R_2}{R_1+R_2}}\right)} \fallingdotseq \frac{(R_E+R_B)I_C}{h_{FE}{}^2\left(R_E+\dfrac{R_B}{h_{FE}}\right)}$$

$$= \frac{I_C S_1}{h_{FE}{}^2} \qquad (2.113)$$

60   2. 基本増幅回路

$$S_4 = \frac{\partial I_C}{\partial V_{CC}} = \frac{h_{FE}R_2}{(1+h_{FE})R_E(R_1+R_2)+R_1R_2} \fallingdotseq \frac{h_{FE}R_B}{R_1(h_{FE}R_E+R_B)}$$

$$= \frac{R_2 S_2}{R_1 + R_2} \hspace{4em} (2.114)$$

ただし，$R_B = \dfrac{R_1 R_2}{R_1 + R_2}$ とする。

例題 2.8 例題 2.6 で取り上げた，図 2.46 (a), (b), (c) の各バイアス回路の安定指数 $S_1 \sim S_4$ の値を求めよ。

【解答】 (a) 式 (2.94)～(2.97) に値を代入するとつぎのように求められる。
$S_1 = 151, \quad S_2 = -0.094 \times 10^{-3},$
$S_3 = 0.0071 \times 10^{-3}, \quad S_4 = -S_2$

(b) 式 (2.102)～(2.105) に値を代入するとつぎのように求められる。
$S_1 = 74.8, \quad S_2 = -0.09 \times 10^{-3},$
$S_3 = 0.00337 \times 10^{-3}, \quad S_4 = -S_2$

(c) 式 (2.111)～(2.114) に値を代入するとつぎのように求められる。
$S_1 = 5.6, \quad S_2 = -0.963 \times 10^{-3},$
$S_3 = 0.000255 \times 10^{-3}, \quad S_4 = 0.14 \times 10^{-3}$ ◇

2.7 FET のバイアス方法と等価回路

2.7.1 FET の特徴

バイポーラトランジスタは，ベース (B)，エミッタ (E)，コレクタ (C) の三つの端子をもち，2種類のキャリヤ（電子と正孔）の振舞いがもとになって作られるベース電流によって，コレクタ電流を制御する電流制御形トランジスタである。

これに対して FET は，バイポーラトランジスタの各端子に対応する，ゲート (G)，ソース (S)，ドレーン (D) の三つの端子をもち，ゲート電圧によってドレーン電流を制御する電圧制御形トランジスタである。

FET は，ゲート端子を流れる電流が pn 接合の逆バイアスによる漏れ電流

であり，その値も非常に小さいため，特に，低周波領域における入力インピーダンスは 10^{11}〜$10^{12}\Omega$ ときわめて高い。

また，FET は，バイポーラトランジスタに比べて雑音が小さく，低消費電力化が図れるため，オーディオ用プリアンプやマイクロホン用アンプなどに使用されるほか，パワーアンプとしても使用される。

2.7.2 JFET の動作原理と特性

FET は，ゲート（G）領域がソース（S）領域，ドレーン（D）領域と接合する構造の JFET と，G 領域が S 領域，D 領域と絶縁する構造の MOS 形 FET に大別される。また，FET には，キャリヤが通過する領域の種類により，p チャネル形と n チャネル形がある。MOS 形 FET は，マイコンやメモリなどの LSI を構成する基本素子として，現在では最も広く使用されているが，本書では学習しない。

JFET は，低周波アンプ用として開発されたトランジスタであり，その概念図を図 2.50 に示す。また，図 2.51 に JFET の特性例を示す。

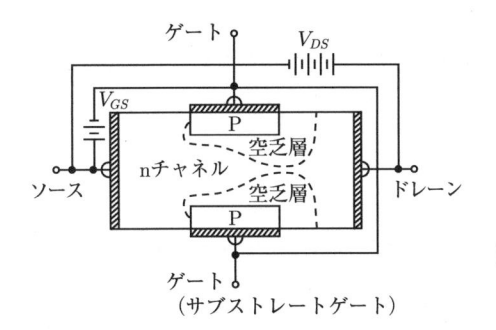

図 2.50　JFET の概念図（n チャネル）

n チャネル形で表された図 2.50 をもとに，まず，ゲート-ソース間電圧 V_{GS} が 0 の場合を考えてみよう。この状態で，ドレーン-ソース間電圧 V_{DS} を 0 から増加させていくと，空乏層は狭く一定に保たれるので，ドレーン電流 I_D はほぼ V_{DS} に比例して増加する。この領域は非飽和領域と呼ばれている。

V_{DS} がある値以上になると，I_D はほぼ一定になる。このときの I_D は飽和ド

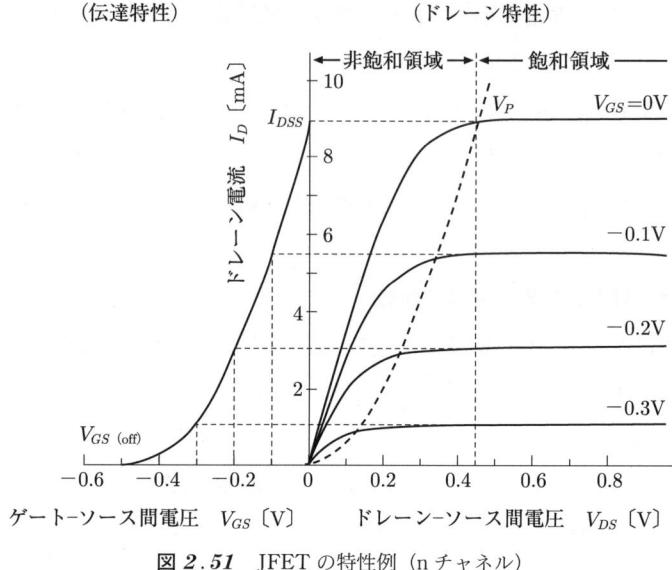

図 2.51 JFETの特性例（nチャネル）

レーン電流と呼ばれ，I_{DSS}で表す．このI_{DSS}に対応するV_{DS}をピンチオフ電圧V_pということがある．このようにI_Dが飽和する範囲は飽和領域と呼ばれる．

つぎに，V_{DS}をある一定値（例えば，0.6 V）にした状態で，V_{GS}の絶対値を0から増加していくと，空乏層がしだいに広がるため，I_Dの値はI_{DSS}から徐々に減少し，あるV_{GS}の値に対して$I_D = 0$となる．このときのV_{GS}を，ゲート-ソース間の遮断電圧と呼び，$V_{GS(\text{off})}$で表す．

つまり，V_{DS}は順バイアス，V_{GS}は逆バイアスの働きをし，JFETはI_Dの流れる通路（チャネル）の幅を，pn接合の逆バイアスを変化させることにより生じる空乏層の広がりの大きさにより，制御することになる．

図 2.51の左側には，右側に示されているそれぞれのV_{GS}値に対する飽和ドレーン電流値I_{DSS}を写し替えた特性が示されており，伝達特性と呼ばれている．この伝達特性は，近似的に，つぎの放物線式で表される．

$$I_D = I_{DSS}\left(1 - \frac{V_{GS}}{V_{GS(\text{off})}}\right)^2 \qquad (2.115)$$

2.7.3 JFETのバイアス方法

これまでの説明で明らかなように，JFETは，ゲートとチャネル間のpn接合部に逆バイアス電圧を印加することにより，チャネルを流れる電流を制御するトランジスタである．したがって，JFETのゲート端子に，このpn接合部に順バイアスとなるような電圧が印加されると，順方向電流が流れてトランジスタを破壊することがあるので，取り扱いには注意を要する．

FETのバイアス方法は，2.6節で述べたバイポーラトランジスタの場合と基本的には同じである．図 2.52 に，そのバイアス方法を示す．図(a)は電

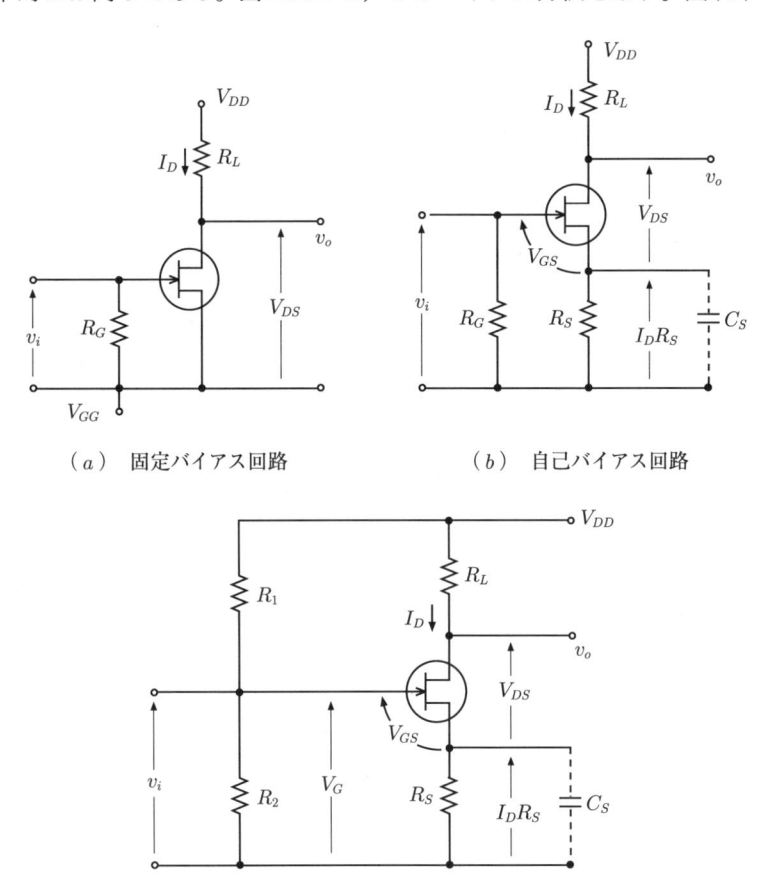

(a) 固定バイアス回路   (b) 自己バイアス回路

(c) 電圧分割バイアス回路

図 2.52　JFETのバイアス回路

源2個を必要とする固定バイアス回路，図(b)は電源1個でフィードバックがかかる自己バイアス回路，図(c)はフィードバック機能と抵抗R_1, R_2による分圧機能によりバイアス電圧V_{GS}を決定する電圧分割バイアス回路である。

　回路の安定性の面では図(a)，図(b)，図(c)の順に後者になるほどよくなるが，出力電流の大きさは後者になるほど小さくなる。

　図(b)，図(c)中に破線で示されているバイパスコンデンサC_Sは，バイポーラトランジスタ回路の場合と同様，信号分については抵抗R_Sを短絡させ増幅度を高い値に維持する働きがあり，一般的には必ず回路に用いられる。

2.7.4　JFETの等価回路

　まず，JFET回路の増幅度を決めるうえで重要な相互コンダクタンスについて説明する。

　相互コンダクタンスg_mは，V_{GS}の変化量に対するI_Dの変化量として，次式で定義される。

$$g_m = \left. \frac{\Delta I_D}{\Delta V_{GS}} \right|_{V_{DS}=\text{const.}} \qquad (2.116)$$

g_mの単位は〔S〕であり，実際には0.1〜20〔mS〕の場合が多い。

　また，g_mはJFETの特性式(2.115)をV_{GS}で微分することにより得られ

$$g_m = -\frac{2I_{DSS}}{V_{GS(\text{off})}}\left(1 - \frac{V_{GS}}{V_{GS(\text{off})}}\right) \qquad (2.117)$$

で表される。

　さて，JFETの小信号等価回路について考えてみよう。信号に関する取り扱いについては，式(2.116)において，ΔI_Dをi_d, ΔV_{GS}をv_{gs}と置き換えることにより，信号分のドレーン電流i_dは

$$i_d = g_m v_{gs} \qquad (2.118)$$

で表される。また，ドレーン抵抗r_dは，ドレーン-ソース間の信号電圧をv_{ds}と置くと

$$r_d = \frac{v_{ds}}{i_d} \qquad (2.119)$$

で表される。JFET が飽和領域で動作する場合には**図 2.51** から明らかなように，r_d は無限大になってしまう。実際には 10 kΩ～数十 MΩ になる場合が多い。

コーヒーブレイク

真空管，トランジスタから集積回路へ

電子回路における主役である能動素子は，真空管，トランジスタ，そして集積回路へと発展してきました。

真空管，特に増幅作用のある三極管は，1906 年にアメリカの電気技術者であるド・フォレストによって発明されました。三極管は，すぐにラジオに応用され，ド・フォレストはのちにラジオの父と呼ばれるようになりました。

トランジスタは，1947 年にアメリカのベル研究所のブラッテンとバーディーンによって点接触形トランジスタが発明されました。しかし，点接触形トランジスタは量産には向かず，実用的でないことがわかり，翌年の 1948 年に，ショックレーが現在のトランジスタの原型となる接合形のトランジスタを発明しました。トランジスタ (transistor) は，transfer＋resistor の合成語と教わった記憶がありますが〔岩波情報科学辞典 (1990) によれば，transfer of signal through varistor からの造語と説明〕，入力の信号によって抵抗が変化するような素子の意味なのでしょうか。このトランジスタは，まもなく真空管にとって代わり，電子回路の主役となりました。そしてトランジスタを発明したとされる 3 人，ブラッテンとバーディーン，そしてショックレーは 1956 年にそろってノーベル物理学賞を受賞しています。

集積回路は，1958 年にテキサス・インスツルメンツ社のジャック・キルビーによって発明されました。キルビーはトランジスタを含むすべての部品を，シリコンかゲルマニウムで作って 1 個にまとめてしまうことを考え，これを固体電子回路 (solid circuit) と呼びました。これが集積回路の始まりとされ，キルビーはこの業績により，2000 年にノーベル物理学賞を受賞しました。

さて，将来はどんな素子が発明されるのでしょうか。電子回路の主役である真空管・トランジスタ・集積回路はいずれもアメリカ人の発明でした。つぎは，電子立国を目指す日本からの発明に期待しましょう。

上記の g_m, i_d, r_d を考慮すると，例えば，図 $2.52(a)$ で示されるソース接地形回路の低周波領域における小信号等価回路は，図 2.53 のように表すことができる。JFET 素子そのものの入力インピーダンスはきわめて高いので，図 2.53 では省略してある。

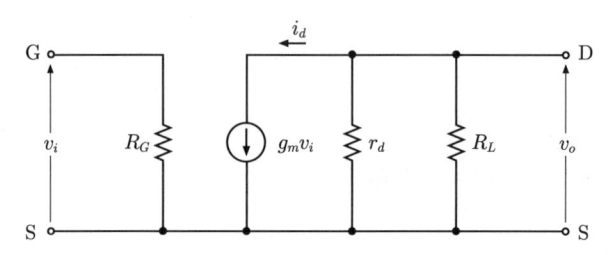

図 2.53 ソース接地形 JFET 回路の小信号等価回路

電圧増幅度 A_v を求めてみよう。図より

$$v_o = -i_d(r_d/\!/R_L) = -g_m v_i \frac{r_d R_L}{r_d + R_L} \tag{2.120}$$

であるから

$$A_v = \frac{v_o}{v_i} = -g_m \frac{r_d R_L}{r_d + R_L} \tag{2.121}$$

で表されるが，$r_d \gg R_L$ の場合には

$$A_v \fallingdotseq -g_m R_L \tag{2.122}$$

となる。符号の " $-$ " は，入力信号と出力信号の位相が，たがいに逆相関係にあることを表す。

演 習 問 題

【1】 問図 2.1 の回路の動作点 I_B, V_{BE}, I_C, V_{CE} を求めよ。

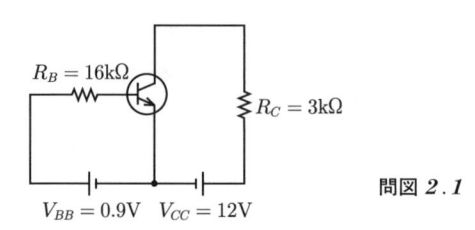

問図 2.1

ただし，トランジスタの特性は図 2.1 とする。負荷直線を求める式を導き，グラフ上に負荷直線を描き，できる限り正確に求めよ。

【2】 【1】の問題で，V_{BB} と直列に，振幅が $\pm 0.05\,\mathrm{V}$ の信号電圧 v_i を加えるとき，v_{be}，i_b，i_c，v_{ce} の振幅（±）と電圧増幅度 A_v および電流増幅度 A_i を求めよ。

【3】 エミッタ接地，コレクタ接地，ベース接地方式の違いによるトランジスタ増幅回路の特徴に関して，つぎの比較項目に該当する字句を（ ）から選べ。
　（1）　入力抵抗（大，中，小）
　（2）　出力抵抗（大，中，小）
　（3）　入出力の位相（反転する，反転しない）
　（4）　電圧増幅度（大，ほぼ1）
　（5）　電流増幅度（大，ほぼ1）
　（6）　電力増幅度（大，中，小）

【4】 エミッタ接地の h パラメータの値から，ベース接地の h パラメータの値を計算する式を導け。

【5】 問図 2.2 に示す回路において，トランジスタの h パラメータの値が，$h_{ie} = 2.0\,\mathrm{k\Omega}$，$h_{re} = 1.0 \times 10^{-4}$，$h_{fe} = 100$，$h_{oe} = 10 \times 10^{-6}\,\mathrm{S}$ である。以下の問に答えよ。
　（1）　h パラメータを使用した小信号等価回路を描け。
　（2）　電圧増幅度 A_v，電流増幅度 A_i を求める式を h パラメータを使って求め，その値を計算せよ。
　（3）　入力抵抗 $R_i = v_i/i_b$ と，出力抵抗 $R_o = v_o/i_c$ を求める式を，h パラメータを使って求め，その値を計算せよ。

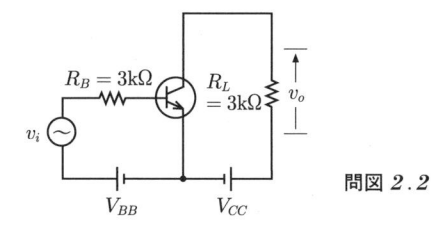

問図 2.2

【6】 図 2.22 で示されるエミッタホロワ回路の入出力抵抗を，エミッタ接地の h パラメータの簡易等価回路を用いて求めよ。

【7】 図2.40, 図2.43, 図2.45のバイアス回路の安定指数を求める式を導出せよ。

【8】 T形等価回路の定数を用いた入出力抵抗を，式(2.75)と(2.77)に式(2.59)～(2.62)を代入して求め，結果が式(2.83)と(2.86)と一致することを確認せよ。

【9】 問図2.3の回路において，シリコントランジスタのV_{CE}の値を$6\,\mathrm{V}$で，コレクタ電流I_Cの値を$2\,\mathrm{mA}$で動作させたい。安定指数S_1の値が5以下，S_2の値が0.001以下となるようにR_1, R_2, R_Eのそれぞれの値を決定せよ。

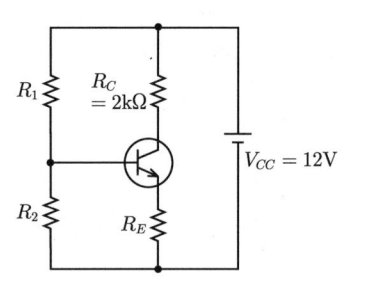

問図2.3

3

RC 結合増幅回路

　バイポーラ，FET のタイプを問わず，トランジスタは小信号増幅のために用いられる。これまでは，トランジスタをそれらしく動作させるための原理と手法について述べてきた。すなわち，周波数特性を考慮することなく，小信号増幅の前提となるバイアス設計法を，回路の安定化とあわせて述べてきた。

　しかしながら，私たちが身近に使っているオーディオアンプやビデオアンプでは，ある特定の周波数を増幅するのではなく，オーディオでは可聴周波数（一般には 20 Hz〜20 kHz）を増幅し，ビデオでは直流から数 MHz の広い周波数の範囲にわたって一様な増幅が必要になる。

　この章では，アンプの周波数特性を考察する際の基本回路，RC 結合増幅回路について解析する。

3.1　RC 結合 1 段増幅回路

　RC 結合増幅回路（resistance-capacitance coupled amplification circuit）は，トランジスタの出力側に負荷抵抗と結合コンデンサを直列に挿入し，交流である信号成分のみを，増幅出力として取り出すことを目的とした増幅回路である。後述の変成器結合方式に比べて，一段当りの利得は低いが，周波数特性は良く，波形のひずみが少ない。しかしながら，この種の回路では，負荷に抵抗を用いるので電力効率が低く，電力を必要とする箇所には不向きで，一般には電圧増幅用として用いられる。

　図 *3.1* に結合コンデンサ C_o を介して負荷抵抗 R_L を接続した RC 結合 1 段増幅回路を示す。トランジスタを動作させるためのバイアス設計方法は，

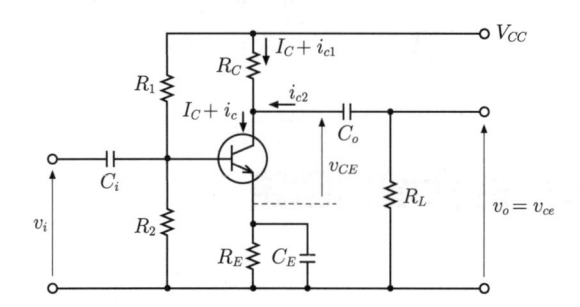

図 3.1　RC 結合1段増幅回路

2.6 節で述べた h_{fe} の安定化が図れる電流帰還形の一種である電圧分割バイアス方法を取り入れている。C_E は，エミッタ側において交流成分のみを通し，高周波信号に対しては R_E を等価的に短絡する効果をもつ**バイパスコンデンサ** (by-pass capacitor)，C_i および C_o は直流成分の通過を阻止し交流成分のみを通過させる目的で用いられる**結合コンデンサ** (coupling capacitor) である。

　電子回路の解析手法には，トランジスタの特性曲線をもとに作図により解析する方法と，等価回路を用いて回路理論的に解析する方法がある。前者は回路動作を理解する上では直観的でわかりやすい。しかしながら，作図手法であるがゆえに，きわめて小さい電圧・電流を取り扱う場合には誤差も大きくなる。このような場合には，後者の等価回路による解析のほうが都合がよい。トランジスタという能動素子を等価回路で表すことは，厳密にはかなり難しいが，電圧・電流の振幅が小さい場合には，特性曲線を直線とみなして取り扱っても，実際に得られる諸量とほぼ等しくなる。それゆえ，別名，小信号等価回路，または線形等価回路とも呼ばれる。ここでは，両者の方法について説明する。

　まず，作図による解析方法について述べる。

　交流分がない場合，出力側では結合コンデンサ C_o の効果により，R_L 側には電流は流れない。また，エミッタ側では電流 $I_E (\fallingdotseq I_C)$ が抵抗 R_E のみに流れる。したがって，出力側における電圧と電流の関係は

$$V_{CE} = V_{CC} - I_C(R_C + R_E) \tag{3.1}$$

となり，図 3.2 の**直流負荷直線** (DC load line) AB で表される。

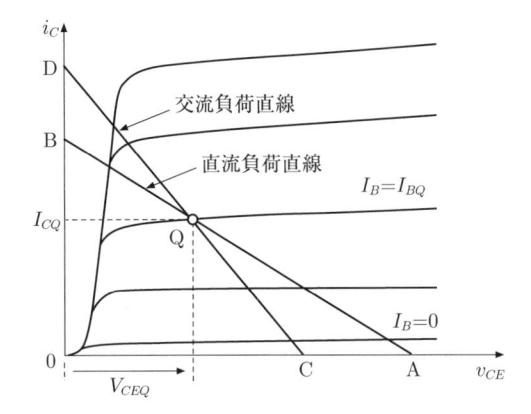

図 3.2 直流負荷直線と交流負荷直線

いま，図のようにバイアス点 Q が設定され，$I_C = I_{CQ}$，$V_{CE} = V_{CEQ}$ で与えられるとすると

$$V_{CEQ} = V_{CC} - I_{CQ}(R_C + R_E) \tag{3.2}$$

で表すことができる。

交流信号に対して C_o は導通の働きをするので，コレクタ電流 i_c は抵抗 R_C と負荷 R_L に分流される。また，エミッタ側ではバイパスコンデンサ C_E の効果により R_E は交流的に短絡されるので，R_E は交流の負荷にはならない。すなわち，交流の出力電圧 v_{ce} は

$$v_{ce} = -(R_C /\!/ R_L)i_c \tag{3.3}$$

となる。交流信号の入出力応答は，当然，直流のバイアス設計のもとで行われ，ここでは点 Q(V_{CEQ}, I_{CQ}) で動作することになる。したがって，直流分と交流分を含む電圧と電流の関係は

$$\begin{aligned}v_{CE} &= V_{CEQ} + v_{ce} \\ &= V_{CC} - I_{CQ}(R_C + R_E) - (R_C /\!/ R_L)i_c\end{aligned} \tag{3.4}$$

となり，**図 3.2** の**交流負荷直線**（AC load line）CD で表される。

負荷直線の描き方としては，まず，$I_C = 0$ で $V_{CE} = V_{CC}$ となる点を通り，傾き $dV_{CE}/dI_C = -(R_C + R_E)$ の直線を描くことにより直流負荷直線が得られる。つぎに，動作点 Q を通り，傾き $dv_{ce}/di_c = -(R_C /\!/ R_L)$ の直線を描くことにより交流負荷直線が得られる。R_C と R_L の抵抗値により傾きの異な

る交流負荷直線が描けることはいうまでもないが，入力信号の波形がひずむことなく増幅出力が得られるためには，動作点 Q を直線 CD 上の中点に選定する必要がある。このことは，トランジスタを使う際の本来の目的であるので，最適条件ともいわれる。

最適条件下における I_{CQ} を I_{op} とすると，I_{op} はつぎのように求められる。

図 3.1 より

$$i_c = i_{c1} + i_{c2} \qquad (3.5)$$

の関係があるので，$v_{CE} = 0$ のとき，$i_c = I_{CQ} = I_{op}$ の関係が成り立てば，動作点 Q は直線 CD の中点に置かれることになる。そこで，この関係を式 (3.4) に適用すれば

$$I_{op} = \frac{V_{CC}}{R_C + R_E + (R_C \mathbin{/\mkern-6mu/} R_L)} \qquad (3.6)$$

となる。

以上，作図による解析法について述べてきたが，つぎに等価回路を用いて解析してみよう。

トランジスタ回路ではバイアス設計を行う必要があるが，回路設計の目的は入力の小信号，つまり，交流信号を増幅することにある。したがって，ここでは交流信号のみに着目して解析することにしよう。図 3.3 は，図 3.1 の交流成分に関する h パラメータによる等価回路を表している。

トランジスタ回路では一般に h_{re} および h_{oe} の値は小さいので，これらについては省略している。また，エミッタ側に挿入されるコンデンサ C_E は信号の周波数やキャパシタンスの大きさにもよるが，ここでは周波数全域にわたり交流的に R_E を短絡させる効果があるものとして取り扱う。

それぞれの周波数範囲における電圧増幅度について調べてみよう。

〔1〕 中域における電圧増幅度　図 $3.3(a)$ より

$$\left. \begin{array}{l} v_i = h_{ie}\, i_b \\ v_o = -\, h_{fe}\, i_b\, (R_C \mathbin{/\mkern-6mu/} R_L) \end{array} \right\} \qquad (3.7)$$

したがって，中域における電圧増幅度 A_{vm} は

3.1 RC 結合 1 段増幅回路

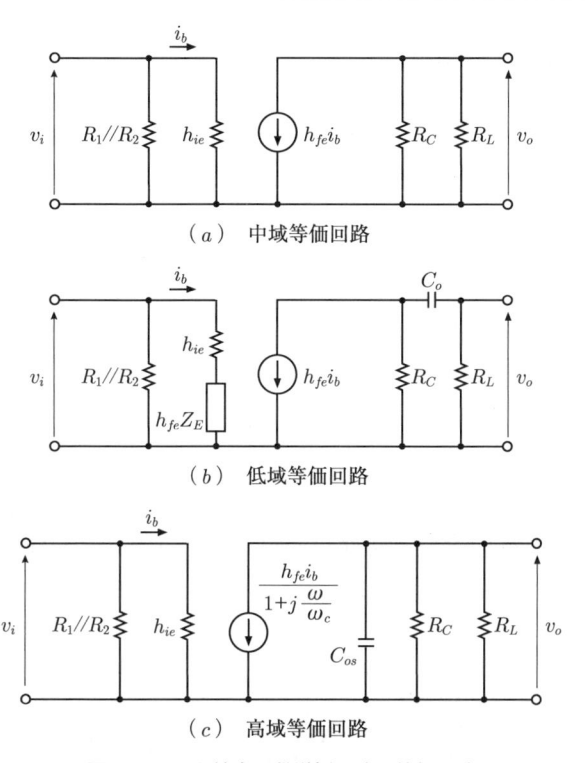

(a) 中域等価回路

(b) 低域等価回路

(c) 高域等価回路

図 3.3 RC 結合 1 段増幅回路の等価回路

$$A_{vm} = \frac{v_o}{v_i} = -\frac{h_{fe}}{h_{ie}}(R_C \mathbin{/\mkern-5mu/} R_L) = -\frac{h_{fe}}{h_{ie}}R_L' \tag{3.8}$$

ここで

$$R_L' = R_C \mathbin{/\mkern-5mu/} R_L \tag{3.9}$$

で表され，周波数に依存しないで一定値

$$|A_{vm}| = \frac{h_{fe}}{h_{ie}}R_L' \tag{3.10}$$

で与えられる．また，位相角（入力信号と出力信号の位相差）θ は π 〔rad〕であることがわかる．

増幅度は，式 (3.8) や式 (3.10) のように出力信号と入力信号の比で表され，単位をもたないが，つぎのように〔dB〕（デシベル，decibel）という単

位を付けて用いられることもある。

デシベルはもともと出力電力 P_o と入力電力 P_i を比較するために用いられた単位で，$\log_{10}(P_o/P_i)$ を〔Bel〕という単位で呼んでいたが，実際にはこの数値が小さすぎるので，これを10倍して使用するようになった。電力 P を基準に電圧 V，電流 I についてもデシベル表示されることもあり，それぞれつぎのように表される。

$$\left.\begin{array}{l} G_p = 10 \log_{10} \dfrac{P_o}{P_i} \quad \text{〔dB〕} \\[2mm] G_v = 20 \log_{10} \dfrac{V_o}{V_i} \quad \text{〔dB〕} \\[2mm] G_i = 20 \log_{10} \dfrac{I_o}{I_i} \quad \text{〔dB〕} \end{array}\right\} \qquad (3.11)$$

〔2〕**低域における電圧増幅度** 低域では出力側の結合コンデンサ C_o のリアクタンスが大きくなり，出力インピーダンスに影響を及ぼすことになる。図 $3.3(b)$ より

$$\left.\begin{array}{l} v_i = (h_{ie} + h_{fe} Z_E)\, i_b \\[2mm] Z_E \equiv R_E \mathbin{/\!/} \dfrac{1}{j\omega C_E} = \dfrac{R_E}{1 + j\omega C_E R_E} \\[2mm] v_o = -\, h_{fe} i_b \dfrac{R_C}{R_C + R_L + (1/j\omega C_o)} R_L \\[2mm] = -\, h_{fe}\, i_b\, R_L{'} \Big\{ 1 + \dfrac{1}{j\omega C_o(R_C + R_L)} \Big\}^{-1} \end{array}\right\} \qquad (3.12)$$

したがって，低域における電圧増幅度 A_{vl} は

$$\begin{aligned} A_{vl} &= \dfrac{v_o}{v_i} \\ &= -\dfrac{h_{fe}}{h_{ie}} R_L{'} \Big\{ 1 + \dfrac{1}{j\omega C_o(R_C + R_L)} \Big\}^{-1} \Big(1 + \dfrac{h_{fe}}{h_{ie}} Z_E \Big)^{-1} \\ &= A_{vm} \Big\{ 1 + \dfrac{1}{j\omega C_o(R_C + R_L)} \Big\}^{-1} \Big(1 + \dfrac{h_{fe}}{h_{ie}} Z_E \Big)^{-1} \qquad (3.13) \end{aligned}$$

で与えられ，周波数が低くなると出力インピーダンスとエミッタ・インピーダンスの相乗的な作用により増幅度は低下することがわかる。

〔3〕 **高域における電圧増幅度**　高域では，C_o は短絡とみなされるが，キャリヤは，移動間に高速で加速，減速の繰り返しを強いられ，コレクタに到達できないものが増えて実質的に h_{fe} は低下する。周波数に依存するこの量は，$h_{fe}/\{1 + j(\omega/\omega_c)\}$ で表される。ω_c は h_{fe} が中域での値の $1/\sqrt{2}$ に相当する角周波数である。これに対応する周波数 $f_c (= \omega_c/2\pi)$ は $h_{ie} = 1$ となるときの利得帯域幅を意味し，トランジション周波数とも呼ばれている。

また，一般に，中域における定利得 G に高域，低域の f_c の差，つまり帯域幅 B を掛けた値を**利得帯域幅積**（gain-bandwidth product），または GB 積といい，この値の大小でトランジスタ性能の優劣は評価できるともいわれている。また，高周波になると配線などによる容量やベース-コレクタ間の空乏層容量が大きくなり〔これらを合わせた容量は**漂遊容量** C_{os}（stray capacitance）と呼ばれている。〕，その影響で h_{fe} はさらに低下する。したがって，高域での等価回路は**図 3.3**(c)で表される。図(c)より

$$\left. \begin{aligned} v_i &= h_{ie}\, i_b \\ v_o &= -\frac{h_{fe} i_b}{1 + j\dfrac{\omega}{\omega_c}} \cdot \frac{\dfrac{R_L{}'}{j\omega C_{os}}}{R_L{}' + \dfrac{1}{j\omega C_{os}}} \\ &= -\frac{h_{fe} i_b}{1 + j(\omega/\omega_c)} \cdot \frac{R_L{}'}{1 + j\omega C_{os} R_L{}'} \end{aligned} \right\} \quad (3.14)$$

したがって，高域における電圧増幅度 A_{vh} は

$$\begin{aligned} A_{vh} &= \frac{v_o}{v_i} \\ &= -\frac{h_{fe}}{h_{ie}} R_L{}' \frac{1}{1 + j\dfrac{\omega}{\omega_c}} \cdot \frac{1}{1 + j\omega C_{os} R_L{}'} \end{aligned} \quad (3.15)$$

で表され，周波数が高くなると，上述の，いわゆるキャリヤの蓄積効果と漂遊容量の相乗的な作用により，増幅度は低下することがわかる。

これまで述べてきた各周波数領域の増幅度特性をまとめると，**図 3.4** のようになる。図中の f_l および f_h は中域の増幅度の $1/\sqrt{2}$ に相当する周波数で，

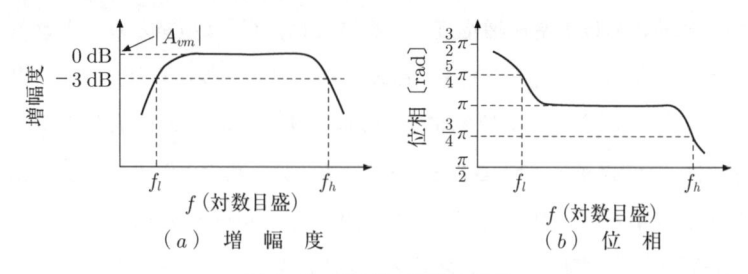

図 3.4 RC 結合回路の特性

それぞれ，**低域遮断周波数**（lower cut-off frequency）および**高域遮断周波数**（higher cut-off frequency）と呼ばれている。

最後に，RC 結合増幅回路の**電力効率**（power efficiency）を調べてみよう。

図 3.1 の回路では R_L が出力負荷と考えられるが，簡略化のために C_o と R_L を取り除いた回路，すなわち，出力側がコレクタ抵抗 R_C が 1 個のみの回路について調べることにする。もちろん，R_C には電源からの直流分に加えて信号の交流分が重畳された電流が流れ，電圧がかかることになる。

トランジスタのコレクタに流れ込む電流の最大振幅 I_{op} は，式 (3.6) から

$$I_{op} = I_{CQ} = \frac{V_{CC}}{2R_C + R_E} \tag{3.16}$$

で与えられる。したがって，コレクタ電圧の最大振幅 V_{op} は

$$V_{op} = V_{CEQ} = \frac{R_C}{2R_C + R_E} V_{CC} \tag{3.17}$$

となる。したがって，抵抗 R_C で消費される交流電力の最大値 $P_{L\max}$ は

$$P_{L\max} = \frac{V_{op}}{\sqrt{2}} \cdot \frac{I_{op}}{\sqrt{2}} = \frac{1}{2} \cdot \frac{R_C V_{CC}^2}{(2R_C + R_E)^2} \tag{3.18}$$

で与えられる。

一方，直流電源から抵抗 R_C に供給される直流電力 P_{dc} は，バイアス抵抗 R_1，R_2 に流れる電流を無視すれば

$$P_{dc} \fallingdotseq V_{CC} I_{CQ} = \frac{V_{CC}^2}{2R_C + R_E} \tag{3.19}$$

となる．それゆえ，$P_{L\max}$ と P_{dc} の比で定義される電力効率の最大値 $\eta_{\max}$ は

$$\eta_{\max} = \frac{P_{L\max}}{P_{dc}} \doteqdot \frac{1}{2} \cdot \frac{R_C}{2R_C + R_E} \tag{3.20}$$

となり，$R_E \ll R_C$ とすれば

$$\eta_{\max} \doteqdot \frac{1}{4} \tag{3.21}$$

となる．すなわち，電源から供給される電力のうち最大 25 % が信号電力として負荷抵抗に与えられることになる．もちろん，信号の振幅がこれより小さいときや，図 3.1 のように負荷が並列回路のときの電力効率はこれ以下になる．エネルギー変換効率の観点からはあまりいい増幅回路とはいえない．

例題 3.1 RC 結合トランジスタ増幅回路の中域等価回路〔図 3.3(a)〕において，$h_{fe} = 50$，$h_{ie} = 1\,\mathrm{k\Omega}$，$R_1 = 80\,\mathrm{k\Omega}$，$R_2 = 20\,\mathrm{k\Omega}$，$R_C = 40\,\mathrm{k\Omega}$，$R_L = 10\,\mathrm{k\Omega}$ のときの電圧増幅度 A_{vm} を求めよ．また，その A_{vm} を〔dB〕で示せ．

【解答】 式 (3.8) に数値を代入すると，つぎの式が得られる．

$$A_{vm} = \frac{v_o}{v_i} = -\frac{h_{fe}}{h_{ie}}(R_C \mathbin{/\mkern-5mu/} R_L) = -400$$

また，A_{vm} の大きさをデシベル表示すると，式 (3.11) よりつぎのようになる．

$$|A_{vm}|_{\mathrm{dB}} = 20 \log_{10} |A_{vm}| \doteqdot 52 \,\text{〔dB〕} \qquad \diamondsuit$$

3.2 RC 結合 2 段増幅回路

図 3.5 は，RC 結合 2 段増幅回路の例であるが，図 3.1 の 1 段増幅回路 2 個を，コンデンサ C_{o1} で縦続接続した構成となっているのがわかる．また，回路の安定性を高くし，しかも，高い信号の増幅度を得るために，より一般的な回路として，エミッタ側回路には，二つの抵抗とコンデンサが図のように配置されている．中域周波数範囲における小信号の等価回路は，図 3.6 のようになる．

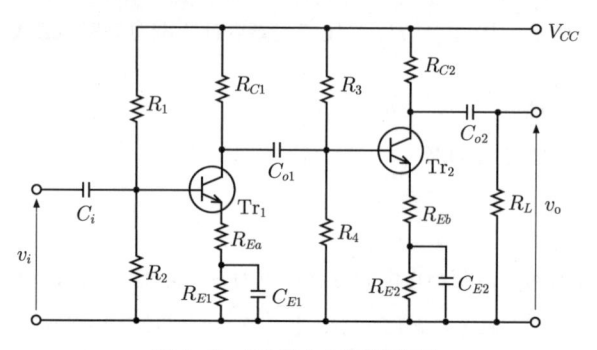

図 3.5 RC 結合 2 段増幅回路

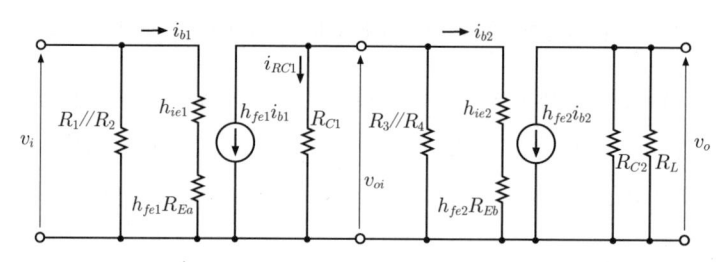

図 3.6 RC 結合 2 段増幅回路の等価回路

回路全体の電圧増幅度 A_v は，1 段目および 2 段目の増幅回路の電圧増幅度を，それぞれ A_{v1} および A_{v2} とすると

$$A_v = A_{v1} \cdot A_{v2} = \frac{v_{oi}}{v_i} \cdot \frac{v_o}{v_{oi}} \tag{3.22}$$

で表すことができる。**図 3.6** より

$$\left. \begin{array}{l} v_i = (h_{ie1} + h_{fe1}R_{Ea})i_{b1} \\ v_o = -\,h_{fe2}i_{b2}\dfrac{R_{C2}R_L}{R_{C2} + R_L} \end{array} \right\} \tag{3.23}$$

で与えられる。また，コレクタ抵抗 R_{C1} に流れる電流 i_{RC1} は

$$i_{RC1} = -\,h_{fe1}i_{b1}\frac{R_{i2}}{R_{C1} + R_{i2}} \tag{3.24}$$

で表される。ここで，R_{i2} は 2 段目の増幅回路の入力インピーダンスで，次式で与えられる。

$$R_{i2} = R_3 \,/\!/\, R_4 \,/\!/\, (h_{ie2} + h_{fe2}R_{Eb}) \tag{3.25}$$

それゆえ，1段目の増幅回路の出力電圧（2段目の増幅回路の入力電圧）v_{oi} は

$$v_{oi} = i_{RC1} R_{C1} \tag{3.26}$$

となる。

式 (3.22)〜(3.26) より，次式が得られる。

$$A_{v1} = \frac{v_{oi}}{v_i} = -\frac{h_{fe1}}{h_{ie1} + h_{fe1} R_{Ea}} \cdot \frac{R_{C1} R_{i2}}{R_{C1} + R_{i2}}$$

$$= -\frac{h_{fe1}}{h_{ie1} + h_{fe1} R_{Ea}} (R_{C1} /\!/ R_{i2}) \tag{3.27}$$

$$A_{v2} = \frac{v_o}{v_{oi}} = \frac{h_{fe2} i_{b2}}{h_{fe1} i_{b1}} \cdot \frac{R_{C1} + R_{i2}}{R_{C1} R_{i2}} \cdot \frac{R_{C2} R_L}{R_{C2} + R_L}$$

$$= \frac{h_{fe2} i_{b2}}{h_{fe1} i_{b1}} \cdot \frac{R_{C2} /\!/ R_L}{R_{C1} /\!/ R_{i2}} \tag{3.28}$$

また，図 **3.6** より，i_{b1} と i_{b2} の関係は

$$i_{b2} = -h_{fe1} i_{b1} \frac{R_{C1}}{R_{C1} + R_{i2}} \cdot \frac{R_3 /\!/ R_4}{(R_3 /\!/ R_4) + (h_{ie2} + h_{fe2} R_{Eb})} \tag{3.29}$$

で表される。式 (3.29) を式 (3.28) に代入して整理すると，次式が得られる。

$$A_{v2} = -\frac{h_{fe2}}{h_{ie2} + h_{fe2} R_{Eb}} (R_{C2} /\!/ R_L) \tag{3.30}$$

したがって，回路全体の電圧増幅度 A_v は

$$A_v = A_{v1} \cdot A_{v2}$$

$$= \frac{-h_{fe1}(R_{C1} /\!/ R_{i2})}{h_{ie1} + h_{fe1} R_{Ea}} \cdot \frac{-h_{fe2}(R_{C2} /\!/ R_L)}{h_{ie2} + h_{fe2} R_{Eb}}$$

$$= \frac{-h_{fe1} R_{C1}}{h_{ie1} + h_{fe1} R_{Ea}} \cdot \frac{-h_{fe2}(R_{C2} /\!/ R_L)}{h_{ie2} + h_{fe2} R_{Eb}} \cdot \frac{1}{1 + \dfrac{R_{C1}}{R_{i2}}} \tag{3.31}$$

1段増幅回路の電圧増幅度は，$-h_{fe1} R_{C1}/(h_{ie1} + h_{fe1} R_{Ea})$〔式 (3.8) 参照 ($R_{Ea} = 0$)〕で表されるが，2段増幅回路では単純に $\{-h_{fe1} R_{C1}/(h_{ie1} + h_{fe1} R_{Ea})\} \cdot \{-h_{fe2}(R_{C2} /\!/ R_L)/(h_{ie2} + h_{fe2} R_{Eb})\}$ にはならず，1段目のコレクタ抵抗 R_{C1} と2段目の増幅回路に対する入力インピーダンス R_{i2} の比が影響

を及ぼすことになる。中域での増幅度をできるだけ高めるためには R_{i2} を十分大きく設計する必要がある。しかしながら，この場合には有効に使える**帯域幅** (bandwidth)，$B\,(=f_h-f_l)$ は狭くなる。実際には，帯域幅を重視するのか，増幅度を重視するのかによって，1段のみで用いたり，2段あるいはそれ以上の多段で使用したりする。

広帯域増幅器 (broadband amplifier) の場合は $f_h \gg f_l$ であるから，帯域幅 B は $B \fallingdotseq f_h$ となり，f_l はあまり問題にすることはないが，RC 結合方式の増幅器は低域で用いられることが多く，その場合には所望の f_l を満足するようにコンデンサ C_E および C_o の容量値を決定することが重要となる。これらは，つぎのようにして決定すればよい。

中域以上の高周波数範囲におけるエミッタ側回路はバイパスコンデンサ C_E の効果により短絡とみなされるが，低域になると C_E はエミッタ側回路のインピーダンスに影響を及ぼすことになる。低域で入力側に換算される帰還インピーダンスは $h_{fe}\{R_E\,/\!/\,(1/j\omega C_E)\}$ で表され，低域遮断周波数 f_{l1} は

$$f_{l1} = \frac{1}{2\pi C_E R_E} \tag{3.32}$$

で与えられる。

また，結合コンデンサ C_o の影響もこれと同様に考えられる。低域遮断周波数 f_{l2} は，次段の増幅回路の入力インピーダンスを R_i とすると

$$f_{l2} = \frac{1}{2\pi C_o R_i} \tag{3.33}$$

で与えられる。

逆に，RC 結合2段増幅回路設計において $f_l\,(=f_{l1}=f_{l2})$ が与えられると，バイパスコンデンサ C_{E1}，C_{E2}，ならびに C_{o1}，C_{o2} はそれぞれつぎのように決定される。

$$C_{E1} = \frac{1}{2\pi f_l R_{E1}} \tag{3.34}$$

$$C_{E2} = \frac{1}{2\pi f_l R_{E2}} \tag{3.35}$$

$$C_{o1} = \frac{1}{2\pi f_l R_{i1}} \qquad (3.36)$$

$$[R_{i1} = R_1 \mathbin{/\mkern-6mu/} R_2 \mathbin{/\mkern-6mu/} (h_{ie1} + h_{fe1} R_{Ea})]$$

$$C_{o2} = \frac{1}{2\pi f_l R_{i2}} \qquad (3.37)$$

$$[R_{i2} = R_3 \mathbin{/\mkern-6mu/} R_4 \mathbin{/\mkern-6mu/} (h_{ie2} + h_{fe2} R_{Eb})]$$

コーヒーブレイク

小型高性能 FET の開発の現状

　小型で高性能のトランジスタ製造技術は，次世代，次々世代 LSI のキーテクノロジーです。

　微細加工技術が進展し，汎用性の高い MOS 形 FET 製造について，現状では，トランジスタの大きさをほぼ決めてしまうゲート長が，試作レベルで 50 ナノメートル，ゲートだけの製造技術としては 10 ナノメートル級に達しています。ゲート長 50 ナノメートル級は，4 ギガビット DRAM（随時書き込み・読み出しメモリ）や，動作周波数 2 ～ 3 ギガヘルツの CPU など次世代の LSI，10 ナノメートル級は 10 テラビット DRAM など次々世代の LSI に適用できる技術として期待されています。

　半導体に不純物を注入する技法としては，イオン化した原子を表面からきわめて浅い層に注入するイオン注入法が主流ですが，p 形 MOS に気相拡散法を，n 形 MOS に固相拡散法を適用して製造する気相・固相拡散法でも成功しています。ただ，前者は浅い位置にトランジスタを形成するには低エネルギーで注入しなければならない点が難しく，後者の場合は高抵抗になりやすいのが難点とされています。

　一方，エンジン，モータ，ボイラーなどの高温下での使用にも耐えられる耐熱性の FET も開発着手され，基板に炭化シリコンを用いたもので 400 °C で動作が確認されているものもあります。通常の Si や GaAs 基板に比べバンドギャップエネルギー，熱伝導度が大きいため，装置の小型化と低コスト化が図れます。電極の大きさは，全体で 10 μm × 20 μm 程度で，炭化シリコン基板の上に約 1 μm 厚の窒化ガリウム，さらに窒化アルミニウムガリウムをエピタキシャル成長させた上にゲート，ソース，ドレーンの各層を融着加工しています。

演 習 問 題

【1】 RC 結合トランジスタ増幅回路(図 3.1 および図 3.3)において,$h_{fe}=100$,$h_{ie}=2.2\,\mathrm{k\Omega}$,$C_{os}=1\,\mathrm{nF}$,$C_o=0.1\,\mathrm{\mu F}$,$R_1=120\,\mathrm{k\Omega}$,$R_2=40\,\mathrm{k\Omega}$,$R_{C1}=R_L=20\,\mathrm{k\Omega}$ のとき,中域における電圧増幅度 A_{vm} および電流増幅度 A_{im} を求めよ。また,低域および高域の遮断周波数,f_l および f_h を求めよ。

【2】 【1】において,$f=100\,\mathrm{Hz}$ における電圧増幅度 A_{vf} の大きさ,入力電圧に対する出力電圧の位相差 θ はそれぞれいくらか。

【3】 RC 結合 FET 増幅回路を問図 3.1 に,その等価回路を問図 3.2 に示す。以下の各問に答えよ。

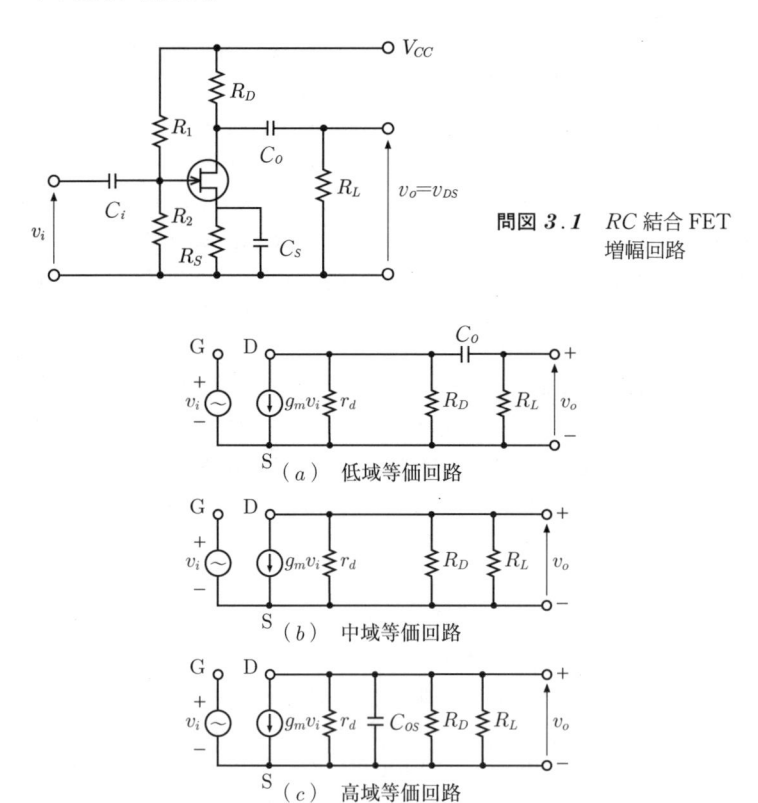

問図 3.1　RC 結合 FET 増幅回路

(a) 低域等価回路

(b) 中域等価回路

(c) 高域等価回路

問図 3.2　RC 結合 FET 増幅回路の等価回路

(1) 問図 3.1 から各周波数範囲における等価回路が問図 3.2 のように表せることを説明せよ。ただし、図 (c) の C_{os} は FET の D-S 端子間の容量と出力側回路（D-S 間）における配線の漂遊容量を加え合わせた容量とする。

(2) 問図 3.1 および問図 3.2 の回路において、$r_d = 50\,\text{k}\Omega$, $R_D = 100\,\text{k}\Omega$, $R_L = 500\,\text{k}\Omega$, $C_i = C_o = 0.1\,\mu\text{F}$, $C_{os} = 10\,\text{pF}$, $g_m = 4\,\text{mS}$ のとき、A_{vm}, f_l および f_h を求めよ。

【4】 RC 結合 2 段トランジスタ増幅回路（図 3.5）において、1 段目、2 段目の電圧増幅度をそれぞれ A_{v1}, A_{v2} とするとき、回路全体の電圧増幅度 $|A_v| = |A_{v1}|\cdot|A_{v2}| \fallingdotseq 100$ となるように、つぎのような順序で各回路定数を有効数字 2 けたで求めよ。

ただし、$V_{CC} = 12\,\text{V}$, $R_{C1} = R_{C2} = R_L = 2\,\text{k}\Omega$, $h_{fe1} = h_{fe2} = 60$, $I_{C1} = I_{C2} = 2\,\text{mA}$, $h_{ie1} = h_{ie2} = 1\,\text{k}\Omega$, $V_{BE1} = V_{BE2} = 0.6\,\text{V}$ とする。

(1) $|A_{v2}| \fallingdotseq 8$ 倍として、最大出力電圧が得られるように R_{Eb}, R_{E2} を決定せよ。

(2) Tr_2 の h_{fe2} が 60 から 150 に変わっても I_{C2} の変化が 10 % 以下になるように R_3, R_4 を決定せよ。

(3) 1 段目の増幅回路の出力端子から見た 2 段目の増幅回路の入力インピーダンス R_{i2} を求めよ。

(4) 1 段目の増幅回路について、最大出力電圧が得られるように R_{Ea}, R_{E1} を決定せよ。

(5) 1 段目の増幅回路の入力インピーダンス R_{i1} が $1.5\,\text{k}\Omega$ になるように R_1, R_2 を決定せよ。

(6) 低域遮断周波数 $f_l = 300\,\text{Hz}$ となるように C_{E1}, C_{E2}, C_{o1}, C_{o2} の各容量を決定せよ。

4

直接結合増幅回路

　増幅器を多段接続して使用する場合，RC 結合増幅回路ではトランジスタの動作点を決めるバイアス設計は各段ごとに独立して行える反面，超低周波の信号や直流信号はコンデンサや変成器を通過できないので増幅できない。

　ところが，計測器・制御機器・医用電子機器などでは，直流あるいは超低周波信号の増幅を必要とする場合が多い。このような機器に組み込まれる増幅回路は，前段トランジスタと後段トランジスタが直流的に結合される増幅回路を用いている。このような増幅回路は，**直接結合増幅回路**（direct coupling amplification circuit）あるいは**直流結合増幅回路**（DC amplification circuit），または略して直結形増幅回路と呼ばれている。

　この種の回路では，RC 結合増幅回路とは逆にバイアスの設定は各段単独には行えず，また，入力信号がなくてもつねに最終段のトランジスタの出力には直流電圧，いわゆる**オフセット電圧**（offset voltage）が現れるので，回路設計上注意を要する。オフセット電圧の抑制方法については 8 章で説明する。

4.1　エミッタ接地 2 段直接結合増幅回路

　図 4.1 にエミッタ接地 2 段直結形増幅回路の例を示す。この回路はエミッタ接地段の出力端子を次段，すなわち，**エミッタホロワ**（emitter follower）の入力端子に直接接続するものである。抵抗 R_{C1} に流れる直流電流は，Tr_1 のコレクタ電流 I_{C1} のほかに Tr_2 を駆動するためのベース電流 I_{B2} が加わることになるが，多くの場合，$I_{C1} \gg I_{B2}$ となるので I_{C1} に対して I_{B2} を無視して考えてもさしつかえない。いい換えれば，Tr_2 は Tr_1 のコレクタ電位によりバイア

4.1 エミッタ接地2段直接結合増幅回路

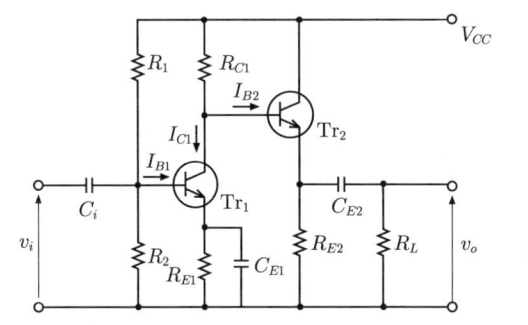

図 4.1 エミッタ接地2段直結形増幅回路

スされるので，エミッタホロワのために特別なバイアス回路を設けなくてもよいということになる．第1段目の増幅回路について，直流分だけに着目して得られるコレクタ電流 I_{C1} は，Tr_1 の直流電流増幅率を h_{FE1}，ベース-エミッタ間の直流電位差を V_{BE1} とすると

$$I_{C1} = \frac{V_{B1} - V_{BE1}}{R_{E1} + \dfrac{R_{B1}}{h_{FE1}}} \tag{4.1}$$

ここで

$$V_{B1} = \frac{R_2}{R_1 + R_2} V_{CC} \tag{4.2}$$

$$R_{B1} = \frac{R_1 R_2}{R_1 + R_2} = R_1 \mathbin{/\mkern-5mu/} R_2 \tag{4.3}$$

で与えられる．

図 **4.1** の（交流）信号に関する等価回路は，図 **4.2** のようになる．図 (b) は図 (a) をエミッタ接地段の増幅回路について書き直した図である．回路設計の指標となる電圧増幅度および入力インピーダンスを求めてみよう．

図 **4.2**(b)における R_{i2} は2段目の増幅回路，すなわち，エミッタホロワのインピーダンスであるが，一般には h_{ie2}，R_{E2}，R_L ともに 1 kΩ 程度〔式 (2.36) 参照〕であるので

$$R_{i2} = h_{ie2} + h_{fe2}(R_{E2} \mathbin{/\mkern-5mu/} R_L) \fallingdotseq h_{fe2}(R_{E2} \mathbin{/\mkern-5mu/} R_L) \tag{4.4}$$

となる．また，1段目のエミッタ接地段の負荷抵抗は，図 (b) から R_{C1} と R_{i2} の並列合成抵抗となるが，一般には $R_{C1} \ll R_{i2}$ であるので，$R_{C1} \mathbin{/\mkern-5mu/} R_{i2} \fallingdotseq R_{C1}$

(a)

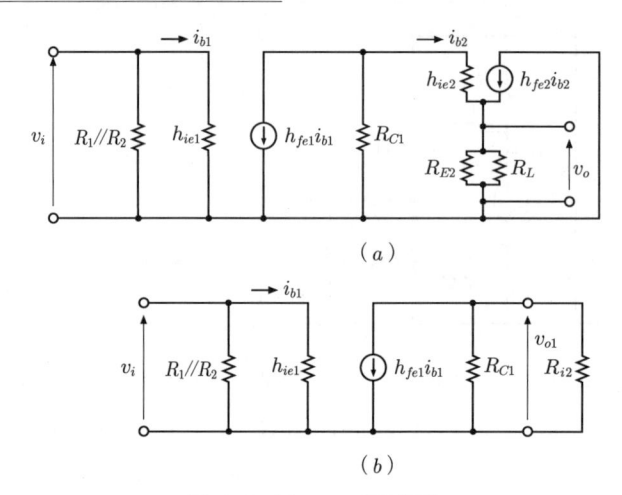

(b)

図 4.2 図 4.1 の等価回路

となり，R_{i2} の効果を無視できる。

エミッタ接地段（1 段目）の電圧増幅度 A_{v1} は

$$A_{v1} = \frac{v_{o1}}{v_i} = -\frac{h_{fe1}i_{b1}(R_{C1} /\!/ R_{i2})}{h_{ie1}i_{b1}} \fallingdotseq -\frac{h_{fe1}}{h_{ie1}}R_{C1} \qquad (4.5)$$

となり，2 段目のエミッタホロワの電圧増幅度は 1 であるから，**図 4.1** の回路全体の電圧増幅度 A_v は $A_v = A_{v1}$ となる。

エミッタホロワがない場合の電圧増幅度を A_v' とすると

$$A_v' = -\frac{h_{fe1}}{h_{ie1}}(R_{C1} /\!/ R_L) \qquad (4.6)$$

で表される。一般には R_{C1} と R_L の抵抗値は同等のものを用いる場合が多く，$|A_v| > |A_v'|$ となる。つまり，エミッタホロワを接続することにより，見かけ上の負荷抵抗を大きくし，電圧増幅度の低下を防ぐことができることになる。

4.2 帰還バイアス形エミッタ接地 2 段直接結合増幅回路

図 4.3 に示すエミッタ接地 2 段直結形増幅回路は，オーディオ用プリアンプなどに用いられる回路である。この種の回路の特徴はバイアス回路にある。

4.2 帰還バイアス形エミッタ接地2段直接結合増幅回路

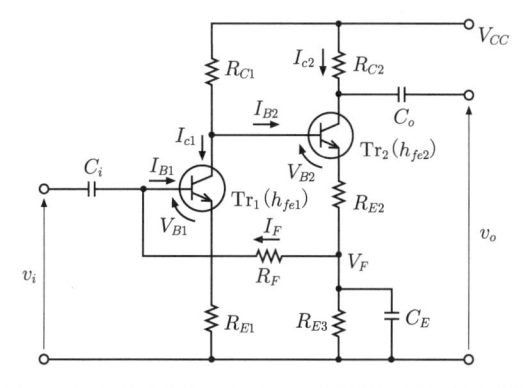

図 4.3 帰還バイアス形エミッタ接地2段直結増幅回路

つまり，Tr_1 のバイアスは，Tr_2 のエミッタ回路から Tr_1 のベースに接続された帰還抵抗 R_F によって行われ，回路は非常によく安定する。

回路の安定性は，直流電流増幅率 h_{FE} の変化に対する出力（直流）電流 I_C の変化の比を表す h_{FE} の安定指数 S_3（**2.6.2** 項参照）で評価できるが，解析がやや複雑になるのでここでは定性的に説明しておこう。

Tr_1 に流れているコレクタ（直流）電流 I_{C1} がなんらかの原因，例えば，使用環境の変化などにより増加（減少）し始めようとすると，Tr_1 のコレクタ電位は低下（上昇）する。これにより Tr_2 のエミッタ電位も低下（上昇）するが，帰還抵抗 R_F に流れる電流も減少（増加）することになる。帰還抵抗に流れる電流は Tr_1 のベース電流そのものなので，この電流が減少（増加）すると Tr_1 のコレクタ電流も減少（増加）してしまう。すなわち，I_{C1} の変化にブレーキがかかり，もとの値を維持しようとする作用が帰還抵抗 R_F により行われ，結果的に回路はよく安定することになる。

つぎに，増幅回路の特性を表す電圧増幅度と入力インピーダンスを調べてみよう。**図 4.3** からもわかるように，R_F は交流（信号）分に対しては効果がないので，電圧増幅度の計算などは簡単である。**図 4.4** は**図 4.3** の交流等価回路である。

図 4.4 より次式が得られる。

4. 直接結合増幅回路

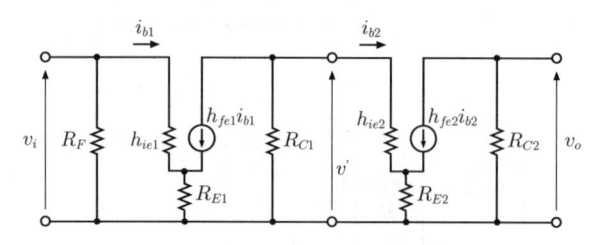

図 4.4 図 4.3 の等価回路

$$v_i \fallingdotseq (h_{ie1} + h_{fe1}R_{E1})i_{b1} \tag{4.7}$$

$$v' = -R_{C1}(h_{fe1}i_{b1} + i_{b2})$$

$$\fallingdotseq (h_{ie2} + h_{fe2}R_{E2})i_{b2} \tag{4.8}$$

$$v_o = -R_{C2}h_{fe2}i_{b2} \tag{4.9}$$

式 (4.8) を整理して，i_{b1} と i_{b2} の関係を求めると

$$i_{b2} = -\frac{h_{fe1}R_{C1}}{R_{C1} + h_{ie2} + h_{fe2}R_{E2}}i_{b1} \tag{4.10}$$

となる。これを式 (4.9) に代入すると

$$v_o = \frac{h_{fe1}h_{fe2}R_{C1}R_{C2}}{R_{C1} + h_{ie2} + h_{fe2}R_{E2}}i_{b1} \tag{4.11}$$

┤コーヒーブレイク├

回路シミュレーション

　IC や LSI 設計への導入としてトランジスタ回路を学んでいますが，トランジスタの静（動）特性，トランジスタ周辺の回路素子の働きが理解できると，実際に回路を作ってみたくなることでしょう。回路製作にあたっては機能を確認する種々の計測器も必要になります。もちろん，時間も費用もかかります。

　この負担を少しでも軽減する目的で作られている回路シミュレーションソフトウェアとして MicroSim PSpice，Microwave Office などがあります。

　PSpice (Simulation Program with Integrated Circuit Emphasis) は，米カリフォルニア大学バークレー校（UCB）が教育用に開発したソフトウェアです。アナログ/ディジタル混在回路シミュレーションソフトウェア "PSpice A/D with Schematics" では種々のトランジスタ，電源，回路素子が回路部品として用意されており，ユーザーはこれらの部品を組み上げて回路を構成でき，シミュレーションにより構成した回路の直流の入出力特性，（交流）信号の入出力波形，周波数応答特性，過渡解析などが瞬時に表示されるようにできています。

が得られる．式 (4.7) と式 (4.11) より，回路全体の電圧増幅度 A_v は

$$A_v = \frac{v_o}{v_i} = \frac{h_{fe1}h_{fe2}R_{C1}R_{C2}}{(R_{C1} + h_{ie2} + h_{fe2}R_{E2})(h_{ie1} + h_{fe1}R_{E1})}$$

$$= -\frac{h_{fe1}R_{C1}}{h_{ie1} + h_{fe1}R_{E1}} \cdot -\frac{h_{fe2}R_{C2}}{R_{C1} + h_{ie2} + h_{fe2}R_{E2}} \quad (4.12)$$

で与えられる．

回路全体の入力インピーダンス R_i は，図 **4.4** より，1 段目の入力インピーダンス，すなわち

$$R_i = \frac{R_F(h_{ie1} + h_{fe1}R_{E1})}{R_F + (h_{ie1} + h_{fe1}R_{E1})} = R_F \mathbin{/\mkern-5mu/} (h_{ie1} + h_{fe1}R_{E1}) \quad (4.13)$$

で表され，2 段目以降の影響を受けない．

4.3　ダーリントン接続増幅回路

ダーリントン (Darlington) 接続増幅回路は，それ自体は増幅回路ではなく，図 **4.5** に示すように 2 個のトランジスタを直接結合して，等価的に大きな値の h_{fe} をもつトランジスタが得られることを目的としている．高い h_{fe} のもと，回路設計によっては高入力インピーダンス，低出力インピーダンスが得

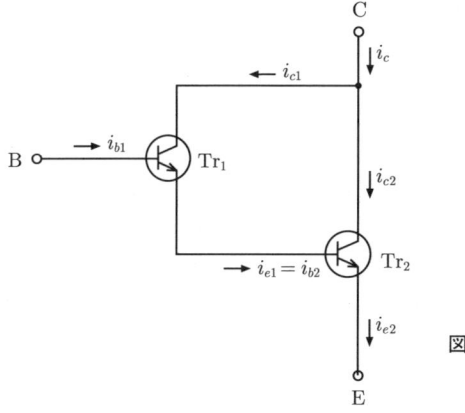

図 4.5 ダーリントン接続の基本回路

られる。したがって，この回路のあとに，例えばスピーカのボイスコイルのような低インピーダンスの負荷を接続する用途に適している。

図においてトランジスタの電流増幅率をそれぞれ h_{fe1}, h_{fe2} とすると

$$i_{c1} = h_{fe1} i_{b1} \tag{4.14}$$

$$i_{e1} \fallingdotseq h_{fe1} i_{b1} = i_{b2} \tag{4.15}$$

$$i_{c2} = h_{fe2} i_{b2} \fallingdotseq h_{fe2} h_{fe1} i_{b1} \tag{4.16}$$

$$i_c = i_{c1} + i_{c2} \fallingdotseq h_{fe1} i_{b1} + h_{fe2} h_{fe1} i_{b1}$$
$$= h_{fe1}(1 + h_{fe2}) i_{b1} \fallingdotseq h_{fe1} h_{fe2} i_{b1} \tag{4.17}$$

が成り立つ。したがって，回路全体の電流増幅率を h_{fe} とすると

$$h_{fe} = \frac{i_c}{i_{b1}} \fallingdotseq h_{fe1} h_{fe2} \tag{4.18}$$

となり，ダーリントン接続増幅回路はきわめて大きな電流増幅率を得ることができる。

演 習 問 題

【1】 帰還バイアス形2段直結トランジスタ増幅回路（図 **4.3**）に関するつぎの各問に答えよ。

(1) I_{C1}, I_{C2} の式を求めよ。ただし，h_{FE1}, $h_{FE2} \gg 1$, $R_{C1} \gg R_{E3}/h_{FE1}$, $R_F \gg R_{E3}$ とする。

(2) $V_{CC} = 12\,\text{V}$, $h_{FE1} = h_{FE2} = 100$, $V_{BE1} = V_{BE2} = 0.6\,\text{V}$, $h_{ie1} = h_{ie2} = 1\,\text{k}\Omega$, $R_F = 120\,\text{k}\Omega$ のとき，電圧増幅度300倍（1段目20倍，2段目15倍），$f_l = 10\,\text{Hz}$, $I_{C1} \fallingdotseq 0.1\,\text{mA}$, $I_{C2} \fallingdotseq 1\,\text{mA}$ になるように R_{E1}, R_{E2}, R_{E3}, R_{C1}, R_{C2}, C_E を決定せよ。

(3) (2)の設計例において，つぎのように h_{FE} が変化したときの I_C の変化率 $\varDelta I_C/I_C$ を，1段目および2段目の回路についてそれぞれ求めよ。

ⅰ) $h_{FE1} = 100$, $h_{FE2} = 100 \to 200$ の場合

ⅱ) $h_{FE2} = 100$, $h_{FE1} = 100 \to 200$ の場合

5

変成器結合増幅回路

　RC 結合形や直結形増幅回路に比べて，増幅度の高い出力を得ることを目的とした**非同調増幅回路**（untuned amplification circuit）として，入出力を変成器で結合する形式の**変成器結合増幅回路**（transformer coupling amplification circuit）がある。

　変成器を用いると入出力インピーダンスの整合を任意に行えるので，インピーダンスの不整合による増幅度の低下が避けられる。さらに，変成器の変圧作用により容易に大きな電圧増幅度が得られる。また，コンデンサを用いなくても直流的に前段と後段を分離でき，負荷による直流電圧降下が少なく，電力効率も高い。

　しかしながら，変成器を利用するので増幅度と位相の周波数特性は良くなく，変成器が原因の波形ひずみを生ずる。また，構造的に大きくなり，磁気誘導を受けやすいという欠点もある。

5.1 変成器結合増幅回路の概要

　図 5.1 に変成器結合増幅回路の例を示す。トランジスタ増幅回路では，一般に入力インピーダンスが出力インピーダンスに比べてかなり低いので，変成器結合方式により増幅度の高い増幅回路を得ることができる。しかし，RC 結合増幅回路でも安価に段数を増やして増幅度を大きくすることができるので，増幅段間にはあまり用いられなくなってきている。低インピーダンスの信号源または負荷との整合用，あるいは電力効率が問題となる電力増幅器などに使用されている。

　等価回路を表すことにより，この増幅回路の諸特性を調べることにしよう。

5. 変成器結合増幅回路

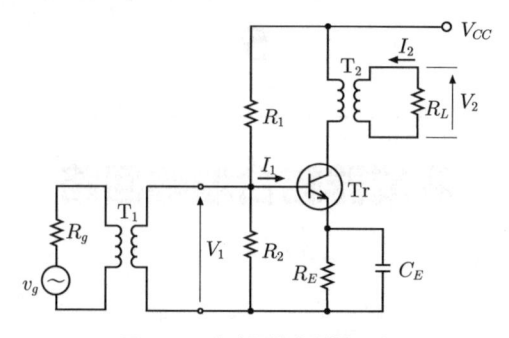

図 5.1 変成器結合増幅回路

〔**1**〕**変　成　器**　図 5.2 に示すような変成器において，磁心の透磁率が無限大で鉄損がなく，また，巻線は抵抗のない導線が漂遊容量がないように巻かれている場合には，**理想変成器**（ideal transformer）といわれる。

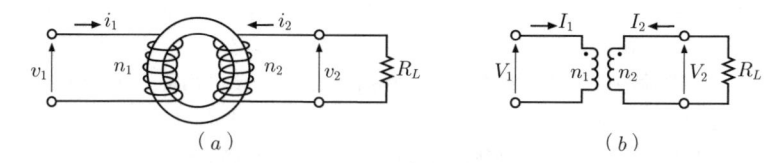

図 5.2 理想変成器

理想変成器では，一次側電流によって生じた磁心内の磁束 ϕ は，すべて二次側巻線に鎖交するので，**ファラデーの法則**（Faraday's law）より

$$v_1 = n_1 \frac{d\phi}{dt}, \qquad v_2 = n_2 \frac{d\phi}{dt} \tag{5.1}$$

となり

$$\frac{v_1}{v_2} = \frac{n_1}{n_2} \tag{5.2}$$

の関係が得られる。また，閉磁路内の起磁力は 0 でなければならないので

$$n_1 i_1 + n_2 i_2 = 0 \tag{5.3}$$

となる。式 (5.2) と式 (5.3) より，つぎの関係が得られる。

$$\frac{v_1}{v_2} = -\frac{i_2}{i_1} = \frac{n_1}{n_2} \tag{5.4}$$

入力インピーダンス（一次側から見たインピーダンス）Z_i は，**図 5.2**(b)

のように電圧・電流を実効値により表示すると

$$Z_i = \frac{V_1}{I_1} = -\frac{(n_1/n_2)V_2}{(n_2/n_1)I_2} \tag{5.5}$$

また，$I_2 = -V_2/R_L$ であるので

$$Z_i = \left(\frac{n_1}{n_2}\right)^2 R_L \tag{5.6}$$

となる。

このように，変成器は電圧・電流の大きさを変換するだけでなく，インピーダンス変換の作用もある。

〔2〕 **等価回路および電圧増幅度**　実際の磁心入り変成器では，鉄損，銅損，漏れ磁束，巻線の静電容量などがあるため，これを等価回路で表すことはかなり難しい。図 5.3 は変成器結合増幅回路（図 5.1 参照）の Tr 出力側の近似等価回路である。図中の各回路定数は，すべて変成器 T_2 の一次側で換算した形で表している。I および r はそれぞれトランジスタの出力電流 ($h_{fe}I_1$) および，出力インピーダンス ($1/h_{oe}$) を表す。L_1 は変成器 T_2 の一次側のインダクタンス，L_p と L_s はそれぞれ一次側と二次側の漏れインダクタンスである。R_p と R_s は，それぞれ一次側と二次側の巻線内の銅損を表す等価抵抗である。C_o はトランジスタの出力側で発生する漂遊容量と変成器 T_2 の一次側の容量の和を表し，C_i は負荷 R_L の容量と変成器 T_2 の二次側の容量の和を一次側に換算した容量を表す。等価回路としてはこのほかに磁心内の鉄損を表す等価抵抗を考慮しなければならないが，ここで取り扱う周波数範囲内では，この抵抗は小さいものとして省略している。さらに，トランジスタのエミッタ側の

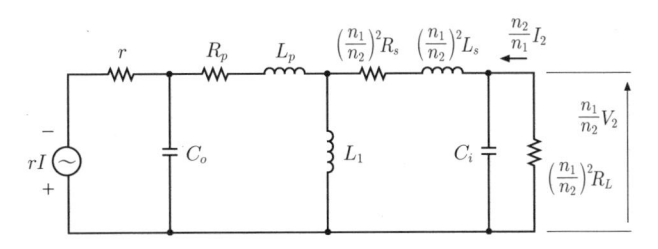

図 **5.3**　図 5.1 の Tr の出力側の等価回路

5. 変成器結合増幅回路

バイパスコンデンサ C_E および変成器の二次側巻線による分布容量のインピーダンスは0としている。

中域周波数範囲における等価回路は**図5.4**(a)のように近似できる。

(a) 中域における等価回路

(b) 低域における等価回路

(c) 高域における等価回路

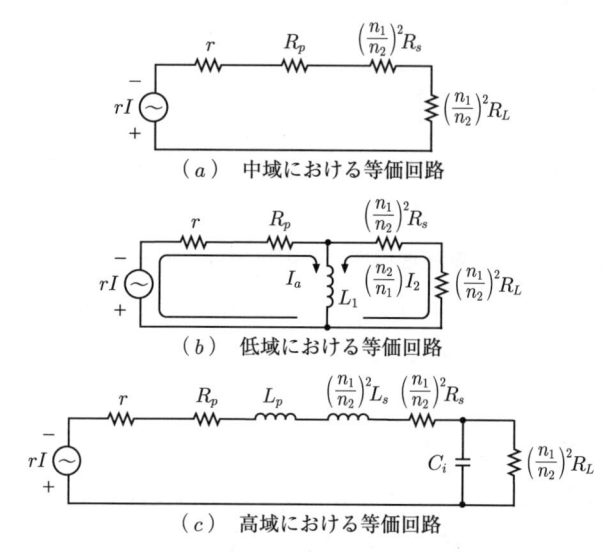

図 5.4　各周波数領域における等価回路

L_p, L_s, C_o および C_i の値は小さく, それらのリアクタンスも小さくなるので, ここでは省略している。また, L_1 と $(n_1/n_2)^2 R_L$ は並列回路になっており, 中域より高い周波数範囲では L_1 のインピーダンスが大きくなり, L_1 にはほとんど電流は流れなくなるので, L_1 も省略している。この等価回路より, 中域周波数範囲における電流増幅度 A_{im} は次式で与えられる。

$$A_{im} = \frac{I_2}{I_1}$$

$$= \frac{n_1}{n_2} \cdot \frac{h_{fe} r}{r + R_p + (n_1/n_2)^2 (R_s + R_L)} \qquad (5.7)$$

また, 電圧増幅度 A_{vm} は

$$A_{vm} = -\frac{(n_1/n_2) R_L I_2}{(h_{ie} + h_{fe} R_E) I_1}$$

5.1　変成器結合増幅回路の概要

$$= -\frac{(n_1/n_2)^2 h_{fe} r R_L}{(h_{ie} + h_{fe}R_E)\{r + R_p + (n_1/n_2)^2(R_s + R_L)\}} \quad (5.8)$$

周波数が低くなるとL_1のインピーダンスは小さくなり，$(n_1/n_2)^2 R_L$回路だけでなく，L_1回路にも交流電流が流れ込むことになるので，低域周波数範囲における等価回路は**図 5.4(b)**のように表される。この回路では，電流を図のようにとり，**キルヒホッフ**（Kirchhoff）の電圧則を適用すると

$$\left. \begin{aligned} -rI &= (r + R_p + j\omega L_1)I_a + j\omega L_1(n_2/n_1)I_2 \\ 0 &= j\omega L_1 I_a + \{(n_1/n_2)^2(R_s + R_L) + j\omega L_1\}(n_2/n_1)I_2 \end{aligned} \right\} \quad (5.9)$$

の関係が成り立つ。これより

$$\frac{I_2}{I} = \frac{n_1}{n_2} \times \frac{j\omega L_1 r}{\{(n_1/n_2)^2(R_s + R_L) + j\omega L_1\}(r + R_p + j\omega L_1) + \omega^2 L_1^2} \quad (5.10)$$

となる。したがって，低域周波数範囲における電流増幅度A_{il}は

$$A_{il} = \frac{I_2}{I_1} = \frac{n_1}{n_2} h_{fe}$$

$$\times \frac{j\omega L_1 r}{\{(n_1/n_2)^2(R_s + R_L) + j\omega L_m\}(r + R_p + j\omega L_m) + \omega^2 L_m^2} \quad (5.11)$$

また，電圧増幅度A_{vl}は

$$A_{vl} = -\frac{(n_1/n_2)^2 h_{fe} r R_L}{h_{ie} + h_{fe}R_E}$$

$$\times \frac{j\omega L_1}{\{(n_1/n_2)^2(R_s + R_L) + j\omega L_1\}(r + R_p + j\omega L_1) + \omega^2 L_1^2} \quad (5.12)$$

で与えられる。式(5.12)と式(5.8)から，A_{vl}をA_{vm}を用いて表すと

$$A_{vl} = \frac{A_{vm}}{1 + \dfrac{(n_1/n_2)^2(R_s + R_L)(r + R_p)}{j\omega L_1\{r + R_p + (n_1/n_2)^2(R_s + R_L)\}}} \quad (5.13)$$

となる。ここで

$$R_{lT} = \frac{(r + R_p)\{(n_1/n_2)^2(R_s + R_L)\}}{r + R_p + (n_1/n_2)^2(R_s + R_L)} \quad (5.14)$$

とおくと，式 (5.13) は

$$A_{vl} = \frac{A_{vm}}{1 + \dfrac{R_{lT}}{j\omega L_1}} \tag{5.15}$$

で表される。さらに

$$\omega_l = \frac{R_{lT}}{L_1} \quad \left(f_l = \frac{R_{lT}}{2\pi L_1}\right) \tag{5.16}$$

とおくと

$$A_{vl} = \frac{A_{vm}}{1 - j\dfrac{f_l}{f}} \tag{5.17}$$

となり，低域では増幅度は低下することがわかる。したがって，変成器結合増幅回路の低域周波数特性は図 3.4 と同じようになる。

　周波数が高くなると，L_p および L_s のリアクタンスは大きくなるので省略することができなくなる。また，並列に接続されている C_o および C_i のリアクタンスは小さくなるので，一般には省略できない。

　しかしながら，C_i と C_o を考慮すると解析が複雑になるので，ここでは $r \ll 1/\omega C_o$ が成り立つものとして，C_o を省略して考えることにする。この場合，高域における等価回路は図 5.4(c) のように近似することができる。図 (c) より

$$\frac{I_2}{I} = \frac{(n_1/n_2)r}{(n_1/n_2)^2 R_L + \{1 + j\omega C_i(n_1/n_2)^2 R_L\}(R_{Th} + j\omega L_T)} \tag{5.18}$$

が得られる。ここで

$$\left.\begin{array}{l} L_T = L_p + (n_1/n_2)^2 L_s \\ R_{Th} = r + R_p + (n_1/n_2)^2 R_s \end{array}\right\} \tag{5.19}$$

である。電流増幅度 A_{ih} は I_2/I の値に h_{fe} を掛け，電圧増幅度 A_{vh} は I_2/I の値に $-(n_1/n_2)h_{fe}R_L/(h_{ie} + h_{fe}R_E)$ を掛けて求まることはこれまでの議論，あるいは図 5.4 から自明の理である。このことは，中域においても同様であった。したがって，高域における電圧増幅度 A_{vh} は中域における電圧増幅度 A_{vm} を用いてつぎのように表すことができる。

$$A_{vh} = \frac{A_{vm}}{P + j\omega Q} \tag{5.20}$$

ただし

$$P = \frac{R_T - \omega^2 L_T C_i (n_1/n_2)^2 R_L}{R_T} \tag{5.21}$$

$$Q = \frac{L_T + C_i (n_1/n_2)^2 R_L R_{Th}}{R_T} \tag{5.22}$$

$$R_T = r + R_p + (n_1/n_2)^2 (R_s + R_L) \tag{5.23}$$

$(n_1/n_2)^2 R_L$ の値が小さい場合には $(n_1/n_2)^2 R_L \ll 1/\omega C_i$ となり，C_i を省略できる．したがって，式 (5.23) は

$$A_{vh} \fallingdotseq \frac{A_{vm}}{1 + j\dfrac{\omega L_T}{R_T}} \tag{5.24}$$

となる．ここで

$$\omega_h = \frac{R_T}{L_T} \quad \left(f_h = \frac{R_T}{2\pi L_T}\right) \tag{5.25}$$

とおくと，式 (5.24) は

$$A_{vh} = \frac{A_{vm}}{1 + j\dfrac{f}{f_h}} \tag{5.26}$$

となり，高域でも増幅度は低下することがわかる．いうまでもなく，増幅度の高域周波数特性は図 **3.4** と同じようになる．

$(n_1/n_2)^2 R_L$ の値が大きい場合には，C_i は省略できない．この場合の増幅度は図 **3.4** のように高域で単調減少するとは限らず，回路設定条件によっては高域で増幅度が大きくなる場合がある．しかしながら，解析がやや複雑になるので，ここでは省略する．

以上の解析では $r \ll 1/\omega C_o$ と仮定して C_o を省略してきた．この仮定はソース接地 FET 増幅回路についてはよく成り立つが，トランジスタの場合には成り立たない場合が多い．この C_o を考慮して解析すると，さらに複雑になるが，増幅度の周波数特性そのものはそれほど変わらない．

〔**3**〕**電力効率**　　RC 結合増幅回路の場合と同様に，A 級動作（全波増

幅）する際のトランス結合増幅回路における電力効率を求めてみよう。

図 5.1 において，トランジスタの出力，すなわちコレクタ側から見た等価負荷抵抗 R_L' は，前項の〔1〕の記述から明らかなように

$$R_L' = \left(\frac{n_1}{n_2}\right)^2 R_L \tag{5.27}$$

で与えられる。したがって，変成器の一次側抵抗を無視すれば，図 5.1 における直流負荷直線および交流負荷直線はそれぞれ

$$V_{CE} = V_{CC} - I_C R_E \tag{5.28}$$

$$v_{CE} = V_{CEQ} + v_{ce} = V_{CC} - I_{CQ} R_E - i_c R_L' \tag{5.29}$$

で与えられる。図示すると，図 5.5 のようになる。

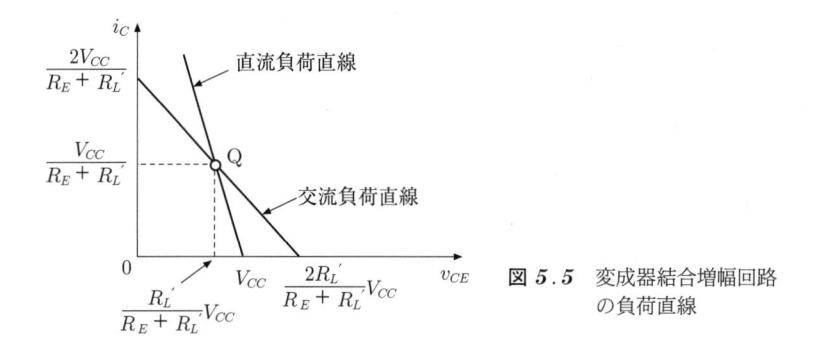

図 5.5　変成器結合増幅回路の負荷直線

最適バイアス点 Q は，すでに述べたように，交流負荷直線の中点にとる必要がある。したがって，この動作点 Q における電流 I_{CQ} は

$$I_{CQ} = \frac{V_{CC}}{R_E + R_L'} \tag{5.30}$$

となる。このときの動作電圧 V_{CEQ} は，式 (5.28) と式 (5.30) より

$$V_{CEQ} = \frac{R_L'}{R_E + R_L'} V_{CC} \tag{5.31}$$

で表される。したがって，コレクタ端子における最大出力電流 I_{op} および最大出力電圧 V_{op} はそれぞれ

$$I_{op} = I_{CQ}, \qquad V_{op} = V_{CEQ} \tag{5.32}$$

となる。

負荷抵抗 R_L における電流,電圧の最大値をそれぞれ I_{op}', V_{op}' とすれば,それぞれ

$$I_{op}' = \frac{n_1}{n_2} I_{op}, \qquad V_{op}' = \frac{1}{(n_1/n_2)} V_{op} \tag{5.33}$$

であるから,負荷抵抗で消費される信号分の最大電力を $P_{L\max}$ とすれば

$$P_{L\max} = \frac{V_{op}'}{\sqrt{2}} \cdot \frac{I_{op}'}{\sqrt{2}} = \frac{1}{2}\left(\frac{n_1}{n_2}I_{op}\right)\left(\frac{V_{op}}{\frac{n_1}{n_2}}\right)$$

$$= \frac{1}{2} I_{CQ} V_{CEQ} = \frac{1}{2} \cdot \frac{R_L'}{(R_E + R_L')^2} V_{CC}^2 \tag{5.34}$$

となる。

直流電力 P_{dc} は

$$P_{dc} = V_{CC} I_{CQ} \tag{5.35}$$

であるから,電力効率の最大値 $\eta_{\max}$ は

$$\eta_{\max} = \frac{P_{L\max}}{P_{dc}} = \frac{1}{2} \cdot \frac{R_L'}{R_E + R_L'} \tag{5.36}$$

で表される。$R_E \ll R_L'$ とすれば $\eta_{\max} \fallingdotseq 0.5$ となり,RC 結合増幅回路の場合に比べて 2 倍の電力効率が得られることがわかる。

5.2 電力増幅回路

トランジスタ回路の取り扱う信号は一般には十分小さく,増幅回路に供給される直流電源エネルギーも小さいばかりでなく,増幅された出力信号のもつエネルギーも小さいものが多い。

ところが,負荷として,例えば,スピーカやペンレコーダ,あるいはパソコン駆動用モータなどの電気-機械変換装置を駆動させることができる電力を供給できる増幅器を構成することも可能である。これらはパワーアンプ,あるいはメインアンプと呼ばれている。このような増幅器では消費される出力交流電力と供給される入力直流電力の比,すなわち電力効率をできるだけ高くし,い

かにして無駄のない電力の使い方ができるかが回路設計の重要な指標となる。

これまで述べてきたように，一般に，トランジスタの入力側には直流分のバイアスがかかった状態で交流分の信号が加えられ，出力側で時間全域にわたって増幅された（全幅増幅）信号を取り出す。このような増幅をA級動作という。A級動作では，**図 5.6** に示されるように，入出力特性の線形応答性の良い範囲を使うことになるので，波形のひずみはほとんどなく良好な全幅増幅が可能になる。ただし，ある程度大きいバイアスをかける必要があり，RC結合増幅回路では，この電力効率はせいぜい25％と低く（**3.1** 節参照），トランス結合増幅回路でもたかだか50％に過ぎない（**5.1** 節参照）。また，後者は，前者に比べて電力効率は2倍に向上できるものの，回路素子を考えた場合，寸法の小さいトランジスタに比べてトランス自体の寸法が大きく，トランジスタ回路設計上はあまり好ましくない。

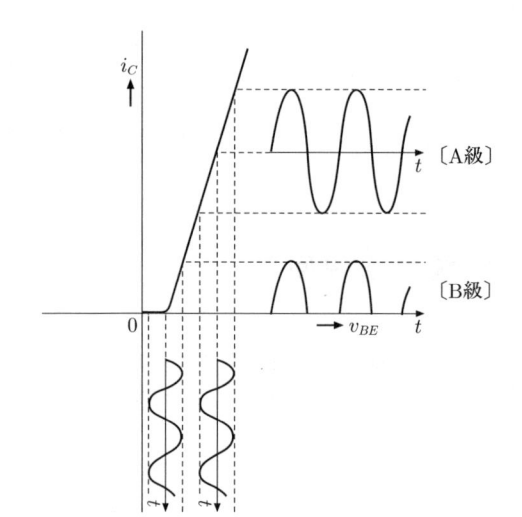

図 5.6 トランジスタの入出力特性

これに対し，バイアスをずっと小さくし，出力信号が入力信号の半周期だけを増幅することをB級動作という。一般には，上記のように，入力信号の全幅増幅を望む場合が多く，このためには特性の同じトランジスタをエミッタ同士，コレクタ同士を回路的に接続し，B級動作となるようにベース-エミッタ

間に信号を加えると，それぞれのトランジスタが半周期ごとにオン・オフ状態になり，結果的に出力側では全幅増幅された信号が得られる，いわゆるプッシュプルアンプとして用いられる．この種のアンプではA級に比べて電力効率はかなり良くなる．ただし，入出力特性に関して線形応答性のあまり良くない範囲も使うことになるので，この範囲では波形はひずみ，いわゆるクロスオーバーひずみを生じる．これを抑制するために，2個のトランジスタを順バイアス，無信号状態でわずかに電流が流れるようにおのおののトランジスタの入力側にダイオードを挿入するなどの措置を講じている．

B級よりさらにバイアスを低くする増幅方法は，C級動作と呼ばれ，出力信号波形は入力信号波形と大きく異なるので，通常，出力側に LC 同調回路を設けて基本周波数に共振させ正弦波出力を得ている（**6**章参照）．電力効率はB級の場合より大きく，高周波電力増幅器として使われている．

図 5.7 に変成器を用いないB級プッシュプル増幅回路の原型を示す．

図において，無信号状態では2個のトランジスタのベース-エミッタ間電圧はともに0であるから電流は流れない．この回路に正弦波入力信号が加えられると正の半周期では npn トランジスタ Tr_1 のみが導通し，負の半周期では pnp トランジスタ Tr_2 のみが導通するが，負荷抵抗 R_L には結果的に全周期にわたって電流が供給されることになり，入力正弦波に比例した出力電流，すなわち

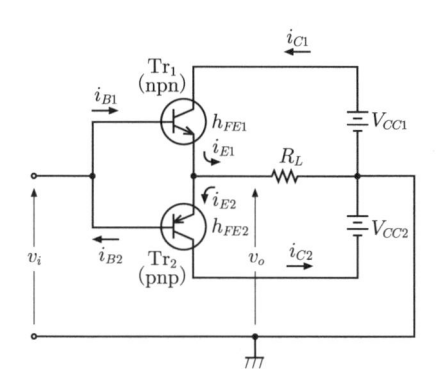

図 5.7 B級プッシュプル電力増幅回路 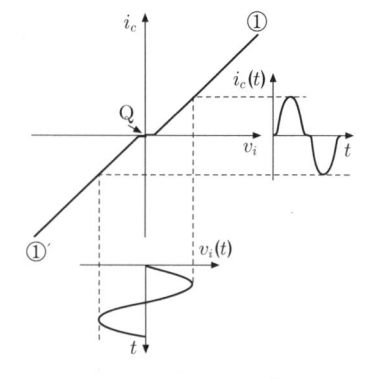   　図 5.8 B級プッシュプル増幅器の動作

出力電力が得られる。実際には，図 5.8 に示されるトランジスタの非線形特性（Tr_1 の i_c-v_i 特性を①とすると，Tr_2 は Tr_1 と極性が反転動作するため，その特性は①'で表される）のために，点 Q で表される無信号状態を中心に入力正弦波を加えると，図中で示されるような出力電流 $i_c(t)$ が得られ，$i_c(t) = 0$ 付近で信号波形のひずみ（クロスオーバひずみという）を生じることになる。ここでは，この小さなひずみは無視して，B 級プッシュプル増幅回路の電力効率を求めることにしよう。

図 5.7 において正の半周期におけるコレクタ電流 i_{c1} は，その最大値が I_{cp} であり

$$i_{c1} = I_{cp} \sin \omega t \tag{5.37}$$

で表されるとする。このとき，電源 V_{CC1} が供給する電力 P_{dc1} は

$$P_{dc1} = \frac{1}{2\pi} \int_0^\pi V_{CC1} I_{cp} \sin \omega t\, d(\omega t) = \frac{I_{cp}}{\pi} V_{CC1} \tag{5.38}$$

となる。負の半周期についても同様に計算することができ

$$P_{dc2} = \frac{I_{cp}}{\pi} V_{CC2} \tag{5.39}$$

となる。したがって，全周期にわたって V_{CC1}，V_{CC2} が増幅回路に供給する直流電力を P_{dc} とし

$$V_{CC1} = V_{CC2} = \frac{V_{CC}}{2} \tag{5.40}$$

とすれば

$$P_{dc} = P_{dc1} + P_{dc2} = \frac{I_{cp} V_{CC}}{\pi} \tag{5.41}$$

となる。また，負荷抵抗 R_L で消費される交流電力を P_L とすると

$$P_L = \left(\frac{I_{cp}}{\sqrt{2}}\right)^2 R_L = \frac{1}{2} I_{cp}^2 R_L \tag{5.42}$$

で与えられる。

一方，コレクタ電流の最大値 I_{cp} は図 5.7 より，例えば Tr_1 のコレクタ-エミッタ間の電圧 $V_{CE} \fallingdotseq 0$ のとき，最大値をとり

$$I_{cp\max} = \frac{V_{CC1}}{R_L} = \frac{V_{CC}}{2R_L} \tag{5.43}$$

で与えられるので，負荷で消費される交流電力の最大値 $P_{L\max}$ は

$$P_{L\max} = \frac{1}{2}\left(\frac{V_{CC}}{2R_L}\right)^2 R_L = \frac{V_{CC}^2}{8R_L} \tag{5.44}$$

となる。

電力効率 η は式 (5.41) と式 (5.42) から

$$\eta = \frac{P_L}{P_{dc}} = \frac{\pi I_{cp} R_L}{2 V_{CC}} \tag{5.45}$$

で与えられるが，その最大値 $\eta_{\max}$ は式 (5.45) に式 (5.43) を代入して得られ

$$\eta_{\max} = \frac{\pi}{4} = 0.785 \tag{5.46}$$

となり，A級動作の RC 結合増幅回路や変成器結合増幅回路に比べて高い電力効率が得られることがわかる。

図 **5.7** の回路は，トランジスタが負荷に対して並列に，また電源に対しては直列に動作するしくみになっており，**SEPP 回路** (single ended push-pull circuit) と呼ばれている。トランジスタを用いた SEPP 回路は低電圧で内部抵抗が低いので，出力変成器を用いないで直接インピーダンスの低い，例えばスピーカのボイスコイルのような負荷に接続することができ，広く使用されている。

演 習 問 題

【1】 図 **5.1** の変成器結合増幅回路（A級動作）において，$P_{L\max} = 1\,\mathrm{W}$，$V_{CEQ} = 10\,\mathrm{V}$ のとき，交流出力を最大にする出力側の等価抵抗 $R_L{}'$ を求めよ。また，そのときの I_{CQ} はいくらか。

【2】 図 **5.1** の変成器結合増幅回路（A級動作）において，$R_E = 50\,\Omega$，$R_L = 20\,\Omega$，および $V_{CC} = 10\,\mathrm{V}$ のとき，最大出力 $P_{L\max}$，コレクタ直流入力 P_{dc} および最大電力効率 $\eta_{\max}$ はそれぞれいくらか。また，最大出力時におけるコレクタ損失 P_c およびその最大値 $P_{c\max}$ を求めよ。ただし，トランジスタの出力側に結

合された変成器の巻数比は $n_1 : n_2 = 5 : 1$ とする。

【3】 問図 **5.1** は,性能は同じでたがいに極性が反転した相補対トランジスタを用いた SEPP 増幅回路である。ただし,信号の角周波数を ω とすると,$R_L \gg 1/\omega C$ の関係が満たされるものとする。$V_{CC} = 10\,\mathrm{V}$,$R_L = 10\,\Omega$ として最大出力交流電力 $P_{L\max}$,入力直流電力 P_{dc} および最大電力効率 $\eta_{\max}$ をそれぞれ求めよ。問図 **5.2** は,トランジスタ Tr_1,Tr_2 の出力特性であり,図中の直線 AB はこれらの負荷直線を表す。

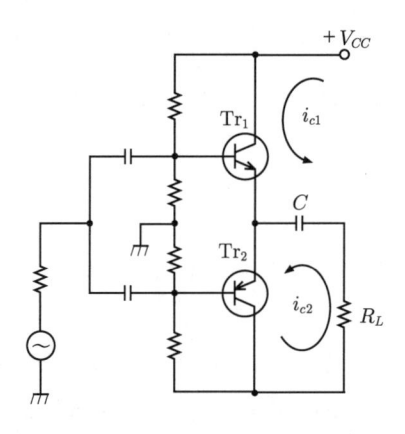

問図 **5.1** SEPP 増幅回路

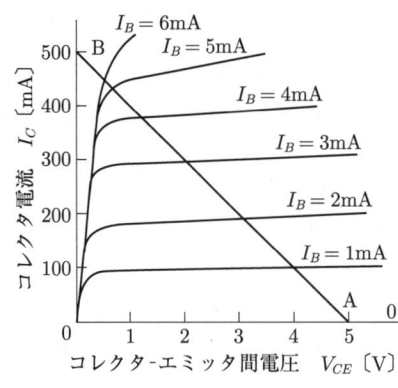

問図 **5.2** トランジスタの特性

6

高周波増幅回路

3，4，5章で概説した非同調増幅回路に対し，負荷に同調回路を含む増幅回路を**同調増幅回路**（tuned amplification circuit）という。この種の回路では多くの異なった周波数の中から特定の周波数を選択する，いわゆる周波数選択回路が用いられる。特に，高周波選択回路としてはLとCの並列共振を利用したLC同調回路が用いられる。非同調増幅回路では，ある周波数範囲にわたって利得を一定値に保持することができるが，同調増幅回路では特定の周波数に対する増幅を目的とすることから，一般には狭い帯域幅しか得られない。

ラジオ放送では，高周波である搬送周波数を中心として$\pm 4.5\,\mathrm{kHz}$の範囲内に放送のための情報を含み，それ以外の範囲には，ほかの放送局の情報が含められるしくみになっている。このような高周波信号の増幅には，先に述べたLC同調回路が適用されている。

また，**スーパーヘテロダイン受信機**（super-heterodyne receiver）の**中間周波増幅回路**（intermediate frequency amplification circuit）は，中心周波数は一定であるが，帯域幅が比較的広く，かつ，周波数選択度が高いことが要求される。このため，無線電話や無線電信では1個のLC同調回路では足りず2個の同調回路，いわゆる複同調回路が用いられている。さらに，テレビジョンでは極端に広い帯域幅が必要であり，単一同調増幅回路をいくつか縦続接続し，各段の同調周波数を少しづつずらして全体として帯域幅を広くとる回路，いわゆるスタガ同調増幅回路が適用されている。

ここでは，これらの同調形増幅回路について述べ，高周波増幅回路で問題となる中和についても触れる。

トランジスタ回路では，増幅性能をわかりやすくするためにhパラメータ表示の等価回路図を用いることが多いが，高周波増幅回路では，特に電流増幅率h_{fe}自身が周波数の影響を受けて安定しなくなる。このため，**図 6.1**で示されるような入力電圧v_i，出力電圧v_oをもとに回路解析しようと

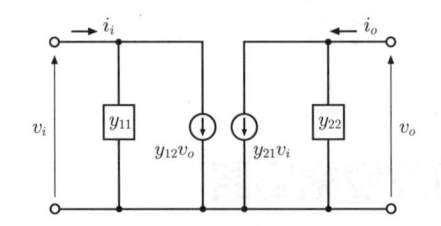

図 6.1 y パラメータ表記

する y パラメータ表記法（y_{11}, y_{12}, y_{21}, y_{22} はそれぞれ，入力アドミタンス，帰還アドミタンス，伝達アドミタンス，出力アドミタンスを表す）が用いられるのが一般的であり，この章ではこの表記法により解析する．

6.1 同調形高周波増幅回路

6.1.1 単一同調増幅回路

〔1〕 **RC 結合形単一同調増幅回路**　図 6.2(a) に RC 結合増幅回路の出力側に LC 並列共振回路を組み込んだ高周波増幅回路，いわゆる RC 結合形単一同調増幅回路を示す．L または C の値を変えれば所望の周波数に整合

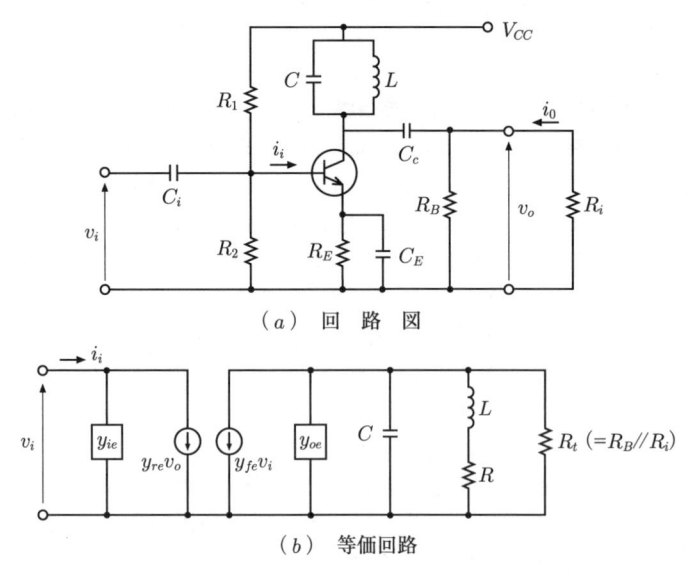

(a) 回 路 図

(b) 等価回路

図 6.2　RC 結合形単一同調増幅回路

させることができるが,一般には,インダクタンスを変化させるよりキャパシタンスを変化させたほうが操作が簡単で,同調操作には**可変コンデンサ**(variable capacitor)(略称,バリコン)を使用する。

図(b)は,その等価回路である。トランジスタの出力特性は,等価電流源 $y_{fe}v_i$ と,出力アドミタンス y_{oe} で表される。これに,LC の同調回路が付加される。R は同調回路の内部抵抗を等価的に表したものである。R_t は次段の増幅回路に対するバイアス抵抗 R_B と入力インピーダンス R_i の並列合成抵抗,すなわち $R_B R_i/(R_B + R_i)$ である。

この等価回路における LC 同調回路のアドミタンスを Y,出力側の全アドミタンスを Y_T とすると

$$Y_T = y_{oe} + Y + \frac{1}{R_t} \tag{6.1}$$

で表される。出力電圧は $v_o = -y_{fe}v_i/Y_T$ で表されるから,電圧増幅度 A_v は

$$A_v = \frac{v_o}{v_i} = -\frac{y_{fe}}{Y_T} \tag{6.2}$$

で与えられる。

一方,LC 同調回路のアドミタンス Y は,$R \ll \omega L$ のもとでは

$$Y \fallingdotseq \frac{R + j\left(\omega L - \dfrac{1}{\omega C}\right)}{L/C} \tag{6.3}$$

で表され,その共振角周波数 ω_0 は

$$\omega_0 = \frac{1}{\sqrt{LC}} \tag{6.4}$$

となる。したがって,共振角周波数 ω_0 に対して Y_T を Y_{T0} とおくと

$$Y_{T0} = y_{oe} + Y_0 + \frac{1}{R_t} \tag{6.5}$$

となる。ここで,Y_0 は LC 同調回路の共振アドミタンスを表す。図 **6.2**(b) の共振回路としての**性能指数**(quality factor)Q は,LC 同調回路のほかに y_{oe} と R_t が並列に接続されるため,LC 同調回路単独の場合の Q_0 に比べ低く

なる。そこで，この増幅回路の実効的な Q を

$$Q_{\text{eff}} = Q_0 \frac{Y_0}{Y_{T0}} \tag{6.6}$$

とおく（$Q_{\text{eff}} < Q_0$）。共振回路の Q の定義，式 (6.4) を考慮すると

$$Q_0 = \frac{\omega_0 L}{R} = \frac{1}{R}\sqrt{\frac{L}{C}} \tag{6.7}$$

$$Y_{\omega=\omega_0} = \frac{CR}{L} = Y_0 = \frac{1}{Q_0^2 R} = \frac{1}{\omega_0 L Q_0} = \frac{\omega_0 C}{Q_0} \tag{6.8}$$

の関係が成り立つので，共振点近傍の周波数におけるアドミタンス Y は

$$Y = Y_0\left\{1 + jQ_0\left(\frac{\omega}{\omega_0} - \frac{\omega_0}{\omega}\right)\right\} \tag{6.9}$$

で表される。また，**離調度**（detuning factor）δ を

$$\delta = \frac{\omega - \omega_0}{\omega_0} \tag{6.10}$$

で定義すると

$$\frac{\omega}{\omega_0} - \frac{\omega_0}{\omega} = \frac{(\omega + \omega_0)(\omega - \omega_0)}{\omega_0 \omega} = \frac{\delta(\delta + 2)}{(\delta + 1)} \tag{6.11}$$

で表され，式 (6.9) はつぎのようになる。

$$Y = Y_0\left\{1 + jQ_0\frac{\delta(\delta + 2)}{(\delta + 1)}\right\} \tag{6.12}$$

回路特性上，Y_0 と Q_0，Y_{T0} と Q_{eff} がそれぞれ対応するので，式 (6.12) から

$$Y_T = Y_{T0}\left\{1 + jQ_{\text{eff}}\frac{\delta(\delta + 2)}{(\delta + 1)}\right\} \tag{6.13}$$

となる。したがって，電圧増幅度 A_v は

$$A_v = -\frac{y_{fe}}{Y_{T0}\left\{1 + jQ_{\text{eff}}\dfrac{\delta(\delta + 2)}{(\delta + 1)}\right\}} \tag{6.14}$$

で与えられる。電圧増幅度は $\omega = \omega_0$ で最大となり，つぎのように得られる。

$$A_v = -\frac{y_{fe}}{Y_{T0}} \tag{6.15}$$

図 **6.3** に示すように，増幅度は，周波数 f が f_0 からずれるにつれて低下す

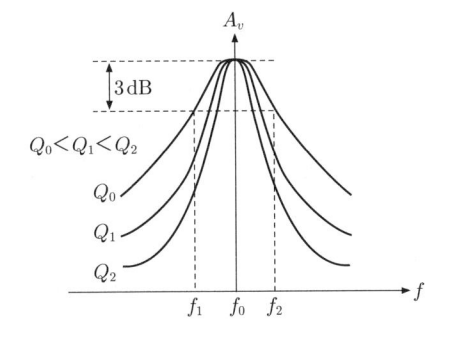

図 6.3 単一同調増幅回路の周波数特性

る。また，Q の値が大きくなると，増幅度は f に対して急激に低下するようになる。すなわち，Q が大きければ大きいほど周波数の選択性は良くなり，狭帯域増幅特性となる。

利得が最大値から 3 dB 低下する（最大値の $1/\sqrt{2}$ になる）周波数を f_1, f_2 ($f_2 > f_1$) とすると

$$Q_{\mathrm{eff}}\left(\frac{f_0}{f_1} - \frac{f_1}{f_0}\right) = 1 \tag{6.16}$$

および

$$Q_{\mathrm{eff}}\left(\frac{f_2}{f_0} - \frac{f_0}{f_2}\right) = 1 \tag{6.17}$$

が成り立つ。この両式から

$$f_0{}^2 = f_1 \cdot f_2 \tag{6.18}$$

の関係が得られるので，これを式 (6.17) に代入して

$$\frac{Q_{\mathrm{eff}}}{f_0}(f_2 - f_1) = 1 \tag{6.19}$$

が得られる。帯域幅 B を

$$B = f_2 - f_1 \tag{6.20}$$

とおくと，B と Q_{eff} の関係は

$$B = \frac{f_0}{Q_{\mathrm{eff}}} \tag{6.21}$$

で与えられ，先に述べたように，Q 値が大きくなると帯域幅は狭くなり，周波数選択性が向上することがわかる。

トランジスタ増幅回路では $y_{re} \fallingdotseq 0$ であり，$i_i \fallingdotseq y_{ie}v_i$，$i_o = -v_o/R_i$ であるので，電流増幅度 A_i は

$$A_i \fallingdotseq \frac{y_{fe}}{y_{ie}} \cdot \frac{1}{Y_{T0}R_i} \cdot \frac{1}{1 + jQ_{\text{eff}}\dfrac{\delta(\delta+2)}{(\delta+1)}} \quad (6.22)$$

で表される。$f = f_0$ では

$$A_i \fallingdotseq \frac{y_{fe}}{y_{ie}} \cdot \frac{1}{Y_{T0}R_i} \quad (6.23)$$

となる。

トランジスタ増幅回路では，次段入力インピーダンス R_i が低いので Q_{eff} を大きくすることはできず，周波数選択性の良い回路を得ることは困難である。

〔2〕 **変成器結合形単一同調増幅回路**　　変成器結合形単一同調増幅回路には，変成器の一次側で同調をとる方式と二次側で同調をとる方式がある。通常，同調回路はインピーダンスの高いほうに設けられ，エミッタ接地トランジスタ増幅回路では一次側に，ソース接地 FET 増幅回路では二次側に同調コンデンサを接続する。図 $6.4(a)$ は，変成器結合形エミッタ接地トランジスタ増幅回路である。

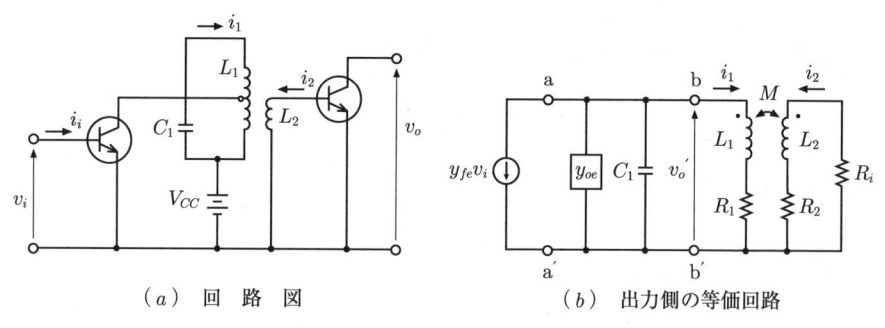

(a) 回 路 図　　(b) 出力側の等価回路

図 6.4　変成器結合形単一同調増幅回路

図 (b) の等価回路においてキルヒホッフの電圧則を適用すると

$$\left.\begin{array}{l} v_o' = (R_1 + j\omega L_1)i_1 + j\omega M i_2 \\ 0 = j\omega M i_1 + (R_i + R_2 + j\omega L_2)i_2 \end{array}\right\} \quad (6.24)$$

が得られる。これを i_1 について解くと次式を得る。

$$i_1 = \frac{(R_i + R_2 + j\omega L_2)v_o'}{(R_1 + j\omega L_1)(R_i + R_2 + j\omega L_2) + \omega^2 M^2} \tag{6.25}$$

したがって，端子 b-b' から右側を見たアドミタンス Y_1 は

$$Y_1 = \frac{1}{R_1 + j\omega L_1 + \dfrac{\omega^2 M^2}{R_i + R_2 + j\omega L_2}} \tag{6.26}$$

となる。実際の回路では $(R_i + R_2) \gg \omega L_2$ であり，また，信号の角周波数は同調角周波数 ω_0 に近いので，$\omega^2 M^2$ を $\omega_0^2 M^2$ に置き換えて取り扱ってもさしつかえない。ここで

$$\omega_0 = \frac{1}{\sqrt{L_1 C_1}} \quad \left(f_0 = \frac{1}{2\pi\sqrt{L_1 C_1}}\right) \tag{6.27}$$

である。したがって，式 (6.26) はつぎのように表すことができる。

$$Y_1 \fallingdotseq \frac{1}{R_1 + \dfrac{\omega_0^2 M^2}{R_i + R_2} + j\omega L_1} \tag{6.28}$$

それゆえ，$\omega = \omega_0$ におけるこの回路の Q を Q_1 とすると次式で与えられる。

$$Q_1 = \frac{\omega_0 L_1}{R_1 + \dfrac{\omega_0^2 M^2}{R_i + R_2}} \tag{6.29}$$

端子 a-a' から右側を見たアドミタンス Y_T は，式 (6.13) から

$$Y_T = Y_{T0}'\left\{1 + jQ_{\text{eff1}}\frac{\delta(\delta + 2)}{(\delta + 1)}\right\} \tag{6.30}$$

と書き表すことができる。ここで

$$Q_{\text{eff1}} = \frac{Q_1}{1 + Q_1 \omega_0 L_1 y_{oe}} \tag{6.31}$$

$$Y_{T0}' = \frac{1 + Q_1 \omega_0 L_1 y_{oe}}{Q_1 \omega_0 L_1} \tag{6.32}$$

である。

さて，電流 i_1 と i_2 の関係は

$$i_2 = \frac{-j\omega M i_1}{R_i + R_2 + j\omega L_2} \tag{6.33}$$

で表される．また，電流 i_1 と $i_o(= y_{fe}v_i)$ との関係は，図 $6.4(b)$ から

$$i_1 = i_o \frac{Y_1}{Y_T} \tag{6.34}$$

となる．したがって，電流増幅度 $A_i(= i_2/i_i)$ は

$$A_i \fallingdotseq \frac{y_{fe}}{y_{ie}} \cdot \frac{j\omega M}{Y_T(R_i + R_2 + j\omega L_2)\left(R_1 + \frac{\omega_0^2 M^2}{R_i + R_2} + j\omega L_1\right)} \tag{6.35}$$

で表される．

トランジスタ増幅回路では出力の一次側回路における実効的な Q は大きく，つまり，$\omega L_1 \gg R_1 + \{\omega_0^2 M^2/(R_i + R_2)\}$ の関係が成り立つ．また，二次側では $R_i + R_2 \gg \omega L_2$ となるので，式 (6.35) は

$$A_i \fallingdotseq \frac{\dfrac{y_{fe}}{y_{ie}} \cdot \dfrac{M}{L_1(R_i + R_2)Y'_{T0}}}{1 + jQ_{\text{eff1}} \dfrac{\delta(\delta + 2)}{(\delta + 1)}} \tag{6.36}$$

となる．これは式 (6.22) と同じ形式であり，電流増幅度の周波数特性は図 6.3 のようになる．共振時（$\omega = \omega_0$）における電流増幅度 A_{i0} は

$$A_{i0} = \frac{y_{fe}}{y_{ie}} \cdot \frac{M}{L_1(R_i + R_2)Y'_{T0}} \tag{6.37}$$

となる．帯域幅 B は

$$B = \frac{f_0}{Q_{\text{eff1}}} \tag{6.38}$$

となる．

式 (6.31) からわかるように，y_{oe} が十分小さな値でないと Q_{eff1} も小さくなる．また，トランジスタのコレクタ-エミッタ間の漂遊容量によるキャパシタンスが大きいと，L_1 の値は実効的に小さくなり，Q_1 を低下させることになる．このため，周波数の選択性が悪くなるので，通常は図 $6.4(a)$ に示すように，L_1 にタップを付けてコレクタに接続し調整できるようにしている．

例題 6.1 図 6.2 の単一同調増幅回路について，つぎの各問に答えよ．

（1） 同調周波数 $1\,\text{MHz}$，帯域幅 $20\,\text{kHz}$ にするためには，回路の Q，す

なわち Q_{eff} はいくらにすればよいか．

(2) $L = 1$ mH, $C = 2$ nF, $R = 3$ Ω のとき，f_0, $Z_{\omega=\omega_0}$, Q_0 はそれぞれいくらか．

(3) (2)の回路に抵抗 50 kΩ の R_t ($= R_B \mathbin{/\mkern-5mu/} R_i$) を並列に接続するとき，$Q_0$ はいくらか．

【解答】
(1) 式 (6.21) に数値を代入して
$$Q_{\text{eff}} = \frac{f_0}{B} = 50$$
(2) 式 (6.4), (6.8), (6.7) に数値を代入して
$$f_0 = \frac{1}{2\pi\sqrt{LC}} \fallingdotseq 113 \, [\text{kHz}]$$
$$Z_{\omega=\omega_0} = \frac{L}{CR} \fallingdotseq 167 \, [\text{k}\Omega]$$
$$Q_0 = \frac{\omega_0 L}{R} = \frac{1}{R}\sqrt{\frac{L}{C}} \fallingdotseq 236$$
(3) 題意より，共振インピーダンス R_0 は，上記(2)で求めた抵抗, $Z = 167$ kΩ と $R_t = 50$ kΩ の並列合成抵抗となる．したがって
$$R_0 = Z \mathbin{/\mkern-5mu/} R_t \fallingdotseq 38.5 \, [\text{k}\Omega]$$
式 (6.8) に数値を代入して
$$Q_0 = \frac{R_0}{\omega_0 L} \fallingdotseq 54 \qquad \diamondsuit$$

6.1.2 複同調増幅回路

図 6.5 に LC 並列共振回路を 2 個用いた複同調増幅回路を示す．もちろん，変成器 T の一次側と二次側の共振周波数は同じである．単一同調増幅回路に比べ広い帯域幅を得ることができる．

図 6.5 の出力側等価回路は図 6.6(a) のように表されるが，$(1/y_{oe}) \gg R_m$ ($m = 1, 2$), $(1/y_{oe}) \gg \omega L_m$ ($m = 1, 2$) で，かつ，ω が ω_0 の近傍にあると仮定し，また，電流源を電圧源に置き換えると図 6.6(b) のようになる．

図(b)における R_p および R_s は，それぞれ

6. 高周波増幅回路

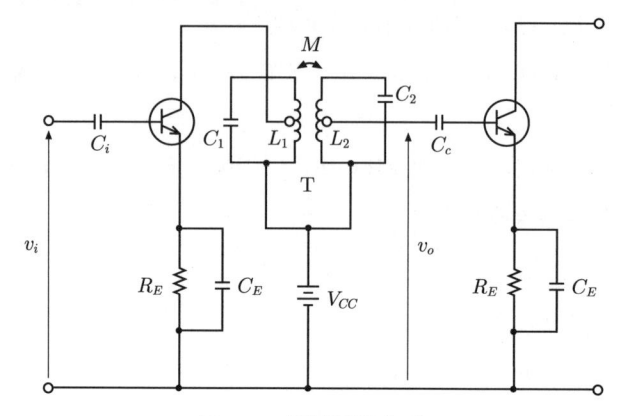

図 6.5 複同調増幅回路

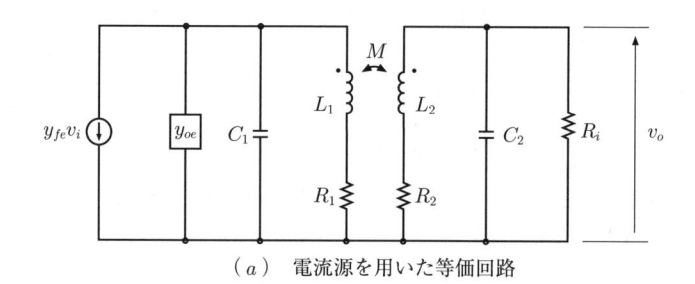

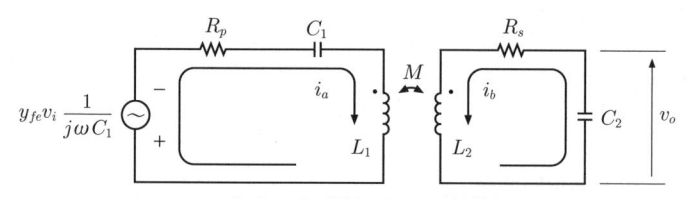

(a) 電流源を用いた等価回路

(b) 電圧源を用いた近似等価回路

図 6.6 複同調増幅回路の出力側等価回路

$$R_p = y_{oe}\,\omega_0^2 L_1^2 + R_1 \qquad (6.39)$$

$$R_s = \frac{\omega_0^2 L_2^2}{R_i} + R_2 \qquad (6.40)$$

で表される．この等価回路において，図のように電流 i_a, i_b をとり，それぞれの閉回路にキルヒホッフの電圧則を適用すると次式が得られる．

$$-\frac{1}{j\omega C_1} y_{fe} v_i = Z_p i_a + j\omega M i_b \Biggr\} \quad (6.41)$$
$$0 = j\omega M i_a + Z_s i_b$$

ここで

$$Z_p = R_p\left\{1 + j\frac{\omega L_1}{R_p}\left(1 - \frac{1}{\omega^2 L_1 C_1}\right)\right\} \quad (6.42)$$

$$Z_s = R_s\left\{1 + j\frac{\omega L_2}{R_s}\left(1 - \frac{1}{\omega^2 L_2 C_2}\right)\right\} \quad (6.43)$$

一次,二次同調回路は同じ周波数 f_0 に同調しているとすると

$$f_0 = \frac{1}{2\pi\sqrt{L_1 C_1}} = \frac{1}{2\pi\sqrt{L_2 C_2}} \quad (6.44)$$

となる。いま

$$Q_1 = \frac{\omega_0 L_1}{R_p} \quad (6.45)$$

$$Q_2 = \frac{\omega_0 L_2}{R_s} \quad (6.46)$$

とおくと,式 (6.42),(6.43) はそれぞれつぎのようになる。

$$Z_p = R_p\left\{1 + j\, Q_1 \frac{\delta(\delta + 2)}{\delta + 1}\right\} \quad (6.47)$$

$$Z_s = R_s\left\{1 + j\, Q_2 \frac{\delta(\delta + 2)}{\delta + 1}\right\} \quad (6.48)$$

通常,$\delta = (f - f_0)/f_0 \ll 1$ であるので,$(\delta + 2)/(\delta + 1) \fallingdotseq 2$ となる。したがって,式 (6.47),(6.48) はそれぞれつぎのように表される。

$$Z_p \fallingdotseq R_p(1 + j2Q_1\delta) \quad (6.49)$$

$$Z_s \fallingdotseq R_s(1 + j2Q_2\delta) \quad (6.50)$$

この両式を式 (6.41) に代入し,$v_o = -i_b/j\omega C_2$ を考慮して電圧増幅度 $A_v (= v_o/v_i)$ を求めると,つぎのようになる。

$$A_v = \frac{j\dfrac{y_{fe}M}{\omega_0 C_1 C_2 R_p R_s}}{1 - 4\delta^2 Q_1 Q_2 + j2\delta(Q_1 + Q_2) + \dfrac{\omega_0{}^2 M^2}{R_p R_s}} \quad (6.51)$$

ここでは,$\omega M \fallingdotseq \omega_0 M$,$\omega C_2 \fallingdotseq \omega_0 C_2$ として取り扱っている。いま

6. 高周波増幅回路

$$a = \frac{\omega_0 M}{\sqrt{R_p R_s}} \tag{6.52}$$

とおくと，式 (6.51) は

$$\begin{aligned}
A_v &= \frac{j\, y_{fe} a Q_1 Q_2 \sqrt{R_p R_s}}{1 + a^2 - 4\delta^2 Q_1 Q_2 + j 2\delta(Q_1 + Q_2)} \\
&= \frac{j\, y_{fe}\{a/(1+a^2)\} Q_1 Q_2 \sqrt{R_p R_s}}{1 - \dfrac{4\delta^2 Q_1 Q_2}{1+a^2} + j\, \dfrac{2\delta(Q_1+Q_2)}{1+a^2}}
\end{aligned} \tag{6.53}$$

で表される．共振時 $(f = f_0)$ における電圧増幅度 A_{v0} は

$$A_{v0} = j\, \frac{y_{fe} a Q_1 Q_2 \sqrt{R_p R_s}}{1 + a^2} \tag{6.54}$$

で与えられる．さらに，式 (6.54) は $a = 1$ のとき最大になり

$$|A_{v0m}| = \frac{y_{fe} Q_1 Q_2 \sqrt{R_p R_s}}{2} \tag{6.55}$$

となる．

また，共振時における最大電圧増幅度 A_{v0m} に対する相対電圧増幅度 $|A_v/A_{v0m}|$ は

$$\left|\frac{A_v}{A_{v0m}}\right| = \left|\frac{\dfrac{2a}{1+a^2}}{1 - \dfrac{4\delta^2 Q_1 Q_2}{1+a^2} + j\, \dfrac{2\delta(Q_1+Q_2)}{1+a^2}}\right| \tag{6.56}$$

で表される．周波数に対する $|A_v/A_{v0m}|$ の関係を図示すると，$Q_1 = Q_2$ の場合に図 **6.7** のようになる．

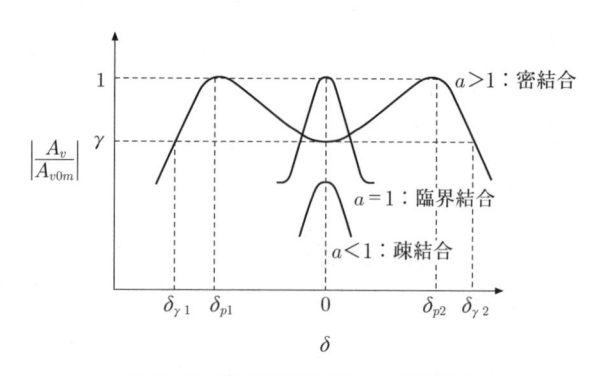

図 **6.7** 複同調増幅回路の周波数特性

$|A_v/A_{v0m}|$ が最大となる規格化周波数 δ の値は

$$\frac{\partial \left|\dfrac{A_v}{A_{v0m}}\right|}{\partial \delta} = 0$$

を解くことにより得られ

$$\left.\begin{array}{l} \delta = 0 \\ \delta_{p1},\ \delta_{p2} = \pm \dfrac{1+a^2}{2Q_1Q_2} \sqrt{\dfrac{Q_1Q_2}{1+a^2} - \dfrac{(Q_1+Q_2)^2}{2(1+a^2)^2}} \end{array}\right\} \quad (6.57)$$

で与えられる。これらは，平方根の中の数の判別により，つぎの三つの場合に分けられる。

1) $\dfrac{Q_1Q_2}{1+a^2} < \dfrac{(Q_1+Q_2)^2}{2(1+a^2)^2}$ の場合

δ_{p1} と δ_{p2} は虚数となり，$|A_v/A_{v0m}|$ の最大点は共振点に現れる。この場合を**疎結合**（loose coupling）という。

2) $\dfrac{Q_1Q_2}{1+a^2} = \dfrac{(Q_1+Q_2)^2}{2(1+a^2)^2}$ の場合

$\delta = 0$，つまり，共振周波数で最大となり，相対利得は最も大きくなる。この場合を**臨界結合**（critical coupling）という。

3) $\dfrac{Q_1Q_2}{1+a^2} > \dfrac{(Q_1+Q_2)^2}{2(1+a^2)^2}$ の場合

δ_{p1} と δ_{p2} は実数となり，この二つの点で極大となる。また，$\delta = 0$ は極小点となり，**双峰特性**（double-humped characteristic）を示す。この場合を**密結合**（close coupling）という。

つぎに，帯域幅について調べてみよう。まず，臨界結合の場合には，$Q_1 = Q_2 = Q_0$ として

$$B = \sqrt{2}\,\frac{f_0}{Q_0} \quad (6.58)$$

となり，単一同調増幅回路の $\sqrt{2}$ 倍となる。

双峰特性の場合には周波数帯域幅として，図 **6.7** に示すように，$\delta = 0$ のときの $|A_v/A_{v0m}|$ の値を γ として，この値になる δ の値 $\delta_{\gamma 1}$ と $\delta_{\gamma 2}$ の差をとる

ことにする。そこで，$δ_{γ1}$ と $δ_{γ2}$ を求めると，式 (6.56) から

$$δ_{γ1}, δ_{γ2} = ± \frac{1}{\sqrt{2}\, Q_0} \sqrt{a^2 - 1} \tag{6.59}$$

を得る。したがって

$$δ_{γ2} - δ_{γ1} = \frac{\sqrt{2}}{Q_0} \sqrt{a^2 - 1} \tag{6.60}$$

となり，$δ = (f - f_0)/f_0$ を考慮して帯域幅 $B_γ$ を求めると

$$B_γ = \frac{\sqrt{2}\, f_0}{Q_0} \sqrt{a^2 - 1} \tag{6.61}$$

となる。a の値は変成器の結合係数 k に関係する。$k = M/\sqrt{L_1 L_2}$ であるので，式 (6.52) に適用すると

$$a = k\sqrt{Q_1 Q_2} \tag{6.62}$$

で関係付けられることがわかる。k の値は $0 \leq k \leq 1$ となるが，できる限り帯域幅 $B_γ$ を大きくするためには a，k は大きいほど良く，最大 $k = 1$ であるので，a の最大は

$$a_{\max} = \sqrt{Q_1 Q_2} \tag{6.63}$$

となる。

実際のトランジスタ増幅回路では Q_1 と Q_2 がトランジスタ自体による漂遊容量の発生により実効的に低下しないように，L_1 と L_2 の巻線にタップを設け，これらが最適になるように調整できるようにしてある。

6.2　広帯域増幅回路

ラジオやテレビジョンで受信される高周波電圧は，微弱であり，増幅しないと実用にならない。しかしながら，高周波のままで増幅すると**自励発振**（self oscillation）などが起こるので，通常は図 6.8 に示されるように，**局部発振器**（local oscillator）と**周波数混合器**（frequency mixture）を用いて，より低い周波数に変換してから増幅する。

6.2 広帯域増幅回路

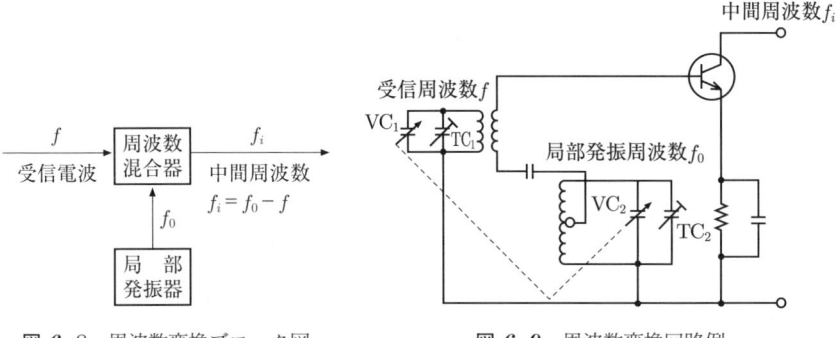

図 6.8 周波数変換ブロック図

図 6.9 周波数変換回路例

図 6.9 は周波数変換回路の例である。図 6.8 では局部発振器と周波数混合器は別々になっているが，実際には図 6.9 のように，同一のトランジスタでこれらの機能をまかなうものが多い。トランジスタのベースに受信周波数 f と局部発振周波数 f_0 を加えると，出力のコレクタ側にはその差 $(f_0 - f)$ の中間周波数 f_i が得られることになる。TC_1，TC_2 は受信周波数帯域中のどこでも $f_i(= f_0 - f)$ が一定となるように調整する**トリマコンデンサ**（trimmer condensor）である。VC_1，VC_2 は連動形の可変コンデンサで，周波数は図 6.10 のように変化することになる。

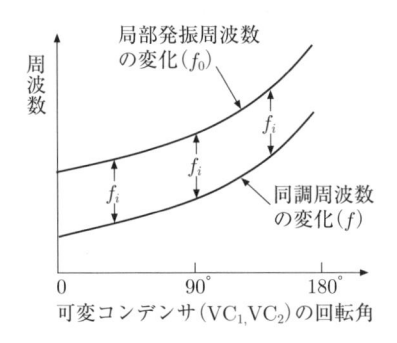

図 6.10 同調周波数と局部発振周波数の関係

このようにして得られる中間周波数 f_i は，例えば，テレビジョン受信機では 24 MHz に設定されている。この周波数はトランジスタ増幅回路としては高周波の分類に入るが，この中心周波数に対してすべての映像信号を確保する

6. 高周波増幅回路

ためには 4 kHz の帯域幅が必要になる。このような場合には，単一同調増幅回路はもちろん，複同調増幅回路でも十分な増幅度と帯域幅を得ることはできない。このような広帯域の高周波増幅には単一同調増幅回路を多段縦続接続し，各段の同調周波数を少しづつずらして帯域幅を広くとる方法が用いられている。このような増幅回路を**スタガ同調増幅回路**（stagger tuning amplification circuit）という。**図 6.11** は 3 段スタガ同調増幅回路である。

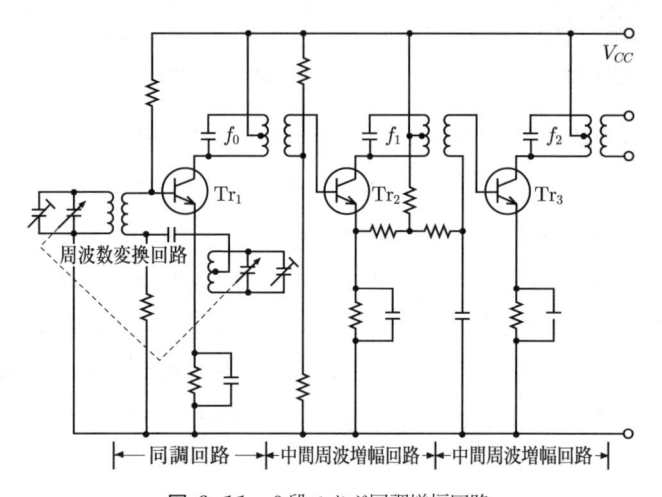

図 6.11　3段スタガ同調増幅回路

各段の同調回路は，増幅しようとする周波数 f_0 よりそれぞれわずかに異なる周波数 f_1, f_2 に共振するように設計される。このときの回路全体の（総合）増幅度は各段の増幅度の積で表されるので，**図 6.12** のようになる。

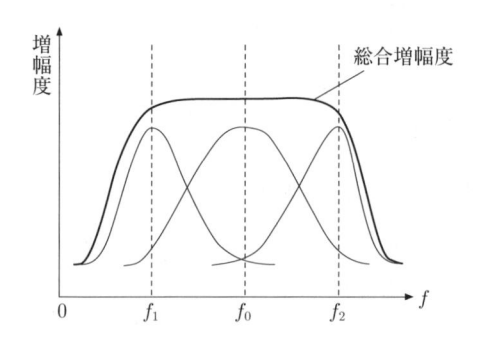

図 6.12　スタガ同調増幅回路の周波数特性

6.3 中和回路

　高周波増幅回路において，周波数が高くなるとトランジスタのわずかな電極間容量でもリアクタンスが小さくなり，これを通じて出力の一部が入力側に戻り，いわゆる帰還が行われ，増幅器は発振したり，動作が不安定になったりする。それゆえ，高周波増幅回路では動作を安定にするため，内部帰還される電圧と大きさが等しく位相が180°異なる電圧を外部回路を通じて加え，内部帰還を打ち消す方法がしばしば用いられる。この方法を**中和**（neutralization）といい，この外部回路を中和回路という。また，中和を行った増幅回路を**ニュートロダイン増幅回路**（neutrodyne amplification circuit）という。

　中和を用いるとトランジスタは動作が安定するだけでなく，出力側から入力側への逆方向伝送が不可能となり，回路は一方向化される。これを**単向化**（unilateralization）という。

　図 6.13 に示すように，帰還作用をもつトランジスタに並列に中和回路が接続された場合を考える。増幅回路の入力および出力の電圧，電流をそれぞれ v_i, v_o, i_i', i_o' とすると，y パラメータを用いてつぎの関係が得られる。

$$\left. \begin{array}{l} i_i' = y_{ie}v_i + y_{re}v_o \\ i_o' = y_{fe}v_i + y_{oe}v_o \end{array} \right\} \quad (6.64)$$

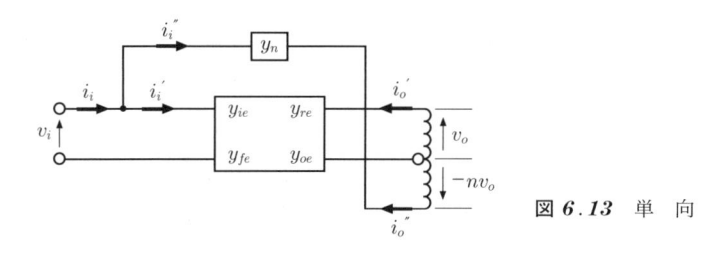

図 6.13　単向化

　中和回路を流れる電流 i_i'' は，入力電圧と出力電圧の一部を逆位相にした電圧によって引き起こされ，中和回路のアドミタンスを y_n とすると

6. 高周波増幅回路

$$\left.\begin{array}{l} i_i'' = (v_i + nv_o)y_n \\ i_o'' = -(v_i + nv_o)y_n \end{array}\right\} \quad (6.65)$$

となる。n は，タップを用いることによって生ずる増幅回路側と中和回路側トランスの巻線比を表す。したがって，入力側および出力側の全電流 i_i および i_o はそれぞれつぎのように表される。

$$\left.\begin{array}{l} i_i = i_i' + i_i'' = (y_{ie} + y_n)v_i + (y_{re} + ny_n)v_o \\ i_o = i_o' + i_o'' = (y_{fe} - y_n)v_i + (y_{oe} - ny_n)v_o \end{array}\right\} \quad (6.66)$$

単向化の条件は，v_o が存在するがゆえに流れると考えられる電流 i_i'' を 0 にすることである。すなわち

$$y_{re} + ny_n = 0 \quad (6.67)$$

したがって，中和回路のアドミタンス y_n はつぎのように設計すればよい。

$$y_n = -\frac{y_{re}}{n} \quad (6.68)$$

一例として，トランジスタが図 **6.14** のようなハイブリッド π 形等価回路（高周波等価回路）で表される場合について考えてみよう。$r_{bb'}$ はベース拡がり抵抗，$r_{b'e}$ および $C_{b'e}$ はエミッタ-ベース接合の抵抗および障壁容量，g_m ($= i_b/v_{ce}$) は相互コンダクタンス，$C_{b'c}$ および $r_{b'c}$ はそれぞれコレクタ-ベース接合の障壁容量および抵抗である。通常，これらの回路定数の値はそれぞれ $r_{bb'} \sim 100\,\Omega$，$r_{b'e} \sim 1\,\mathrm{k\Omega}$，$C_{b'e} \sim 100\,\mathrm{pF}$，$g_m \sim 50\,\mathrm{mS}$，$C_{b'c} \sim 10\,\mathrm{pF}$，$r_{b'c} \sim 5\,\mathrm{M\Omega}$，$r_{ce} \sim 100\,\mathrm{k\Omega}$ の値である。

この回路における y_{re} は

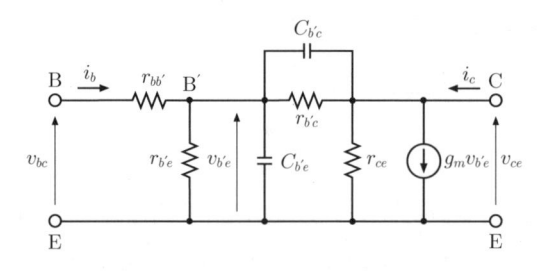

図 **6.14** ハイブリッド π 形等価回路

$$y_{re} = -\frac{\left(\frac{1}{r_{b'c}} + j\omega C_{b'c}\right) \Big/ \left(\frac{1}{r_{b'e}} + j\omega C_{b'e}\right)}{r_{bb'} + \frac{1}{(1/r_{b'e}) + j\omega C_{b'e}}} \tag{6.69}$$

となる。式 (6.69) を式 (6.68) に代入すると

$$y_n = \frac{1}{n} \cdot \frac{(1/r_{b'c}) + j\omega C_{b'c}}{1 + (r_{bb'}/r_{b'e}) + j\omega C_{b'e}r_{bb'}} \tag{6.70}$$

となる。実際には $r_{b'c} \gg 1$, $r_{bb'} \ll r_{b'e}$ であるので

$$y_n \fallingdotseq \frac{1}{n\dfrac{C_{b'e}r_{bb'}}{C_{b'c}} + \dfrac{n}{j\omega C_{b'c}}} \tag{6.71}$$

となる。

$$\left. \begin{aligned} R_n &= n\frac{C_{b'e}r_{bb'}}{C_{b'c}} \\ C_n &= \frac{C_{b'c}}{n} \end{aligned} \right\} \tag{6.72}$$

とおくと，式 (6.71) は

$$y_n = \frac{1}{R_n + \dfrac{1}{j\omega C_n}} \tag{6.73}$$

となる。すなわち，中和回路としては抵抗 R_n とコンデンサ C_n の直列回路を設ければ，回路全体として単向化できることになる。通常，R_n は小さいので，C_n だけで中和をとる場合が多い。図 **6.15** はニュートロダイン増幅回路の原理図である。

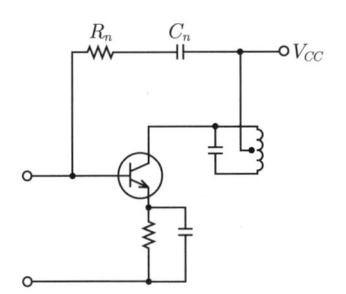

図 6.15 ニュートロダイン増幅回路

コーヒーブレイク

高周波アンプの設計パラメータ，S パラメータ

トランジスタ回路は四端子網として取り扱われ，なかでも低周波アンプの設計上，その回路特性は h パラメータを用いて表す場合が多くあります。というのは，h パラメータそのものが増幅度や入力インピーダンスなどを表し，これらの値がわかればどのような回路であるかがほぼ推察できるからです。

ところが，信号の周波数が 1 GHz を超えるような高周波信号を取り扱う場合には進行波だけでなく，無視できない大きさの反射波が発生します。そのため，効率よく信号を伝送するためには伝送系のインピーダンス整合をとる必要があります。

一般には，図のように整合回路を用いることになります。

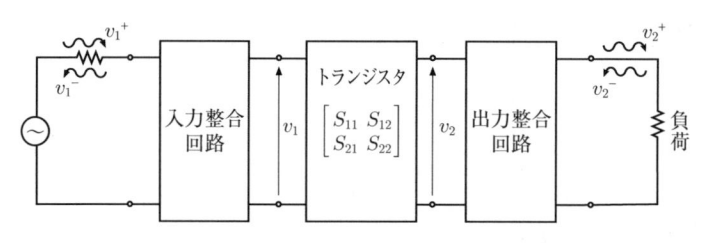

図 高周波整合回路

このような回路設計では，h パラメータ表記法を用いるよりも，S パラメータ表記法を用いるほうが有利です。

図のように，入力側の進行波，反射波をそれぞれ v_1^+，v_1^-，出力側も同様に v_2^+，v_2^- と仮定すると

$$S_{11} = \left.\frac{v_1^-}{v_1^+}\right|_{v_2=0}$$

$$S_{12} = \left.\frac{v_1^-}{v_2^+}\right|_{v_1=0}$$

$$S_{21} = \left.\frac{v_2^-}{v_1^+}\right|_{v_2=0}$$

$$S_{22} = \left.\frac{v_2^-}{v_2^+}\right|_{v_1=0}$$

で表され，S_{11} は入力反射係数，S_{12} は順方向伝送係数，S_{21} は逆方向伝送係数，S_{22} は出力反射係数と呼ばれており，進行波または反射波の発生率などを表します。

演 習 問 題

【1】 455 kHz の複同調増幅回路（図 6.5）で，臨界結合における帯域幅 B と必要な結合係数 k を求めよ。ただし，$Q_1 = Q_2 = 100$ とする。

【2】 密結合の複同調増幅回路（図 6.5）において，中心周波数における電圧利得 A_{v0} が電圧利得の極大値より 1 dB 小さくなるようにするには変成器の結合係数 k はいくらにすればよいか。ただし，$Q_1 = Q_2 = Q = 100$ とする。

【3】 問図 $6.1(a)$ に FET を用いた複同調増幅回路を示す。その等価回路が図 (b) で与えられることを示せ。ただし，図 (b) における R_1，R_2 はそれぞれ 1 段目の FET の出力側回路，2 段目の FET 入力側回路の全抵抗を表すものとする。また，g_m は 1 段目 FET の相互コンダクタンス，ω は入力信号の角周波数を表す。

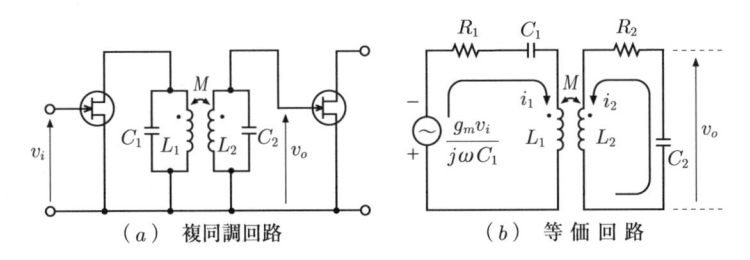

問図 6.1 FET 複同調増幅回路

7

帰還増幅回路

　増幅回路の出力電圧あるいは出力電流の一部を入力側に戻すことを**帰還**（feedback）という。帰還される信号は，元の入力信号と重ね合わされることになり，結果的に回路全体としてみた場合，増幅回路の電気的特性は改善される。この回路技術を取り入れた増幅回路を**帰還増幅回路**（feedback amplification circuit）という。入力信号と帰還信号の和を増幅するような帰還方法を**正帰還**（positive feedback），逆にその差を増幅するような帰還方法を**負帰還**（negative feedback）と呼んでいる。

　正帰還は少数のトランジスタで大きな増幅度を得たい場合や，後述の発振回路などに利用されている。本章では主として負帰還増幅回路について述べる。

　帰還の考えは，電子回路に限らず自動制御関係をはじめとして広く各方面に用いられ，きわめて重要である。

7.1 帰還の原理

　図 7.1 は帰還増幅回路の原理図である。A_v は増幅回路の電圧増幅度を表し，H_v は帰還回路の電圧帰還率を表す。入力電圧を v_i，出力電圧を v_o とす

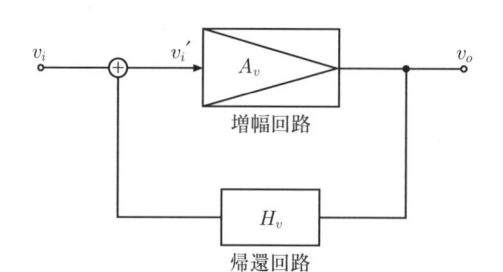

図 7.1 帰還増幅回路の原理図

ると，帰還回路を通じて入力側に帰還される電圧は $H_v v_o$ となる。したがって，実際の定常状態での増幅回路の入力電圧 v_i' は

$$v_i' = v_i + H_v v_o \qquad (7.1)$$

となり，これが A_v 倍されて出力電圧 v_o となる。それゆえ，つぎの関係式が成り立つ。

$$v_o = A_v(v_i + H_v v_o) \qquad (7.2)$$

式 (7.2) を v_o について解くと

$$v_o = \frac{A_v v_i}{1 - H_v A_v} \qquad (7.3)$$

となる。

したがって，回路全体，すなわち帰還増幅回路の電圧増幅度 A_{vF} は

$$A_{vF} = \frac{v_o}{v_i} = \frac{A_v}{1 - H_v A_v} \qquad (7.4)$$

で与えられる。

もし，帰還電圧 $H_v v_o$ が元の入力電圧 v_i と同相，すなわち正帰還の場合は $H_v A_v > 0$，$A_{vF} > A_v$ となり，帰還増幅回路の電圧増幅度は帰還をかけない場合より大きくなる。$H_v A_v$ は，一般に，**ループ利得** (loop gain) と呼ばれている。このような正帰還増幅回路では増幅度は大きくなるが，信号のひずみやノイズも同時に大きくなり，回路も不安定になりやすいなどの欠点があり，周波数選択増幅回路など特殊な回路にしか用いられない。特に，後に述べるが，$H_v A_v = 1$ になると，A_{vF} は無限大となり，発振が起きる。

一方，帰還電圧が元の入力電圧と逆相，すなわち負帰還の場合は $H_v A_v < 0$，$A_{vF} < A_v$ となる。

このように負帰還増幅回路の増幅度は帰還をかけない場合に比べて小さくなるので，増幅回路としては一見不利のように思われるが，**7.2** 節で記述されるような多くの利点をもっていることから実用的な増幅回路に広く応用されている。

7.2 負帰還増幅回路の特徴

〔**1**〕 **増幅度の減少**　　負帰還，すなわち $H_v A_v < 0$ の場合は，式 (7.4) において，$1 - H_v A_v > 1$ となるので，負帰還増幅回路の電圧増幅度 A_{vF} は帰還をかけないときの電圧増幅度 A_v の $1/(1 - H_v A_v)$ 倍に減少する。

〔**2**〕 **増幅度の安定化**　　なんらかの原因，例えば，環境の温度変化や電源電圧の変動により電圧増幅度 A_v が $\varDelta A_v$ だけ変化し，それによって負帰還増幅回路の電圧増幅度 A_{vF} が $\varDelta A_{vF}$ だけ変化したとすると，式 (7.4) からつぎの関係式が得られる。

$$\frac{\varDelta A_{vF}}{A_{vF}} = \frac{1}{|1 - H_v A_v|} \cdot \frac{\varDelta A_v}{A_v} \tag{7.5}$$

負帰還の場合は $|1 - H_v A_v| > 1$ となるので，負帰還増幅回路の電圧増幅度の変動率 $\varDelta A_{vF}/A_{vF}$ は，帰還をかけないときの電圧増幅度の変動率 $\varDelta A_v/A_v$ の $1/|1 - H_v A_v|$ 倍に抑制される。特に，$-H_v A_v \gg 1$ の場合には，式 (7.4) は

$$A_{vF} \fallingdotseq -\frac{1}{H_v} \tag{7.6}$$

となり，負帰還増幅回路の増幅度は帰還回路だけで決まることになる。したがって，帰還回路の安定性を良くしておくことにより，回路全体の増幅度の安定性を増大させることができる。

〔**3**〕 **周波数特性の改善**　　3.1 節で述べたように，中域の電圧増幅度を A_m，高域遮断周波数を f_h とすると，帰還をかけない増幅回路における高域側での電圧増幅度 A_v は

$$A_v = \frac{A_m}{1 + j\dfrac{f}{f_h}} \tag{7.7}$$

で与えられる。負帰還をかけたときの電圧増幅度 A_F は式 (7.4) から

$$A_F = \frac{A_m}{1 - H_v A_m} \cdot \frac{1}{1 + j\{f/f_h(1 - H_v A_m)\}} \tag{7.8}$$

となる。負帰還増幅回路の高域遮断周波数を f_{hF} とすれば，式 (7.8) から

$$f_{hF} = f_h(1 - H_v A_m) \tag{7.9}$$

となる。すなわち，負帰還をかけることにより高域遮断周波数は，$1 - H_v A_m$ 倍だけ高域側に延伸されることになる。低域遮断周波数も同様に改善されることは自明の理である。したがって，増幅回路の性能評価の尺度である利得帯域幅積（GB）積に関して，利得（増幅度）が減少する半面，帯域幅は拡張されることになる。

〔4〕 **非線形性ひずみの改善** 　増幅回路の入出力特性は，入力信号が小さいときには比例するが，大きくなると能動素子の非線形性のために比例しなくなる。そのため，出力には入力信号の高調波が発生し，出力波形はひずむ。このひずみ電圧を v_n とすれば

$$v_o = A_v(v_i + H_v v_o) + v_n \tag{7.10}$$

で表される。式 (7.10) を v_o について解くと

$$v_o = \frac{A_v v_i}{1 - H_v A_v} + \frac{v_n}{1 - H_v A_v} \tag{7.11}$$

で表され，ひずみ電圧は帰還作用により $1/|1 - H_v A_v|$ 倍に低下することがわかる。しかしながら，先に述べたように，出力信号も $1/|1 - H_v A_v|$ 倍に低下することになる。

〔5〕 **ノイズの抑制** 　増幅回路の内部で発生するノイズは，非線形性ひずみと同様に，帰還をかけないときに比べて $1/|1 - H_v A_v|$ 倍に減少する。出力信号も $1/|1 - H_v A_v|$ 倍に減少するが，これは入力電圧を大きくすることにより元の大きさにすることができる。このようにすると，増幅回路の出力側における信号とノイズの比，いわゆる SN 比は $1/|1 - H_v A_v|$ 倍だけ改善されることになる。

〔6〕 **入出力インピーダンスの変化** 　増幅回路がさまざまな用途に対応するためには，多段接続による回路設計がなされるのが一般的であるが，その

際，個々の増幅回路の設計の資となるのは増幅度と入出力インピーダンスである。増幅度は，先にも述べたように，帰還をかけることにより $1/|1 - H_v A_v|$ 倍に低下するが，入出力インピーダンスは帰還をかける方法によって大きくなったり小さくなったりする。帰還方法については **7.3** 節で述べるので，入出力インピーダンスの大小関係についてはそこで触れることにする。

7.3　負帰還増幅回路の種類

帰還は出力信号に比例した帰還信号を入力側に戻す技法を総称しているが，これらの信号は電圧でも電流でもよい。出力電流を i_o，帰還電流を i_f とすれば，出力信号 (v_o, i_o) と帰還信号 (v_f, i_f) の組合せは4通りあるから，帰還増幅回路の構成方法は図 **7.2** に示すように4種類あることになる。帰還電圧 v_f を入力側に直列あるいは並列に帰還させる方法，および帰還電流 i_f を入力側に直列あるいは並列に帰還させる方法である。これらはそれぞれ，電圧直列

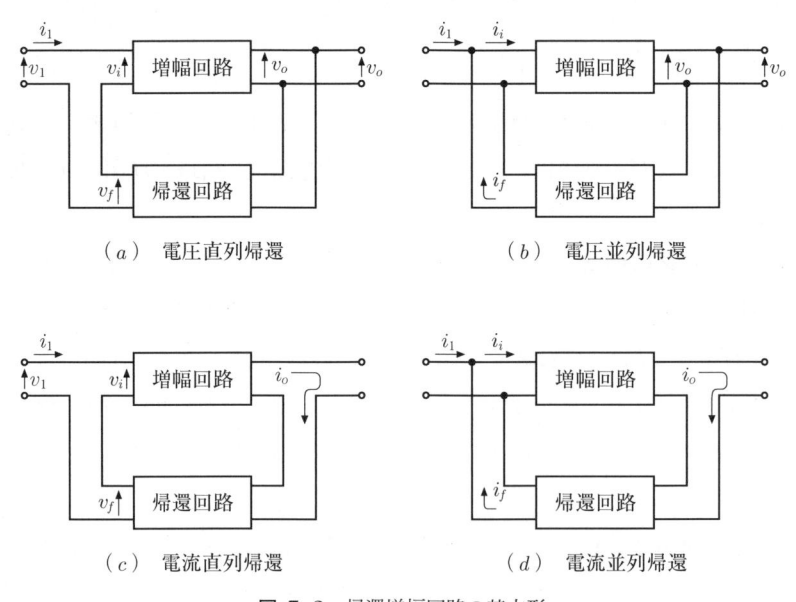

(a) 電圧直列帰還

(b) 電圧並列帰還

(c) 電流直列帰還

(d) 電流並列帰還

図 **7.2**　帰還増幅回路の基本形

7.3 負帰還増幅回路の種類

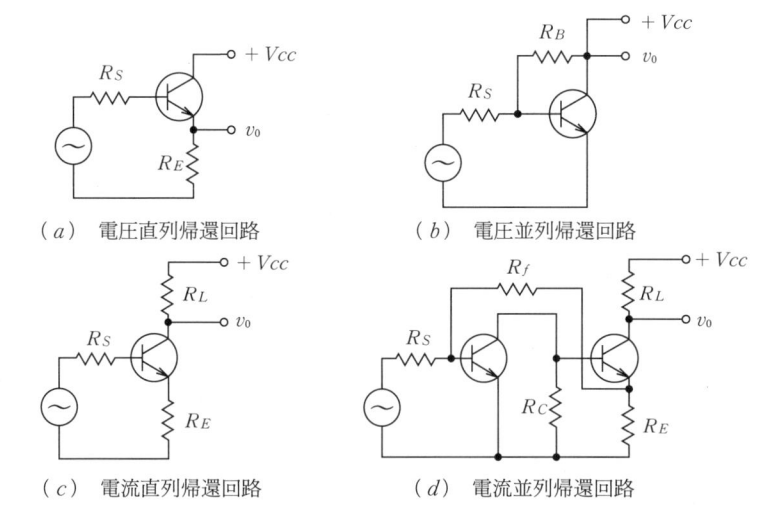

(a) 電圧直列帰還回路

(b) 電圧並列帰還回路

(c) 電流直列帰還回路

(d) 電流並列帰還回路

図 7.3 図 7.2 に対応した帰還増幅回路例

帰還,電圧並列帰還,電流直列帰還,電流並列帰還と呼ばれている。図 7.3 に,これらに対応した帰還増幅回路の例を示す。

いま,図 7.2(a) の電圧直列帰還回路の入出力インピーダンスを考えてみる。この帰還増幅回路の入力インピーダンス Z_{iF} は

$$Z_{iF} = \frac{v_1}{i_1} = \frac{v_i - H_v v_o}{i_1} = \frac{v_i}{i_1}\left(1 - H_v \frac{v_o}{v_i}\right) \tag{7.12}$$

となる。ここで,v_o/v_i は,帰還をかけない場合の増幅回路の利得 A_v であり,v_i/i_1 は帰還をかけない場合の入力インピーダンス Z_{i0} である。したがって,式 (7.12) はつぎのように書くことができる。

$$Z_{iF} = Z_{i0}(1 - H_v A_v) \tag{7.13}$$

すなわち,直列帰還をかけた増幅回路の入力インピーダンスは,帰還をかけない場合に比べて $(1 - H_v A_v)$ 倍だけ大きくなる。同様に,帰還をかけた増幅回路の出力インピーダンス Z_{oF} は,帰還をかけないときの出力インピーダンス Z_{o0} を用いて表すと

$$Z_{oF} = \frac{Z_{o0}}{1 - H_v A_v} \tag{7.14}$$

となる。すなわち，直列帰還をかけた増幅回路の出力インピーダンスは，帰還をかけない場合に比べて $1/(1-H_vA_v)$ 倍に減少する。

このように，電圧直列帰還増幅回路では入力インピーダンスは大きく，出力インピーダンスは小さくなる。ほかの帰還回路についても同様に求めると，**表 7.1** のようになる。もちろん，**2** 章で述べたように，入出力インピーダンスの大小については電流を増幅させるのか，電圧を増幅させるのかによって異なるので，用途に応じた帰還方法で回路を構成する必要がある。

表 7.1 負帰還による入出力インピーダンスの変化

帰還方法 インピーダンス	電圧直列帰還	電圧並列帰還	電流直列帰還	電流並列帰還
入力インピーダンス	増加	減少	増加	減少
出力インピーダンス	減少	減少	増加	増加

7.4 負帰還増幅回路の回路例

実際の負帰還増幅回路には，**2.7** 節で述べたようなトランジスタ1段で電圧帰還または電流帰還をかける簡単な回路もあれば，電圧帰還と電流帰還をいくつか組み合わせた複雑な回路もある。ここでは，比較的簡単な負帰還増幅回路の回路例および正帰還で実用的なブートストラップ回路について述べる。

7.4.1 電圧直列帰還増幅回路

図 7.4 は，二つのエミッタ接地形で構成されている直結形2段増幅回路である。この増幅器は抵抗 R_F によって負帰還がかけられており，図 7.2(a) の構成，すなわち，電圧直列帰還形の負帰還増幅回路になっている。図 7.5 は図 7.4 の等価回路であり，これをもとに電圧増幅度および入出力インピーダンスを計算してみよう。

まず，帰還抵抗 R_F を取り除いた場合の電圧増幅度 A_{v0} を計算する。図 7.5 より，1段目の電圧増幅度 A_{v10} は，式 (3.8) からわかるように，次式

7.4 負帰還増幅回路の回路例

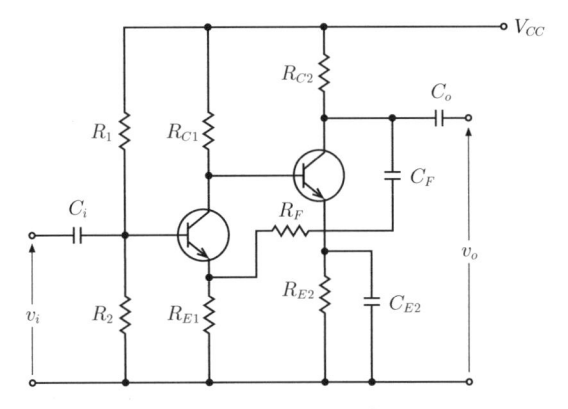

図 7.4 電圧直列帰還増幅回路

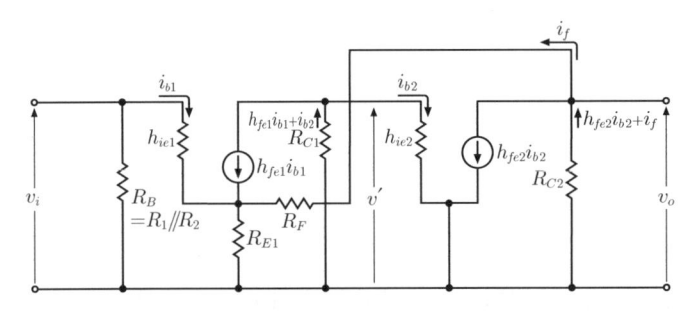

図 7.5 電圧直列帰還増幅回路の等価回路

で表される。

$$A_{v10} = \frac{v'}{v_i} = -\frac{h_{fe1}}{h_{ie1} + h_{fe1}R_{E1}}(R_{C1} /\!/ h_{ie2}) \tag{7.15}$$

同様に，2段目の電圧増幅度 A_{v20} は

$$A_{v20} = \frac{v_o}{v'} = -\frac{h_{fe2}}{h_{ie2}}R_{C2} \tag{7.16}$$

で表される。1段目と2段目の増幅回路は縦続接続の関係にあるので，帰還抵抗がない場合の回路全体の電圧増幅度 A_{v0} は

$$\begin{aligned} A_{v0} = A_{v10} \cdot A_{v20} &= \frac{h_{fe1}}{h_{ie1} + h_{fe1}R_{E1}} \cdot \frac{R_{C1}h_{ie2}}{R_{C1} + h_{ie2}} \cdot \frac{h_{fe2}R_{C2}}{h_{ie2}} \\ &= \frac{h_{fe1}h_{fe2}R_{C1}R_{C2}}{(h_{ie1} + h_{fe1}R_{E1})(R_{C1} + h_{ie2})} \end{aligned} \tag{7.17}$$

で表される。

つぎに，帰還抵抗 R_F がある場合について考えるが，簡単化のために R_{E1}, $R_{C2} \ll R_F$ と仮定する。

入力回路については抵抗 R_{E1} に流れる電流 i_{e1} は

$$i_{e1} = i_{b1} + h_{fe1}i_{b1} + i_f \fallingdotseq h_{fe1}i_{b1} + i_f \tag{7.18}$$

であるから，閉回路にキルヒホッフの電圧則を適用すると

$$v_i = h_{ie1}i_{b1} + R_{E1}i_{e1}$$
$$= (h_{ie1} + h_{fe1}R_{E1})i_{b1} + R_{E1}i_f \tag{7.19}$$

が成り立つ。また，1段目の出力電圧，すなわち2段目の入力電圧 v' は

$$v' = -R_{C1}(h_{fe1}i_{b1} + i_{b2}) = h_{ie2}i_{b2} \tag{7.20}$$

であるから

$$i_{b2} = -\frac{h_{fe1}R_{C1}}{R_{C1} + h_{ie2}} i_{b1} \tag{7.21}$$

となる。式 (7.17) を用いて書き直すと，i_{b2} はつぎのように表される。

$$i_{b2} = -\frac{h_{ie1} + h_{fe1}R_{E1}}{h_{fe2}R_{C2}} A_{v0}i_{b1} \tag{7.22}$$

また，出力端子から R_F, R_{E1} を通る電流通路については

$$v_o \fallingdotseq R_F i_f + R_{E1}(h_{fe1}i_{b1} + i_f)$$
$$= h_{fe1}R_{E1}i_{b1} + (R_{E1} + R_F)i_f \tag{7.23}$$

が成り立つ。出力回路については

$$v_o = -R_{C2}(i_f + h_{fe2}i_{b2}) \tag{7.24}$$

で表されるが，$R_{C2} \ll R_F$ の場合には $i_f \ll h_{fe2}i_{b2}$ であるから，式 (7.24) は

$$v_o \fallingdotseq -R_{C2}h_{fe2}i_{b2} \tag{7.25}$$

となる。式 (7.22) を式 (7.25) に代入すると

$$v_o \fallingdotseq (h_{ie1} + h_{fe1}R_{E1})A_{v0}i_{b1} \tag{7.26}$$

となる。式 (7.23) の右辺と式 (7.26) の右辺を等しくおき，i_f について解くと

$$i_f = \frac{(h_{ie1} + h_{fe1}R_{E1})A_{v0} - h_{fe1}R_{E1}}{R_{E1} + R_F} i_{b1} \tag{7.27}$$

一般に $A_{v0} \gg 1$ であり，式 (7.27) の分子の第 1 項は第 2 項より大きく

$$i_f \fallingdotseq \frac{(h_{ie1} + h_{fe1}R_{E1})A_{v0}}{R_{E1} + R_F} i_{b1} \tag{7.28}$$

となる。この i_f を式 (7.19) に代入すると

$$v_i = (h_{ie1} + h_{fe1}R_{E1})(1 + \alpha)i_{b1} \tag{7.29}$$

となる。ここで，α は

$$\alpha = \frac{R_{E1}}{R_{E1} + R_F} A_{v0} \tag{7.30}$$

である。したがって，帰還がかかっている場合の入力インピーダンス R_{iF} は

$$R_{iF} = \frac{v_i}{i_{b1}} = (h_{ie1} + h_{fe1}R_{E1})(1 + \alpha) \tag{7.31}$$

となる。また，式 (7.29)，(7.30) において $R_{E1} \ll R_F$ を考慮すると

$$v_i \fallingdotseq (h_{ie1} + h_{fe1}R_{E1})i_{b1} \tag{7.32}$$

したがって，R_F がない場合の入力インピーダンスを R_{i0} とすると

$$R_{i0} = \frac{v_i}{i_{b1}} = h_{ie1} + h_{fe1}R_{E1} \tag{7.33}$$

で表されるから，式 (7.31) は R_F の効果により入力インピーダンスが $(1 + \alpha)$ 倍に増加することを示している。

式 (7.26)，(7.32) から，帰還をかけたときの電圧増幅度 A_{vF} が求まり

$$A_{vF} = \frac{v_o}{v_i} = \frac{A_{v0}}{1 + \alpha} \tag{7.34}$$

となる。式 (7.34) および式 (7.30) で $A_{v0} \gg 1$，$R_{E1} \ll R_F$ の場合には

$$A_{vF} \fallingdotseq \frac{R_{E1} + R_F}{R_{E1}} \fallingdotseq \frac{R_F}{R_{E1}} \tag{7.35}$$

で表され，回路全体の電圧増幅度は帰還抵抗 R_F と 1 段目のエミッタ抵抗 R_{E1} の比で決まることがわかる。

同様に，出力インピーダンス R_{oF} も計算することができ，帰還をかけないときは R_{C2} であるのに対し

$$R_{oF} = \frac{R_{C2}}{1 + \alpha} \tag{7.36}$$

で表され，帰還をかけることにより減少することがわかる。

帰還抵抗 R_F の効果を詳しく調べるために，上述のような解析を行ってきたが，帰還回路全体の電圧増幅度 A_{vF} は簡単に求めることができる。

電圧帰還率 H_v は，h パラメータの定義から式 (7.19) および式 (7.23) において $i_{b1} = 0$（入力端開放）とおくと得られ

$$H_v = \left.\frac{v_i}{v_o}\right|_{i_{b1}=0} = \frac{R_{E1}}{R_{E1} + R_F} \qquad (7.37)$$

となる。負帰還作用であることに注意して式 (7.37) を式 (7.4) に代入すると，式 (7.34) とまったく同じ式が得られる。

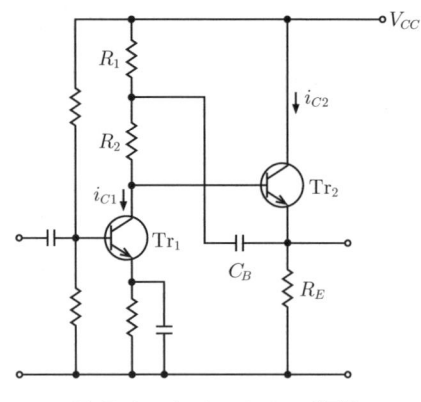

7.4.2 ブートストラップ回路

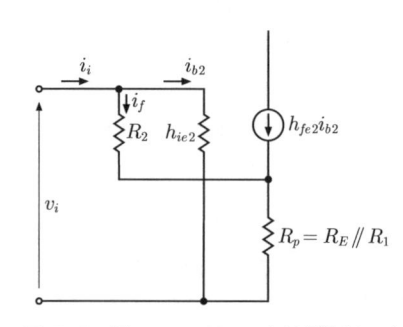

ブートストラップ（bootstrap）とは靴ひも，つまり入出力端を一括接地するという意味で，増幅回路としてみた場合にはブートストラップの効果により，より高い増幅機能をもつ回路として取り扱うことができる。ただし，この回路では正帰還を用いるので，発振を防ぐためには Tr_2 の電圧増幅度は 1 以下でなければならない。そこで，実際には**図 7.6** に示されるような回路を構成する。Tr_1 の負荷抵抗を R_1 と R_2 に分割し，そこに Tr_2 の出力をブートストラップ用コンデンサ C_B を通して帰還をかけている。Tr_1 はスイッチ用トランジ

図 7.6 ブートストラップ回路   図 7.7 図 7.6 の Tr_2 の小信号等価回路

スタであり，無入力時には負のバイアスがかかって飽和してしまう。正の信号が入ると，Tr_1 は OFF となり，C_B の充電が始まる。充電され端子電圧が上昇すると，その電圧はエミッタホロワ形の出力に現れ，C_B を通じて R_2 に帰還される。通常，C_B の容量値は大きいので，その端子電圧は短時間では変化しない。したがって，R_2 の端子間電圧は C_B の充電に関係なく一定となる。

図 7.7 は図 7.6 の Tr_2 に関する小信号等価回路である。図中の v_i, i_i はそれぞれ Tr_1 の出力電圧，出力電流を表す。図 7.7 より

$$\left. \begin{array}{l} v_i \fallingdotseq R_2 i_f + R_p(i_f + h_{fe2} i_{b2}) \\ R_p = R_E \mathbin{/\mkern-6mu/} R_1 \\ h_{ie2} i_{b2} = R_2 i_f \end{array} \right\} \quad (7.38)$$

が成り立つ。式 (7.38) において v_i と i_b の関係を求めると

$$\begin{aligned} v_i &= (R_2 + R_p) i_f + h_{fe2} R_p i_{b2} \\ &= \left\{ \frac{h_{ie2}(R_2 + R_p)}{R_2} + h_{fe2} R_p \right\} i_{b2} \end{aligned} \quad (7.39)$$

となる。したがって，図 7.7 の Tr_2 に対する入力インピーダンス，すなわち図 7.6 の Tr_1 の等価負荷インピーダンス R_L は

$$R_L = \frac{v_i}{i_i} = \frac{v_i}{i_{b2} + i_f} \quad (7.40)$$

で表され，これに式 (7.39) および式 (7.38) を用いると

$$R_L = \frac{h_{ie2}\{1 + (R_p/R_2)\} + h_{fe2} R_p}{1 + (h_{ie2}/R_2)} \quad (7.41)$$

が得られる。式 (7.41) からは負荷インピーダンスの大小は一概にはわからないが，一般には高いインピーダンスを実現できる。したがって，ブートストラップ回路は，大電流を扱う増幅回路において，低い値の抵抗器を用いて高い増幅度を得る場合によく用いられる。

例題 7.1 図 7.6，図 7.7 の回路で，$I_{C1} = 10\,\text{mA}$，$I_{C2} = 100\,\text{mA}$，$R_1 = R_2 = 500\,\Omega$，$R_E = 100\,\Omega$，$h_{ie2} = 1\,\text{k}\Omega$，$h_{fe2} = 100$ とするとき，Tr_1 の等価負荷インピーダンスを計算し，ブートストラップコンデンサ C_B がない場合

の負荷インピーダンスと比較せよ。

【解答】 式 (7.41) に数値を代入すると

$$R_L \fallingdotseq \frac{1\,000 \times \left(1 + \dfrac{100 /\!/ 500}{500}\right) + 100 \times (100 /\!/ 500)}{1 + (1\,000/500)} \fallingdotseq 3.17 \,[\mathrm{k\Omega}]$$

となる。一方，C_B がない場合の負荷インピーダンス $R_L{}'$ は

$$R_L{}' = (R_1 + R_2) /\!/ (h_{ie2} + h_{fe2}R_E) \fallingdotseq 917 \,[\Omega]$$

となり，ブートストラップ効果により負荷インピーダンスは約 3.5 倍に増大する。 ◇

演 習 問 題

【1】 負帰還増幅回路について，以下の各問に答えよ。

(1) 増幅器の電圧増幅度が 50，帰還回路による電圧帰還率が 20％のとき，回路全体の電圧増幅度はいくらか。

(2) 増幅器の電圧増幅度が 100，その変動率が 20％で，帰還回路による電圧帰還率が 10％のとき，回路全体の電圧増幅度の変動率はいくらか。

(3) 増幅器単体での中域における電圧増幅度が 50 で，電圧帰還率が 20％の負帰還をかける場合，高域遮断周波数は帰還をかけないときに比べて何倍になるか。また，この負帰還増幅回路の中域における電圧増幅度はいくらか。

【2】 問図 7.1(a) はトランジスタを用いた電流直列負帰還増幅回路，図(b) はその等価回路である。この負帰還増幅回路の電圧増幅度 A_{vF} と入力インピーダンス R_{iF} を求めよ。

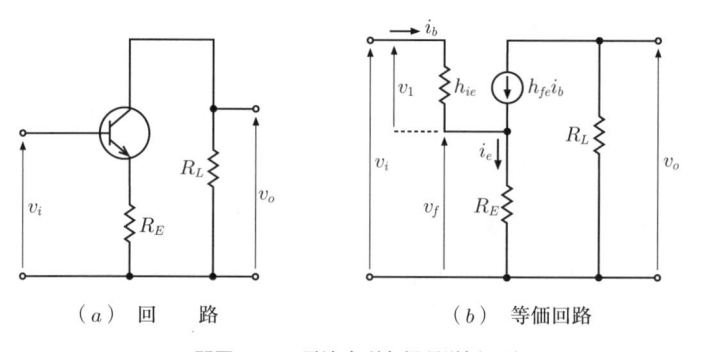

(a) 回 路　　　　(b) 等価回路

問図 7.1　電流直列負帰還増幅回路

8

演 算 増 幅 器

　演算増幅器（operational amplifier）はオペアンプあるいは OP アンプと呼ばれており，もともとはアナログ電子計算機用の高利得・高性能の増幅器であった。すなわち，微分方程式を解くための，積分器や加算器・減算器用の基本増幅器として使われていた。最近では，アナログ計算機は使用されなくなったが，その代わり，集積回路の技術の進歩で演算増幅器も集積回路化され，高性能で安価な IC 演算増幅器が利用できるようになったことから，計測制御回路をはじめ各種演算回路に使用されている。

　本章では，まず演算増幅器の入力段に使用されている差動増幅回路について説明し，続いて演算増幅器の特性，基本回路，応用回路などについて解説する。

8.1 差動増幅回路

8.1.1 差動増幅回路の構成

　差動増幅回路は，直流分を増幅することができる直流増幅回路の一種である。また，直流増幅では信号分の直流と電源分の直流との区別がなく，電源の変動や熱による動作電圧の変動などが直接出力に影響を及ぼす。このような熱や電源変動による出力の変動を**ドリフト**（drift）という。このほかに直流増幅では，入力電圧が 0 であっても，出力電圧は 0 にならないという問題がある。このような電圧のことをオフセット電圧と呼んでいる。このため，差動増幅回路は，このような変動の影響が少ない回路構成とすることが必要となる。

　差動増幅回路の基本回路を**図 8.1** に示す。図に示すように二つの入力端子

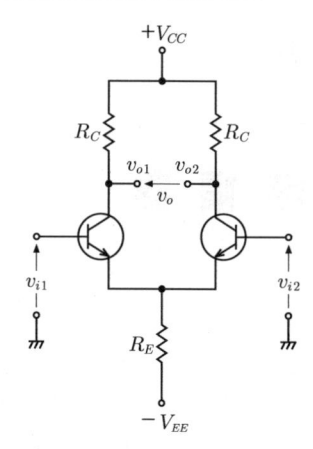

図 8.1 差動増幅回路

と二つの出力端子をもっており，直流的に0Vの入力で動作するように，二つの電源（V_{CC}, V_{EE}）が使用される．また，差動増幅回路はバイアス回路のない二つのエミッタ接地増幅回路を，共通のエミッタ抵抗 R_E に接続した構成となっている．このような構成となっていることから，ドリフト電圧やオフセット電圧はたがいに打ち消され，これらの影響が出力に現れない回路構成といえる．ただし，使用する二つのトランジスタの特性ができるだけそろっていること，また，使用する回路素子（抵抗）も同じ特性のものが必要である．

8.1.2 差動増幅回路の動作

差動増幅回路の電圧増幅度を求めるために，簡略化した h パラメータを使用した低周波等価回路を図 8.2 に示す．v_{i1}, v_{i2} を入力したときの，出力 v_{o1}, v_{o2} を求めてみよう．v_{i1}, h_{ie}, R_E からなるループにキルヒホッフの法則を適用すると次式が得られる．

$$v_{i1} = h_{ie}i_1 + R_E\{(1+h_{fe})i_1 + (1+h_{fe})i_2\}$$
$$= \{h_{ie} + (1+h_{fe})R_E\}i_1 + R_E(1+h_{fe})i_2 \qquad (8.1)$$

同様に，v_{i2}, h_{ie}, R_E のループに適用すると次式が得られる．

$$v_{i2} = h_{ie}i_2 + R_E\{(1+h_{fe})i_1 + (1+h_{fe})i_2\}$$
$$= R_E(1+h_{fe})i_1 + \{h_{ie} + (1+h_{fe})R_E\}i_2 \qquad (8.2)$$

8.1 差動増幅回路

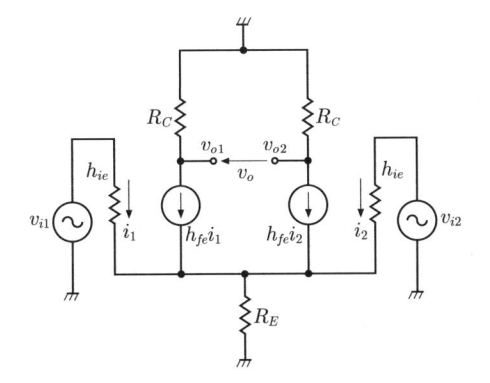

図 8.2 等価回路

これらの式より,i_1,i_2 を求めるとつぎのようになる。

$$i_1 = \frac{\{h_{ie} + (1 + h_{fe})R_E\}v_{i1} - (1 + h_{fe})R_E v_{i2}}{h_{ie}\{h_{ie} + 2(1 + h_{fe})R_E\}} \quad (8.3)$$

$$i_2 = \frac{\{h_{ie} + (1 + h_{fe})R_E\}v_{i2} - (1 + h_{fe})R_E v_{i1}}{h_{ie}\{h_{ie} + 2(1 + h_{fe})R_E\}} \quad (8.4)$$

したがって,出力電圧 v_{o1},v_{o2} は,つぎのようになる。

$$v_{o1} = -h_{fe}i_1 R_C$$
$$= -h_{fe}R_C \frac{\{h_{ie} + (1 + h_{fe})R_E\}v_{i1} - (1 + h_{fe})R_E v_{i2}}{h_{ie}\{h_{ie} + 2(1 + h_{fe})R_E\}} \quad (8.5)$$

$$v_{o2} = -h_{fe}i_2 R_C$$
$$= -h_{fe}R_C \frac{\{h_{ie} + (1 + h_{fe})R_E\}v_{i2} - (1 + h_{fe})R_E v_{i1}}{h_{ie}\{h_{ie} + 2(1 + h_{fe})R_E\}} \quad (8.6)$$

ここで,出力 v_o を 2 個のトランジスタのコレクタ間の電圧 $v_{o1} - v_{o2}$ とする。これを差動出力という。

$$v_o = v_{o1} - v_{o2} = -h_{fe}R_C(i_1 - i_2)$$
$$= -\frac{h_{fe}R_C}{h_{ie}}(v_{i1} - v_{i2}) \quad (8.7)$$

これより,差動入力に対する電圧増幅度 A_d(以下,これを差動利得という)をつぎのように定義する。

8. 演算増幅器

$$A_d = \frac{v_{o1} - v_{o2}}{v_{i1} - v_{i2}} = -\frac{h_{fe}R_C}{h_{ie}} \tag{8.8}$$

つぎに，$v_{o1} + v_{o2}$ という電圧を考えてみる．

$$v_o' = v_{o1} + v_{o2}$$

$$= -\frac{h_{fe}R_C(v_{i1} + v_{i2})}{h_{ie} + 2(1 + h_{fe})R_E} \tag{8.9}$$

ここで，同相入力に対する電圧増幅度 A_c（以下，これを同相利得という）をつぎのように定義する．

$$A_c = \frac{v_{o1} + v_{o2}}{v_{i1} + v_{i2}} = -\frac{h_{fe}R_C}{h_{ie} + 2(1 + h_{fe})R_E} \tag{8.10}$$

つぎに，式 (8.10) で定義した同相利得の意味を考えてみよう．そこで差動増幅回路の二つの入力端子に加えられた入力電圧 v_{i1}，v_{i2} をつぎのような同相分と差動分に分解する．

同相入力電圧　　$v_c = \dfrac{v_{i1} + v_{i2}}{2}$ $\tag{8.11}$

差動入力電圧　　$v_d = \dfrac{v_{i1} - v_{i2}}{2}$ $\tag{8.12}$

この二つの式を用いると，任意の二つの入力，v_{i1}，v_{i2} は，つぎのように，同相入力成分と差動入力成分に分けることができる．

$$v_{i1} = v_c + v_d \tag{8.13}$$
$$v_{i2} = v_c - v_d \tag{8.14}$$

この式の意味は，二つの入力に v_{i1} と v_{i2} を加えるときの出力電圧は，同じ電圧 v_c を二つの入力に加えるときの出力と，v_d および $-v_d$ を加えるときの出力の和になることを意味している．

この二つの式 (8.13)，(8.14) と式 (8.5)，(8.6) から v_{o1}，v_{o2} は，次式のようになる．

$$v_{o1} = A_c v_c + A_d v_d \tag{8.15}$$
$$v_{o2} = A_c v_c - A_d v_d \tag{8.16}$$

すなわち，二つのトランジスタのコレクタの出力には同相成分と差動成分が

現れている。

$v_o(=v_{o1}-v_{o2})$ を出力とすれば，同相成分 v_c は出力には現れず同相利得は0であり，差動成分 v_d だけが，差動利得分だけ増幅されることになる。差動増幅回路は，二つの入力端子に加えられた電圧の差を増幅する目的の増幅回路であり，その意味で差動利得が大きいほうが望ましいといえる。

ところで，ドリフトの原因である，熱による V_{BE} や I_{CBO} の変動は，差動増幅回路では同相入力と考えられるので，二つのトランジスタの特性がそろっていないときには，出力に影響を及ぼすことになり，できるだけ同相利得は小さいほうが良いということになる。また，差動増幅回路では，出力信号を v_{o1} あるいは v_{o2} の一方から取り出すような方法で使用されることもよくある。この場合にも同相入力に対する信号はできるだけ出力しないことが望ましい。

このように，差動増幅回路では，差動利得 A_d は大きく，同相利得 A_c はできるだけ小さいほうが望ましい。そこで，A_c と A_d の比を差動増幅回路の性能を示す尺度として用い

$$\text{CMRR} = \frac{A_d}{A_c} \tag{8.17}$$

を**同相信号除去比**（common mode rejection ratio）と呼んでいる。式 (8.8)，(8.10) を式 (8.17) に代入すると次式が得られる。

$$\text{CMRR} = 1 + 2(1+h_{fe})\frac{R_E}{h_{ie}} \fallingdotseq 2h_{fe}\frac{R_E}{h_{ie}} \tag{8.18}$$

性能の良い差動増幅回路ほど，この値は大きくなる。

8.1.3 差動増幅回路の CMRR の改善

差動増幅回路の CMRR を改善し高くするには，式 (8.18) からわかるように，R_E の値が大きい抵抗を使用すればよいことになる。しかし，R_E の値を大きくすると，そこには二つのトランジスタのエミッタ電流が流れており，電源 V_{EE} の値も大きくする必要があるため，R_E の高抵抗化には限度がある。実際には，あまり大きな R_E や V_{EE} を用いることはできないので，トランジス

タを用いて抵抗 R_E を定電流回路で置き換えている。その一例を図 8.3 に示す。

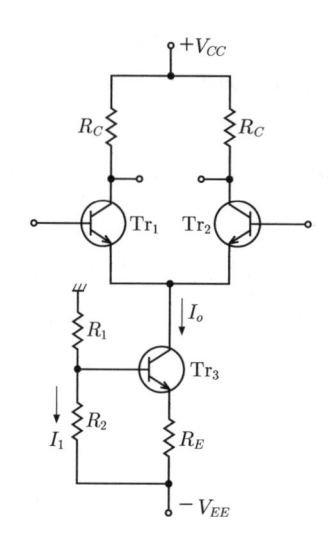

図 8.3 定電流回路を用いた差動増幅回路

図 8.3 で Tr_3 のベース電流を無視し，Tr_3 のベース-エミッタ間電圧を V_{BE} とすると，次式が成り立つ。

$$I_1 = \frac{V_{EE}}{R_1 + R_2} \tag{8.19}$$

$$I_1 R_2 = V_{BE} + I_E R_E \tag{8.20}$$

これより

$$I_o \fallingdotseq I_E = \frac{1}{R_E}\left(\frac{R_2 V_{EE}}{R_1 + R_2} - V_{BE}\right) \tag{8.21}$$

となる。したがって，R_1，R_2，R_E，V_{EE} が決まれば，Tr_1，Tr_2 の回路に無関係に一定電流となる定電流回路となる。

8.2 演算増幅器の特性とIC演算増幅器

$8.2.1$ 演算増幅器の特性

演算増幅器の内部回路をブラックボックス化して，回路図記号で表すと図

8.4 のようになる。二つの入力端子と一つの出力端子を有し，二つの入力端子間に加えられた信号を増幅する増幅器であり，いわゆる差動入力形である。マイナス（−）の記号のついた端子を**反転**（または逆相）**入力**（inverting input）端子，プラス（＋）の記号のついた端子を**非反転**（または正相）**入力**（non-inverting input）端子という。

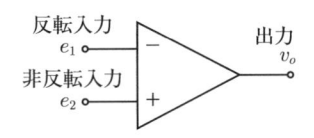

図 8.4 演算増幅器の図記号

図 8.4 に示すように，入力電圧 e_1, e_2 を加えると，出力電圧 v_o は次式で与えられる。これを演算増幅器の基本式という。

$$v_o = A(e_2 - e_1) \tag{8.22}$$

ここで，A は演算増幅器の電圧増幅度（差動利得）であり，演算増幅器の特性を表す重要なパラメータである。

一般に，演算増幅器はつぎのような特性をもつように作られている。

1) **差動入力型である**　　すなわち，入力電圧の差 $e_1 - e_2$ を増幅する。

2) **電圧増幅度が非常に大きい**　　実際の値は直流域で1万倍以上で，理想的には無限大。

3) **入力インピーダンス (Z_i) が大きい**　　実際の値は $1 \sim 10^6$ MΩ 程度であり，理想的には無限大。

4) **出力インピーダンス (Z_o) が小さい**　　実際の値は数〜数百 Ω 程度であり，理想的には 0 である。

このほかに，演算増幅器を実際に使用する際に必要な特性につぎのようなものがある。

5) **電圧増幅度の周波数特性**　　これを**開放電圧増幅度**（open-loop voltage amplifier）といい，この電圧増幅度の周波数特性は，一般的に図 8.5 に示すようなものである。すなわち，ある周波数 f_c（10 Hz 程度）から下がり始め，以降 -20 dB/dec〔周波数が10倍になると増幅度は

146 8. 演算増幅器

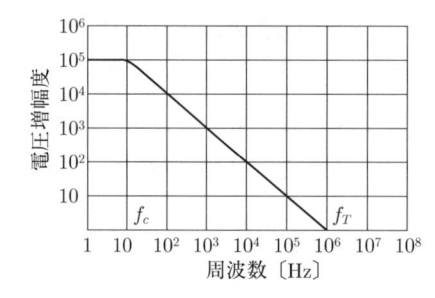

図 8.5 演算増幅器の周波数特性

1/10 倍（−20 dB）になる〕でほぼ直線的に下降する。そして，ある周波数 f_T（ほぼ 1 MHz）でユニティゲイン（増幅度が 1 倍で 0 dB）となる。

6) **帯域幅**（bandwidth）　5) の周波数特性で，電圧利得が −3 dB 低下する周波数 f_c を帯域幅という。また，f_c 以下の周波数では，(その周波数での電圧利得)×(周波数)＝一定，という関係がある。この値を利得帯域幅積という。

7) **オフセット電圧**（offset voltage）　二つの入力端子を接地した場合の出力電圧をいう。理想的には 0 であるが，演算増幅器の初段に使用されている差動増幅回路の不平衡によって生じる電圧である。

8) **ドリフト電圧**（drift voltage）　オフセット電圧が温度や電源電圧の変動によって経年変化することをドリフトという。

9) **スルーレート**（slew rate）　入力に大振幅のステップ状の信号を加えたときの，出力電圧の変化の割合をいう。単位は〔V/μs〕である。

10) **最大振幅電圧**　出力から取り出せる電圧の最大振幅で，周波数によって変化する。

11) **同相信号除去比（CMRR）**　二つの入力端子を結んで等しい入力電圧を加えた場合，差動増幅器の不平衡によって生じる出力電圧と入力電圧との比を同相利得といい，CMRR は同相利得に対する差動利得の比をいう。詳細については *8.1.2* 項を参照。

8.2.2 IC 演算増幅器

汎用の IC 演算増幅器の内部回路は図 8.6 に示すように，初段が差動増幅回路，第 2 段が電圧増幅回路，最終段が電力増幅回路の 3 段構成となっている。なお，IC 演算増幅器の内部回路の詳細は，集積回路用電子回路の知識が必要であり，詳細は他書に譲るが，以下に簡単に説明しておく。

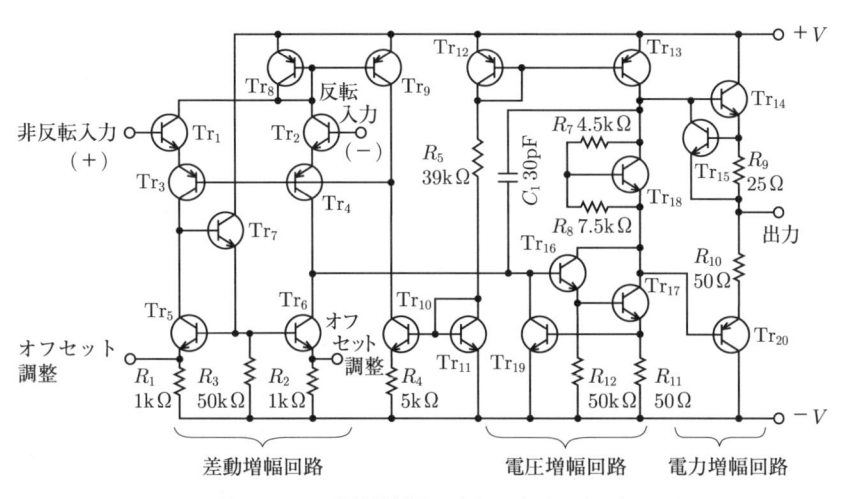

図 8.6　IC 演算増幅器の内部回路（$\mu\mathrm{A}\,741$）

トランジスタ Tr_1，Tr_2 と Tr_3，Tr_4 とは，npn 形と pnp 形とを組み合わせて差動増幅回路を構成している。Tr_5 と Tr_6 は Tr_7 によって定電流回路を構成しており，Tr_3，Tr_4 の高抵抗の負荷となって電圧利得を高くする役目をしている。Tr_8 はダイオードの働きをしており，Tr_9 とカレントミラー回路と呼ばれる定電流回路を形成している。Tr_8 に流れる電流は Tr_1 と Tr_3，Tr_2 と Tr_4 に等しく分流し，Tr_9，Tr_{10} の定電流によって Tr_3 と Tr_4 の動作点が決定される。Tr_{11} と Tr_{12} は，抵抗 R_5 とともに抵抗 R_1 を流れる電流を決定し，また，Tr_{11} と Tr_{10} と抵抗 R_4 により Tr_9 と Tr_{10} の定電流が決定される。また，コンデンサ C_1 は増幅器の内部位相補償用のものである。

差動増幅回路の出力は，ダーリントン接続された Tr_{16} と Tr_{17} によって電圧増幅される。Tr_{13} はその定電流の高負荷抵抗である。

出力は，AB級のプッシュプル回路であり，Tr_{18}は，コンプリメンタリプッシュプル回路を構成するTr_{14}とTr_{20}のベースにバイアスを与えるものである。Tr_{15}とTr_{19}は過負荷電流保護回路用である。すなわち，Tr_{15}は正の出力電流が過大になると抵抗R_9の電圧降下によってTr_{14}のベース電流を減少させる。同様にTr_{19}は負の出力電流が過大になると抵抗R_{11}の電圧降下によってTr_{16}のベース電流を減少させる。

また，IC演算増幅器には周波数補償用の端子や，オフセット調整用の端子が付いており，これらの端子を利用することで，安定な動作をさせたり，オフセット電圧を0にできるようになっているものが多い。

8.3 演算増幅器の基本回路

演算増幅器を用いた増幅回路は何種類もの回路が考えられているが，基本回路は以下の反転（逆相）増幅回路と非反転（正相）増幅回路の二つである。

8.3.1 反転増幅回路

図8.7に反転増幅回路を示す。この回路の入出力電圧の関係式を求めてみよう。まず，演算増幅器の基本式から次式が成り立つ。

$$V_o = A(e_2 - e_1) \tag{8.23}$$

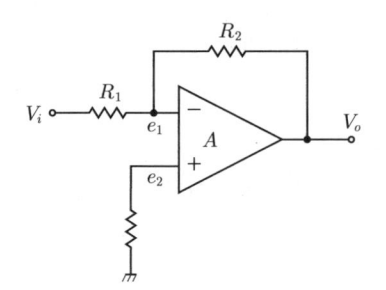

図8.7 反転増幅回路

また，$e_2 = 0$であり，回路図より次式が成り立つ。

$$\frac{V_i - e_1}{R_1} = \frac{e_1 - V_o}{R_2} \tag{8.24}$$

式 (8.23) から $e_2 - e_1 = V_o/A$ となり，電圧増幅度 A が非常に大きいとすると $e_2 - e_1 = 0$ となり，$e_2 = 0$ から，$e_1 = 0$ となる．これより，容易に次式が得られる．

$$V_o = -\frac{R_2}{R_1} V_i \tag{8.25}$$

8.3.2 非反転増幅回路

図 8.8 に非反転増幅回路を示す．この回路の入出力電圧の関係式はつぎのように求められる．すなわち，次式が成り立つ．

$$V_o = A(e_2 - e_1) \tag{8.26}$$

$$e_2 = V_i \tag{8.27}$$

$$\frac{0 - e_1}{R_1} = \frac{e_1 - V_o}{R_2} \tag{8.28}$$

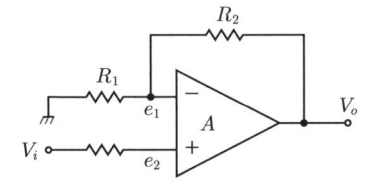

図 8.8 非反転増幅回路

反転増幅回路の場合と同様に，電圧増幅度 A が非常に大きければ $e_1 = e_2$ と考えてよいから，式 (8.27) により $e_1 = V_i$ となり，これを式 (8.28) に代入すれば次式が得られる．

$$V_o = \left(1 + \frac{R_2}{R_1}\right) V_i \tag{8.29}$$

8.3.3 ユニティゲイン・ボルテージホロワ

非反転増幅回路の特殊な例として，$R_1 = \infty$，$R_2 = 0$ とした図 8.9 の回路をユニティゲイン・ボルテージホロワという．この回路の入出力の関係式は $V_o = V_i$ となり，電圧増幅度は 1 となることから，この名前で呼ばれている．電圧増幅度は 1 であるが，入力インピーダンスはきわめて高く，出力インピー

150　8. 演算増幅器

図8.9　ユニティゲイン・ボルテージホロワ

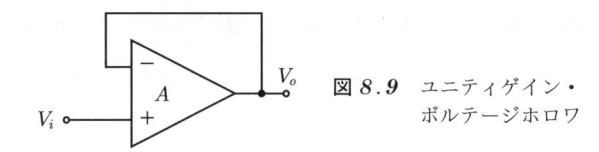

ダンスは小さいので，回路と回路を接続する際のバッファ回路としてよく用いられている。

8.4　演算増幅器の演算回路への応用

演算増幅器は，もともとはアナログ電子計算機用の高利得・高性能の増幅器であり，微分方程式を解くための，積分器や加算器・減算器用の基本増幅器として使われていた，ということはすでに述べた。ここでは，これらの回路について述べる。

8.4.1　積　分　回　路

演算増幅器の最も基本的な回路は，8.3.1項で述べた反転増幅回路であり，図8.7の抵抗をインピーダンスに置き換えたものである。その回路を図8.10に示す。この回路の入出力の関係式を求めてみよう。演算増幅器の基本式や，回路図から次式が得られる。

$$V_o = A(e_2 - e_1) \tag{8.30}$$

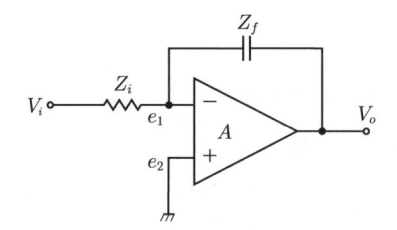

$$e_2 = 0 \tag{8.31}$$

図8.10　積分回路

8.4 演算増幅器の演算回路への応用　　151

$$\frac{V_i - e_1}{Z_i} = \frac{e_1 - V_o}{Z_f} \qquad (8.32)$$

これより，次式を得る。

コーヒーブレイク

演算増幅器とアナログ計算機

　演算増幅器は，もともとはアナログ計算機の演算器に使用される基本増幅器で，直結形の直流増幅器と変調形の直流増幅器を組み合わせた，直流域で 3×10^7（約 150 dB）程度の増幅度を有し，ドリフトを少なくした高利得・高性能演算増幅器でした。アナログ計算機はこのような高性能な演算増幅器を使用して，積分器，加算器，符号変換器などの演算器を構成し，主として微分方程式の解析用として使用されました。例えば，簡単な例として，2階線形微分方程式を解く例を図に示します。解は X-Y プロッタやオシロスコープなどに接続して出力しました。

　アナログ計算機は，ディジタル計算機が現在のように普及する以前の，1970年（昭和 45 年）頃までは，微分方程式のほかにも，工学的な問題の解析用として広く使用されていましたが，ディジタル計算機が普及した 1970 年以降，急速にその役割を終えていきました。

$$\boxed{\frac{d^2y}{dt^2} + \delta \frac{dy}{dt} + \omega^2 y = \mu \\ t = 0 \text{ で，} y = \frac{dy}{dt} = 0} \rightarrow \frac{d^2y}{dt^2} = \mu - \omega^2 y - \delta \frac{dy}{dt}$$

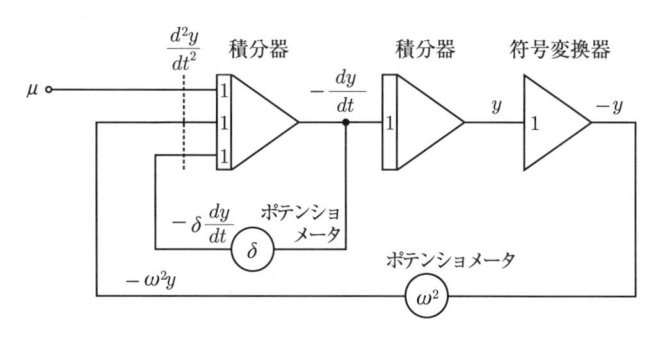

図　アナログ計算機のプログラム

$$V_o = -\frac{AZ_f}{(A+1)Z_i + Z_f}V_i \qquad (8.33)$$

ここで，$A = \infty$ とすれば，この回路の入出力の関係式はつぎのようになる．

$$V_o = -\frac{Z_f}{Z_i}V_i \qquad (8.34)$$

いま，$Z_i = R$（抵抗），$Z_f = 1/sC$（コンデンサ）とすると

$$V_o = -\frac{1}{sRC}V_i \qquad (8.35)$$

となるが，ラプラス演算子の s は d/dt，$1/s$ は $\int dt$ に対応するので

$$V_o = -\frac{1}{RC}\int V_i dt \qquad (8.36)$$

が得られ，出力電圧 V_o は，入力電圧 V_i を積分した値となることから，積分回路と呼ばれている．

8.4.2 加算回路

図 **8.11** は n 入力の加算回路を示す．この回路の入出力の関係式は，反転増幅回路に重ね合わせの理を適用して，つぎのように得られる．

$$V_o = -R_f\left(\frac{V_1}{R_1} + \frac{V_2}{R_2} +, \cdots\cdots, + \frac{V_n}{R_n}\right) \qquad (8.37)$$

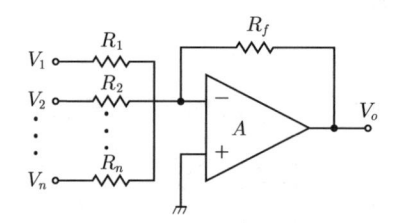

図 **8.11** 加算回路

8.4.3 減算回路

減算回路の例を図 **8.12** に示す．この回路において次式が成り立つ．

$$V_o = A(e_2 - e_1) \qquad (8.38)$$

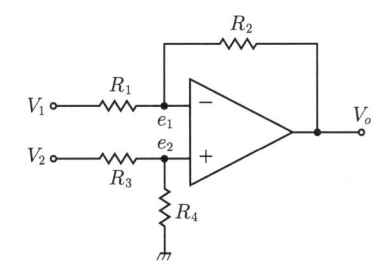

図 8.12 減算回路

$$e_2 = \frac{R_4}{R_3 + R_4} V_2 \tag{8.39}$$

$$\frac{V_1 - e_1}{R_1} = \frac{e_1 - V_o}{R_2} \tag{8.40}$$

これらの式より，入出力の関係式を求めると

$$V_o = -\frac{R_2}{R_1} V_1 + \frac{R_4(R_1 + R_2)}{R_1(R_3 + R_4)} V_2 \tag{8.41}$$

となる。簡単にするために $R_2/R_1 = R_4/R_3$ とすると

$$V_o = -\frac{R_2}{R_1}(V_1 - V_2) \tag{8.42}$$

が得られ，減算回路となる。

演 習 問 題

【1】 問図 8.1 で示される差動増幅回路で，つぎの問に答えよ。ただし，使用する

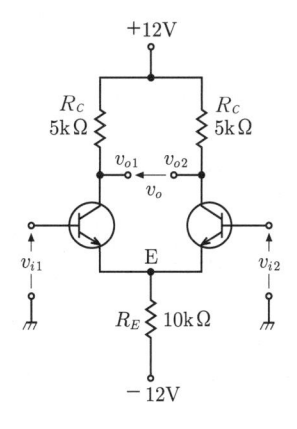

問図 8.1

8. 演算増幅器

トランジスタの h パラメータを，$h_{ie} = 4.5\,\text{k}\Omega$，$h_{fe} = 100$，ベース-エミッタ間電圧を $0.7\,\text{V}$ とせよ。

(1) 入力がないとき $(v_{i1},\ v_{i2} = 0)$ のコレクタ電流を求めよ。

(2) 差動入力電圧増幅度 A_d，同相入力電圧増幅度 A_c を求めよ。

(3) 同相信号除去比 CMRR を求めよ。

【2】【1】の回路の R_E を**問図 8.2** で示す定電流回路で置き換える。R_1，R_2，R_E の値を定めよ。ただし，トランジスタのベース電圧を -6V，ベース-エミッタ間電圧を 0.7V とし，R_1，R_2 にはそれぞれ $0.4\,\text{mA}$ の電流が流れるようにせよ。

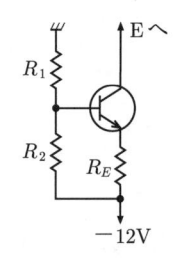

問図 8.2

【3】 問図 8.3 で示す回路の入出力の関係式を求めよ。

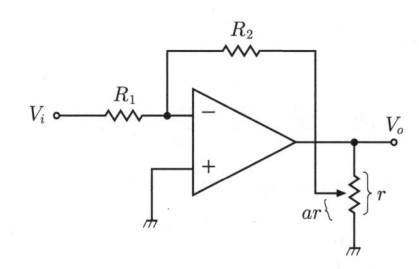

問図 8.3

【4】 問図 8.4 で示す回路の入出力の関係式を求めよ。

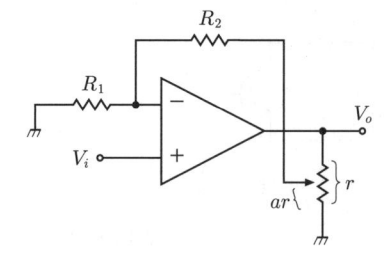

問図 8.4

【5】 問図 8.5 で示す演算増幅器で,入力バイアス電流 I_{B1}, I_{B2} が流れているとき,$I_{B1} = I_{B2}$ ならば,この入力バイアス電流の影響を打ち消すことができる,すなわち,$V_i = 0$ のときに,出力オフセット電圧を 0 にするための R_3 の条件を求めよ。

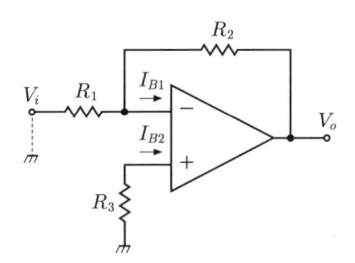

問図 8.5

【6】 問図 8.6 で示される回路について,つぎの問に答えよ。
 (1) 出力電流 I_L を求めよ。
 (2) 定電流回路（R_L の抵抗値に関係なく流れる電流の値が一定な回路）となるための R_3 の条件を求めよ。

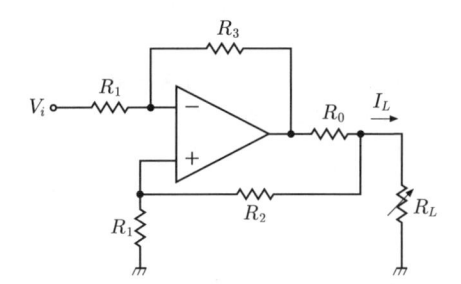

問図 8.6

9

発 振 回 路

　増幅回路は，入力される正弦波（微小）信号を増幅して同じ周波数の出力信号を取り出す回路であるが，**発振回路**（oscillation circuit）は入力信号なしに出力信号を取り出す回路である。

　なぜ，入力信号なしに出力信号が得られるのか。それは，発振回路内に存在する微小交流のうちの特定の周波数をもつ信号が，ある条件で選ばれて増幅され，ついには自らの振幅制限作用により，ある一定振幅の振動に落ち着いて安定な発振をするからである。したがって，発振回路は，この特定周波数が選択増幅されるように構成される。また，発振するためのエネルギーは電源から供給される。

　発振器には，出力の一部を入力に戻す，**帰還発振器**（feedback oscillator）ともいわれる四端子発振器と，エサキダイオード発振器で知られるような負性抵抗素子と共振回路の組合せからなる二端子発振器があるが，本書では前者の帰還発振器に限定して解説する。

9.1 発 振 条 件

　図 **9.1** で示されるような電圧増幅度 A の増幅回路および電圧帰還率 H の帰還回路からなる帰還発振回路を考える。ノイズなどにより，微小の出力 V_2' が発生したとする。この V_2' は帰還回路で H 倍されて増幅回路への入力 $V_1 = HV_2'$ となり，さらに，A 倍されて V_2 となるので，$V_2 = AHV_2'$ である。それゆえ

$$AH > 1 \tag{9.1}$$

であれば，出力 V_2 はしだいに増加する。この場合，増幅回路への入力 V_1 も

図 **9.1** 帰還発振回路

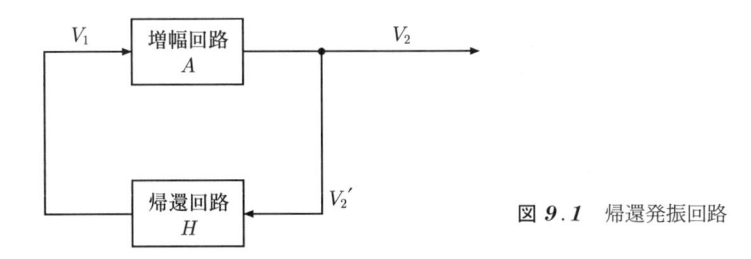

しだいに大きくなるが，増幅回路の増幅度 A は回路内の非線形性のために低下する．そこで

$$AH = 1 \tag{9.2}$$

の状態，つまり，ループ利得 AH が1になる状態が生じると，外部からの入力がなくても発振回路として一定の出力が得られることになる．

増幅度 A や帰還率 H に周波数特性をもたせ，ある周波数に対して式 (*9.1*) が成立するように回路を設計すると発振回路が構成される．したがって，式 (*9.1*) は発振が立ち上がるための発振成長の条件と呼ばれる．また，発振が持続するためには式 (*9.2*) を満たす必要があり，この式を発振持続の条件という．

一般に，回路にはリアクタンス分が含まれるので，A および H は複素数で表される．したがって，AH も複素数となり，式 (*9.1*) および (*9.2*) の発振条件は

$$\mathrm{Re}(AH) \geqq 1 \tag{9.3}$$

$$\mathrm{Im}(AH) = 0 \tag{9.4}$$

の二つに分けられる．一般に，式 (*9.3*) は**振幅条件** (amplitude criterion)，式 (*9.4*) は**周波数条件** (frequency criterion) と呼ばれている．

例題 9.1 増幅度 A，帰還率 H の帰還形発振回路におけるループ利得 AH の位相角を θ とすれば，式 (*9.3*) と式 (*9.4*) で与えられる発振条件は次式で表されることを示せ．

$$|AH| \geqq 1, \quad \theta = 0$$

【解答】 AH の位相角を θ とすると

$$AH = |AH|e^{j\theta} = |AH|\cos\theta + j|AH|\sin\theta \tag{9.5}$$

で表される。したがって, 式 (9.3) と式 (9.4) の発振条件はつぎのようになる。

$$|AH|\cos\theta \geqq 1 \tag{9.6}$$

$$|AH|\sin\theta = 0 \tag{9.7}$$

発振するためには式 (9.6) も式 (9.7) も満たす必要がある。式 (9.7) より, $\sin\theta = 0$ となり

$$\theta = 0,\ \pi$$

が得られる。しかしながら, $\theta = \pi$ は式 (9.6) を満たさないので

$$\theta = 0 \tag{9.8}$$

である。また, 式 (9.8) を式 (9.6) に代入すると次式が導出される。

$$|AH| \geqq 1 \tag{9.9}$$

◇

例題 9.2 図 9.1 の帰還形発振回路において, 増幅回路の電圧増幅度が 40 dB で発振するためには帰還回路による電圧帰還率 H_v はいくらでなければならないか。ただし, ループ利得の位相角は 0 とする。

【解答】 電圧増幅度 40 dB は電圧比 $A_v = 100$ (倍) である。したがって, 式 (9.9) より

$$100H_v \geqq 1$$

$$\therefore\ H_v \geqq 0.01$$

◇

9.2　LC 発振回路

LC 発振回路は周波数選択性の帰還回路が L と C で構成される。**図 9.2** (a) はトランジスタを用いた発振回路の例であり, 負荷および帰還回路がリアクタンス X で形成されている。等価回路は図(b) で表され, さらに帰還回路をわかりやすく示すと図(c) となる。ここでは電流作用について調べることにし, 式 (9.1) の増幅度 A は電流増幅度 A_i に置き換え, 帰還率 H も電流帰還率 H_i を用いることにする。A_i はコレクタ電流 i_c とベース電流 i_b の比であり, トランジスタの電流増幅率 h_{fe} に等しい。すなわち

9.2 LC発振回路

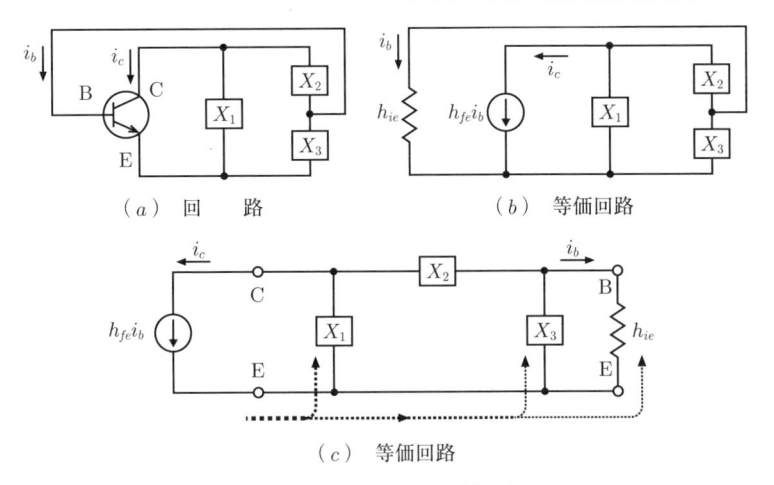

図 9.2 トランジスタ発振回路

(a) 回路 (b) 等価回路 (c) 等価回路

$$A_i = \frac{i_c}{i_b} = h_{fe} \tag{9.10}$$

である。コレクタ電流 i_c は**図 9.2**(c)の破線のように分流するので，トランジスタの入力インピーダンス h_{ie} を流れる電流 i_b は

$$i_b = -i_c \frac{jX_1}{jX_1 + jX_2 + \dfrac{jh_{ie}X_3}{h_{ie} + jX_3}} \cdot \frac{jX_3}{h_{ie} + jX_3} \tag{9.11}$$

で表される。また，電流帰還率 H_i は図(c)から

$$H_i = \frac{i_b}{i_c} \tag{9.12}$$

で表されるが，式 (9.12) に式 (9.11) を用いると

$$H_i = \frac{X_1 X_3}{-(X_1 + X_2)X_3 + jh_{ie}(X_1 + X_2 + X_3)} \tag{9.13}$$

となる。式 (9.10) と式 (9.13) を式 (9.1) および式 (9.2) に代入すると

$$A_i H_i = \frac{h_{fe} X_1 X_3}{-(X_1 + X_2)X_3 + jh_{ie}(X_1 + X_2 + X_3)} \geqq 1 \tag{9.14}$$

が得られる。上式に式 (9.3) および式 (9.4) を適用すると

$$\frac{h_{fe} X_1}{-(X_1 + X_2)} \geqq 1 \tag{9.15}$$

$$X_1 + X_2 + X_3 = 0 \tag{9.16}$$

となる。式 (9.16) を式 (9.15) に適用すると

$$h_{fe} \geq \frac{X_3}{X_1} \tag{9.17}$$

となる。定常発振 ($A_i H_i = 1$) のもとでは，式 (9.16) および

$$\frac{h_{fe} X_1}{-(X_1 + X_2)} = 1 \tag{9.18}$$

が成り立つので

$$X_1 = -\frac{X_2}{1 + h_{fe}} \tag{9.19}$$

$$X_3 = -\frac{h_{fe} X_2}{1 + h_{fe}} \tag{9.20}$$

が得られる。これらの式は，X_2 は X_1 および X_3 と符号が異なることを示す。すなわち，X_2 が容量性なら X_1 と X_3 は誘導性，X_2 が誘導性なら X_1 と X_3 は容量性である。このような三つのリアクタンスをもつトランジスタ発振回路の構成方法は 3 点接続法とも呼ばれ，その例を図 **9.3** に示す。図 (*a*) は**ハートレー**(Hartley) 回路，図 (*b*) は**コルピッツ**(Colpitts) 回路と呼ばれている。

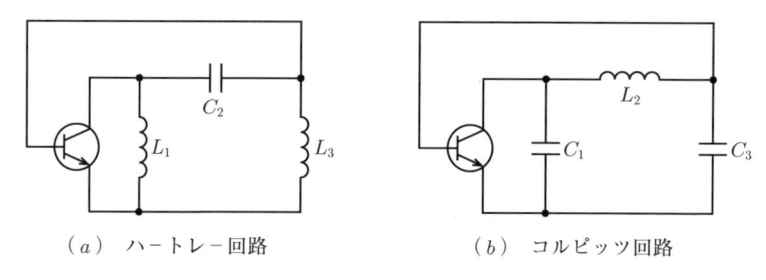

（*a*）ハートレー回路　　　　　　（*b*）コルピッツ回路

図 **9.3**　トランジスタ発振回路の例

　ハートレー発振回路は直流の与え方が容易であり，高い周波数まで比較的発振しやすい。例えば，自己バイアスを構成し，バイアス抵抗 R と並列にコンデンサ C_B を接続しておき，R を比較的大きな値に設定し，時定数 $C_B R$ を回路の発振周期に比べて十分大きくとると，まず，振動が成長して v_c が大きくなり，ベース電流が増加し C_B は充電され，ベース側の電位を負にすることが

できる。$C_B R$ が大きければベースの負電位は平均の直流電圧になり,これが逆バイアスとして作用する。結果的に,いわゆる自動バイアスされることになる。また,ハートレー発振回路では実効インダクタンスが大きくとれるので,低周波発振にも用いられる。さらに,発振周波数も可変コンデンサ1個で容易に変えることができるので,発振回路として広く利用されている。

一方,コルピッツ発振回路は帰還回路が低域フィルタを構成しているので高調波が少なく発振波形は良好である。しかしながら,そのままではトランジスタにおける直流電流路が構成されないので,高周波チョークコイルあるいは高抵抗を通して直流を供給しなければならない。また,発振周波数を変える際には2個の容量を変化させる必要があり,可変周波数の発振器としてはあまり好ましくない。

図 **9.3**(a) のハートレー発振回路において,二つの自己インダクタンスをたがいに結合させて相互インダクタンス M をもたせ,キャパシタンスを一方のインダクタンスに並列にした図 **9.4**(a) をコレクタ同調発振回路という。この等価回路は図(b)で表され,帰還回路をわかりやすく示すと図(c)とな

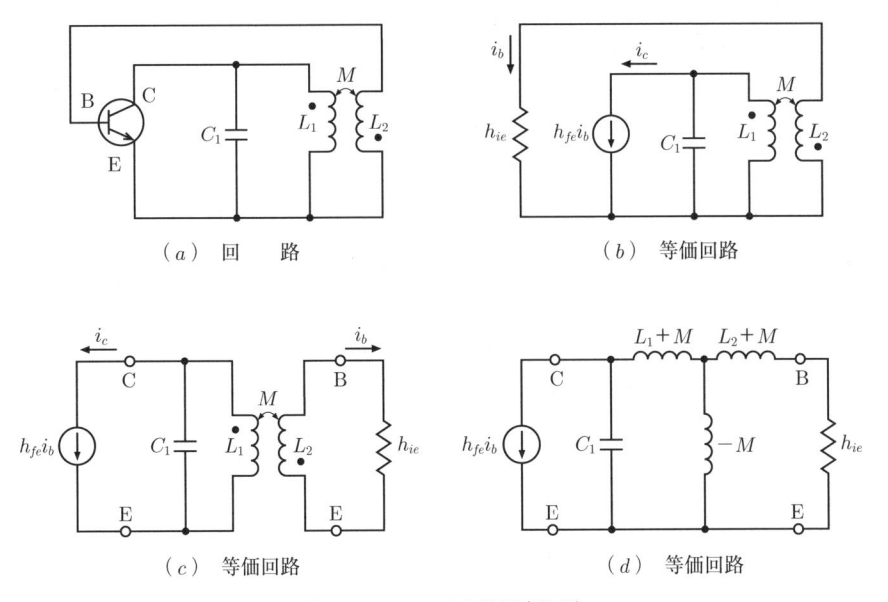

(a) 回 路

(b) 等価回路

(c) 等価回路

(d) 等価回路

図 **9.4** コレクタ同調発振回路

り，さらに変成器を等価回路で表すと図(d)が得られる。
　この図 **9.4**(d)と図 **9.2**(c)との対比から

$$\left.\begin{array}{l} X_1 = -\dfrac{1}{\omega C_1} \\ X_2 = \omega(L_1 + M) \\ X_3 = -\omega M \end{array}\right\} \tag{9.21}$$

となる。また，図 **9.2**(c)の h_{ie} は，図 **9.4**(d)では $h_{ie} + j\omega(L_2 + M)$ に相当する。したがって，発振条件の式 (9.14) を書き換えると

$$\begin{aligned} A_i H_i &= \frac{h_{fe} X_1 X_3}{-(X_1 + X_2) X_3 + j\{h_{ie} + j\omega(L_2 + M)\}(X_1 + X_2 + X_3)} \\ &= \frac{h_{fe} X_1 X_3}{-(X_1 + X_2) X_3 - \omega(L_2 + M)(X_1 + X_2 + X_3) + j\, h_{ie}(X_1 + X_2 + X_3)} \\ &\geq 1 \end{aligned} \tag{9.22}$$

となる。当然，周波数の条件式 (9.16) は満たす必要がある。そこで，発振持続の式 ($A_i H_i = 1$) に式 (9.16) および式 (9.21) を適用すると

$$-\frac{1}{\omega C_1} + \omega(L_1 + M) - \omega M = 0$$

$$\therefore \quad \omega^2 L_1 C_1 = 1 \tag{9.23}$$

となり，発振周波数 f は

$$f = \frac{1}{2\pi\sqrt{L_1 C_1}} \tag{9.24}$$

で与えられる。また，振幅条件は，式 (9.21) を式 (9.17) に代入し，式 (9.23) を用いると次式が得られる。

$$h_{fe} \geq \frac{M}{L_1} \tag{9.25}$$

　式 (9.24) でわかるように，コレクタ同調発振回路においては，発振周波数にトランジスタへの入力インピーダンス，$h_{ie} + j\omega(L_2 + M)$ が関与しないので，発振周波数に影響することなく L_1 と L_2 の結合を調整できる。しかしながら，コレクタ同調形は電圧増幅度が非常に大きくなるため，同調回路の電圧が負のピークのときトランジスタは飽和してしまい，結果的に良好な正弦波を

得ることができないという欠点もある。

コレクタ側で同調をとる形式のほかに，ベース側で同調をとるベース同調発振回路もあるが，ここでは省略する。

例題 9.3 図 $9.4(a)$ で表されるコレクタ同調発振回路において，$L_1 = 200\,\mu\text{H}$，$L_2 = 10\,\mu\text{H}$，$C_1 = 400\,\text{pF}$ および $h_{fe} = 30$ のとき，発振周波数 f およびコイルの相互インダクタンス M はそれぞれいくらか。

【解答】 式 (9.24)，(9.25) に数値を代入し，それぞれつぎの値が得られる。

$$f = \frac{1}{2\pi\sqrt{L_1 C_1}} \fallingdotseq 563 \,[\text{kHz}]$$

$$h_{fe} \geqq \frac{M}{L_1}$$

$$\therefore \quad M \leqq h_{fe} L_1 = 6 \,[\text{mH}] \qquad\qquad \diamondsuit$$

9.3 RC 発振回路

LC 発振回路で低周波を得ようとすると，同調回路の L と C の値を大きくする必要があり，そのために L と C の形状，質量ともに大きくなり，実用には向かない。低周波用の発振回路として代表的なものには **RC 発振回路**（RC oscillator）がある。抵抗の大きさは抵抗値とほぼ無関係に小型にでき，価格も安い。しかし，周波数選択性は LC 発振回路より劣り，増幅度の大きい増幅回路を必要とするため，RC 発振回路は低周波領域（〜10 kHz 以下）でのみ使用されている。

図 9.5 に示した 1 段の RC 回路では入力電圧 v_i に対して出力電圧 v_o の位相は進むが，位相差 ϕ は 90° より小さい。そこで，この回路を 3 段接続すると，ある周波数において 180° の位相差，つまり，入力と出力の位相をたがいに逆相の関係にすることができる。したがって，トランジスタと 3 段の RC 回路を接続すると，トランジスタ増幅部の入出力の位相の反転とあわせて正帰還がなされ，発振が得られる。このような回路を**進み位相形（微分形）移相発**

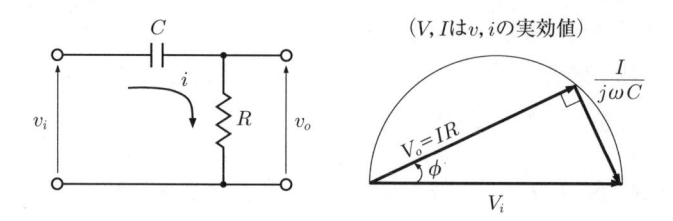

図 9.5 RC 回路における位相

振回路 (forward phase shift oscillator) といい，図 **9.6**(*a*)のように示される。

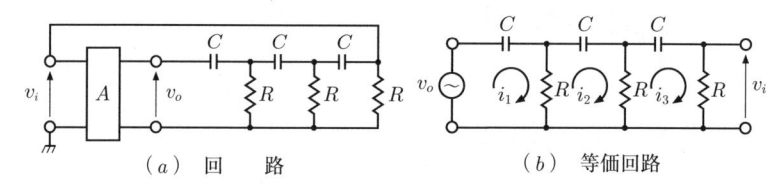

図 9.6 微分形移相発振回路の例

もし，増幅器の出力インピーダンスが移相回路のインピーダンスに比べて十分小さければ，出力電圧 v_o の定電圧源とみなされる。また，増幅器の入力インピーダンスが移相回路の最終段のインピーダンス R に比べて十分大きければ，増幅器に対する入力電圧 v_i は

$$v_i \fallingdotseq Ri_3 \tag{9.26}$$

で与えられる。i_3 は図 **9.6**(*b*)に示すようにループ電流を決めると，ループ方程式はつぎのようになる。

$$\left.\begin{aligned} (R-jX)i_1 \quad\quad\quad -Ri_2 \quad\quad\quad\quad &= v_o \\ -Ri_1 + (2R-jX)i_2 \quad\quad -Ri_3 &= 0 \\ -Ri_2 + (2R-jX)i_3 &= 0 \end{aligned}\right\} \tag{9.27}$$

ここで

$$X = \frac{1}{\omega C} \tag{9.28}$$

したがって，i_3 は

9.3 RC発振回路

$$i_3 = \frac{\begin{vmatrix} (R-jX) & -R & v_o \\ -R & (2R-jX) & 0 \\ 0 & -R & 0 \end{vmatrix}}{M} = \frac{v_o R^2}{M} \qquad (9.29)$$

ただし

$$M = \begin{vmatrix} (R-jX) & -R & 0 \\ -R & (2R-jX) & -R \\ 0 & -R & (2R-jX) \end{vmatrix} \qquad (9.30)$$

で表される。行列式 M を計算すると

$$M = R(R^2 - 5X^2) - jX(6R^2 - X^2) \qquad (9.31)$$

となる。したがって

$$i_3 = \frac{v_o R^2}{R(R^2 - 5X^2) - jX(6R^2 - X^2)} \qquad (9.32)$$

となり，増幅器の入力電圧 v_i は

$$v_i = i_3 R = \frac{v_o R^3}{R(R^2 - 5X^2) - jX(6R^2 - X^2)} \qquad (9.33)$$

となる。定常状態（発振が持続している状態）での増幅器の電圧増幅度 A_v は

$$A_v = \frac{v_o}{v_i} = \frac{1}{R^2}(R^2 - 5X^2) - j\frac{X}{R^3}(6R^2 - X^2) \qquad (9.34)$$

となる。

増幅度は実数でなければならないので，式 (9.34) の虚数部は 0 でなければならない。したがって

$$6R^2 - X^2 = 0 \qquad (9.35)$$

となり，式 (9.35) を X について解くと

$$X = \sqrt{6}\,R \qquad (9.36)$$

式 (9.36) と式 (9.28) から，発振周波数 f は

$$f = \frac{1}{2\pi\sqrt{6}\,CR} \qquad (9.37)$$

となる。また，発振が持続するための電圧増幅度 A_v は，式 (9.34) に式

(9.35) を代入して

$$A_v = 1 - 30 = -29 \tag{9.38}$$

となる。

また，移相回路を図 **9.7** のように，図 **9.6** の C, R の挿入箇所をたがいに置き換えた構成の発振器を，**遅れ位相形（積分形）移相発振回路**（delay phase shift oscillator）といい，図 **9.6** の場合と同様にして発振周波数 f と電圧増幅度 A_v を求めると

$$f = \frac{\sqrt{6}}{2\pi CR} \tag{9.39}$$

$$A_v = -29 \tag{9.40}$$

となり，微分形，積分形ともに電圧増幅度が 29 で，位相が反転する逆相増幅器を用いれば発振回路が構成できることがわかる。

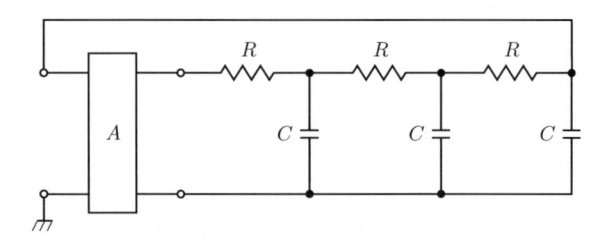

図 **9.7** 積分形移相発振回路の例

RC 発振には上述のような移相形発振回路と，帰還回路に RC のブリッジ回路を用いたブリッジ形発振回路がある。発振周波数の安定度の面では後者が優れており，広く応用されている。

図 **9.8** に代表的なブリッジ回路，**ウィーンブリッジ**（Wien bridge）回路を示す。この回路では，端子 1-2 間に電源を接続し，端子 3-4 間の電位差が 0 となる平衡条件から，未知のコンデンサの容量 C_2 と損失 R_2 は，既知の値 C_1, R_1, R_3, R_4 により求められる。

このブリッジ回路を実際に回路に組み込み，発振回路を構成した例を図 **9.9** に示す。ウィーンブリッジ発振器は，ブリッジの平衡を少し変形し，図

9.3 RC発振回路

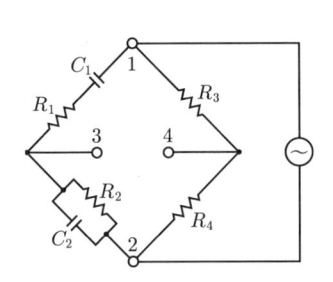

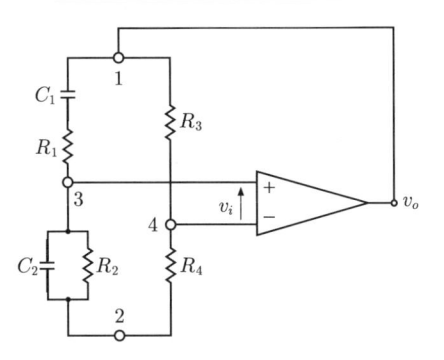

図 9.8 ウィーンブリッジ回路 **図 9.9** ウィーンブリッジ発振回路の原理図

の端子 3-4 間にわずかな電位差 v_i を発生させ，これをオペアンプで増幅し，その出力 v_o を端子 1-2 間に正帰還するしくみになっている。端子 4-2 間の電位差 v_{42} は，R_3 と R_4 で v_o を分圧しているので

$$v_{42} = \frac{R_4}{R_3 + R_4} v_o \tag{9.41}$$

である。同様に，端子 3-2 間の電位差 v_{32} は次式で表される。

$$v_{32} = \frac{z_2}{z_1 + z_2} v_o \tag{9.42}$$

ただし

$$z_1 = R_1 + \frac{1}{j\omega C_1} = \frac{1 + j\omega C_1 R_1}{j\omega C_1} \tag{9.43}$$

$$z_2 = \frac{1}{\frac{1}{R_2} + j\omega C_2} = \frac{R_2}{1 + j\omega C_2 R_2} \tag{9.44}$$

したがって，端子 3-4 間の電位差，つまり，v_i は

$$v_i = \left(\frac{z_2}{z_1 + z_2} - \frac{R_4}{R_3 + R_4} \right) v_o \tag{9.45}$$

となり，オペアンプの電圧増幅度 A_v は，逆数の形で表すと

$$\frac{1}{A_v} = \frac{v_i}{v_o} = \frac{z_2}{z_1 + z_2} - \frac{R_4}{R_3 + R_4} \tag{9.46}$$

となる。式 (9.46) に式 (9.43)，(9.44) を代入して整理すると

9. 発振回路

$$\frac{1}{A_v} = \frac{j\omega C_1 R_2}{j\omega(C_1 R_1 + C_2 R_2 + C_1 R_2) + (1 - \omega^2 C_1 C_2 R_1 R_2)}$$

$$- \frac{R_4}{R_3 + R_4} \tag{9.47}$$

で表される。そこで

$$1 - \omega^2 C_1 C_2 R_1 R_2 = 0 \tag{9.48}$$

が成り立てば，式 (9.47) は

$$\frac{1}{A_v} = \frac{C_1 R_2}{C_1 R_1 + C_2 R_2 + C_1 R_2} - \frac{R_4}{R_3 + R_4} \tag{9.49}$$

となり，A_v は実数になる。

発振器は A_v が実数になるような周波数で発振するので，この場合の発振条件は式 (9.48) より

$$\omega = \frac{1}{\sqrt{C_1 C_2 R_1 R_2}} \quad \left(f = \frac{1}{2\pi\sqrt{C_1 C_2 R_1 R_2}}\right) \tag{9.50}$$

が得られる。増幅度に関する条件は式 (9.49) である。

一般には，簡単化のために，$C_1 = C_2 = C$, $R_1 = R_2 = R$ とする。この場合には，発振周波数および電圧増幅度はそれぞれ

$$f = \frac{1}{2\pi CR} \tag{9.51}$$

$$\frac{1}{A_v} = \frac{1}{3} - \frac{R_4}{R_3 + R_4} \tag{9.52}$$

となる。当然のことながら，増幅度は実数でなければならないので

$$\frac{R_4}{R_3 + R_4} \neq \frac{1}{3} \tag{9.53}$$

を満足しなければならない。実際には，ウィーンブリッジ発振回路は正帰還で発振させなければならないので，式 (9.53) の左辺は 1/3 より小さく，つまり $R_3 > 2R_4$ を満たすように回路を設計する。

9.4 水晶発振回路

3点接続法で説明できる LC 発振回路において，構成素子の1個のインダクタンスを水晶振動子で置き換えたものを水晶発振回路という。発振の定常状態における平均の発振周波数を f_0，周波数変動の最大値を $\pm \Delta f$ とすれば，$\pm \Delta f/f_0 (= \delta)$ および $\Delta f/f_0 (= s)$ は，それぞれ**周波数正確度**（frequency accuracy）および**周波数安定度**（frequency stability）と呼ばれる。水晶発振回路は，周波数正確度および周波数安定度ともに LC 発振回路に比べて2けた以上高く，10^{-6} 程度は容易に得られる。このため，周波数副標準，通信用送信機の主発振回路，受信機の局部発振回路，時計や精密計測器などに応用されている。

水晶は**圧電効果**（piezoelectric effect）を有し，外部から圧力を加えると表面に電荷が現れ電圧が発生する。また，電界内に置くと電界の強さに応じたひずみを生じる。したがって，水晶に交流電圧を加えると機械的な振動が発生し，それに応じて水晶表面に現れる電荷量も変動する。

図 **9.10** は厚み方向の振動を利用する水晶振動子の構造例で，斜線部は電極で，上下に対向して金メッキで貼り付けられている。

このような水晶振動子に，その固有振動数と同じ周波数の電界を加えると共

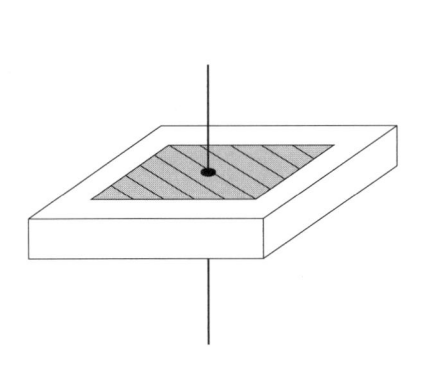

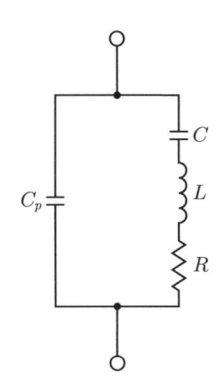

図 **9.10** 水晶振動子の一例　　図 **9.11** 水晶振動子の等価回路

振を起こし，LC 共振回路と等価になる。水晶振動子の等価回路を図 **9.11** に示す。L は水晶の質量に相当するインダクタンス，C は**コンプライアンス** (compliance)（振動子のある一点に 1 N を加えたときのその点の弾性的な変位）に相当する固有の容量である。また，R は機械的損失に相当する抵抗，C_p は電極間の容量である。通常，R の値は小さいので，等価な Q 値は非常に大きく，$10^4 \sim 10^5$ 程度になる（LC 共振回路の Q は，通常，数十〜数百）。

したがって，R がきわめて小さく省略できるとすれば，水晶振動子の等価リアクタンス X は次式で表される。

$$X = j \frac{\omega L - \dfrac{1}{\omega C}}{1 - \omega C_p \left(\omega L - \dfrac{1}{\omega C}\right)} \tag{9.54}$$

等価リアクタンス X の周波数特性は図 **9.12** のように表される。

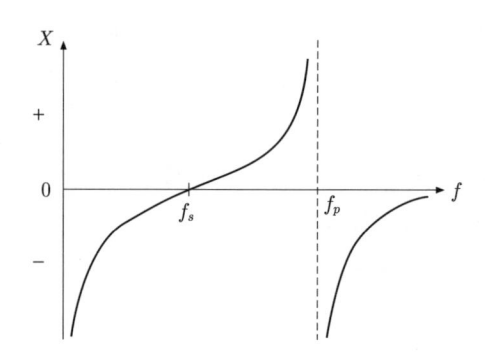

図 **9.12** 水晶振動子のリアクタンス特性

周波数 f_s と f_p は，関数 X のゼロ点と極で，これらは X の分子と分母をそれぞれ 0 とおくことにより得られ

$$f_s = \frac{1}{2\pi\sqrt{LC}} \tag{9.55}$$

$$f_p = \frac{1}{2\pi\sqrt{\dfrac{LCC_p}{C + C_p}}} = f_s\sqrt{1 + \frac{C}{C_p}} \tag{9.56}$$

となる。上式から容易にわかるように，f_s は印加電圧端子からみた場合の L，

9.4 水晶発振回路　　171

C からなる直列共振回路の共振周波数であり，f_p は同じ端子からみた場合の C_p を含む並列共振周波数である。f_p と f_s の差は，実際には，f_s に対してわずか 0.1％程度である。この範囲では，周波数がわずかに変化してもリアクタンスは大きく変化する。したがって，LC 発振回路のインダクタンスを水晶振動子に置き換えると，周波数が f_s と f_p の範囲で安定な発振が得られることがわ

コーヒーブレイク

光の発振，レーザ

　トランジスタと同じように増幅媒質を利用した発振器にレーザがあります。20世紀最大の発明ともいわれてきましたが，簡単に紹介しましょう。

　自然界の原子（分子）はボルツマン分布則に従って存在するので，熱平衡状態下ではエネルギーレベルの高い原子（分子）数は少なく，エネルギーレベルの低い原子（分子）が多くなります。この状態ではレーザ発振は起きません。この状態が逆転する反転分布状態で，しかもそのエネルギー差に相応する誘導放出が起きると光（フォトンの集まりであり，コヒーレンシィの高い電磁波）は増幅されます。しかしながら，光が増幅されるだけではレーザは発振しません。連続的にレーザ光を得るには，図のように相対する 2 枚のミラーが必要になります。

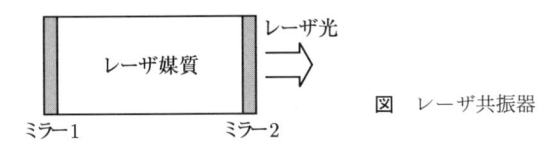

図　レーザ共振器

　図のように共振器を作れば，誘導放出により増幅された光軸（伝搬）方向の光は一方のミラーで反射され，この反射光は反転分布状態になっているレーザ媒質中を通過することになるので，さらに増幅されます。以後，このことを繰り返し，いわゆる光のフィードバックが行われ，光の増幅がミラー面による回折や散乱などによる損失を上回れば，レーザ発振状態に達することになります。

　1960 年にメイマンによって発明されたルビーレーザを契機に，レーザ開発は急速な進歩を遂げ，現在では光通信に欠かせない半導体レーザや，加工をはじめとする産業界で利用価値の高い CO_2 レーザ，YAG レーザ，半導体露光用などの活路を見出したエキシマレーザなど，数多くの特色をもったレーザが開発され，21 世紀での活躍がさらに期待されています。

172   9. 発振回路

かる。

水晶振動子の Q は

$$Q = \frac{\omega_s L}{R} = \frac{1}{\sqrt{LC}} \cdot \frac{L}{R} = \frac{1}{R}\sqrt{\frac{L}{C}} \tag{9.57}$$

で与えられる。

例題 9.4 水晶振動子において，$L = 2\,\mathrm{H}$, $C = 0.02\,\mathrm{pF}$, $C_p = 3\,\mathrm{pF}$, $R = 500\,\Omega$ のとき，直列共振周波数 f_s, 並列共振周波数 f_p, および f_s に対する周波数安定度 $(f_p - f_s)/f_s$ を求めよ。また，この振動子の Q はいくらか。

【解答】 式 (9.55) と式 (9.56) に数値を代入し，それぞれつぎの値が得られる。

$$f_s = \frac{1}{2\pi\sqrt{LC}} \fallingdotseq 795.8\,[\mathrm{kHz}]$$

$$f_p = \frac{1}{2\pi\sqrt{L\dfrac{CC_p}{C+C_p}}} \fallingdotseq 798.4\,[\mathrm{kHz}]$$

$$\therefore\ \frac{f_p - f_s}{f_s} \fallingdotseq 0.33\,[\%]$$

また，式 (9.57) に数値を代入して

$$Q = \frac{\omega_s L}{R} = \frac{1}{R}\sqrt{\frac{L}{C}} \fallingdotseq 20\,000 \qquad\qquad \diamondsuit$$

演 習 問 題

【1】 問図 9.1 に示される FET 発振回路の発振条件の式（周波数の条件式，振幅

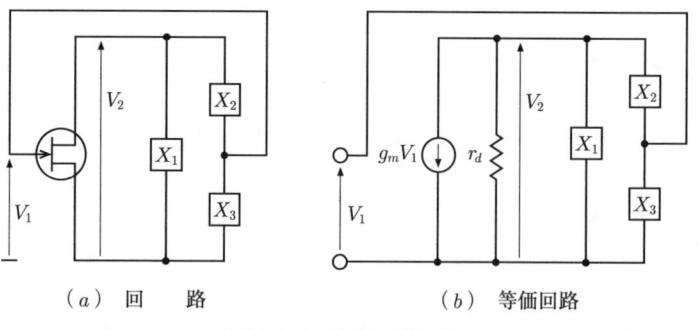

問図 9.1 FET 発振回路

の条件式）を導出せよ．ただし，FET の増幅率は μ，内部抵抗は r_d，相互コンダクタンスは g_m とする．

【2】 FET を用いたコルピッツ発振回路を**問図 9.2** に示す．$C_1 = 1\,\mathrm{nF}$，$C_2 = 800\,\mathrm{pF}$，$L = 1\,\mathrm{mH}$ の場合，発振周波数 f と FET の増幅率 μ に関する発振条件を求めよ．

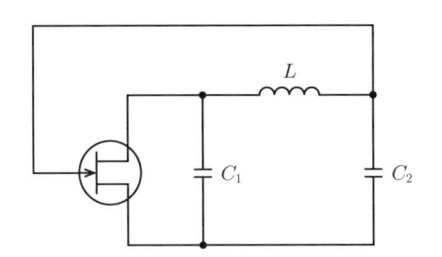

問図 9.2 コルピッツ FET 発振回路

【3】 トランジスタを用いた発振回路を**問図 9.3** に示す．図(a)はハートレー，図(b)はコルピッツ発振回路である．それぞれの回路の発振条件を導出せよ．ただし，図(a)における●印は，エミッタを基準にしてコレクタ電圧とベース電圧がたがいに逆位相となるようにコイルが結合されていることを表す．

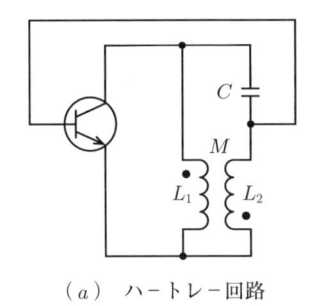

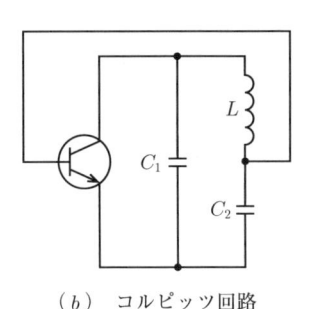

(a) ハートレー回路　　　(b) コルピッツ回路

問図 9.3 トランジスタ発振回路

【4】 問図 9.3 の発振回路において，回路定数がつぎのように与えられるとき，発振周波数 f およびトランジスタの小信号電流増幅率 h_{fe} を求めよ．
　（1）　$L_1 = 20\,\mu\mathrm{H}$，$L_2 = 200\,\mu\mathrm{H}$，$M = 10\,\mu\mathrm{H}$，$C = 0.01\,\mu\mathrm{F}$
　（2）　$C_1 = 0.01\,\mu\mathrm{F}$，$C_2 = 0.001\,\mu\mathrm{F}$，$L = 1\,\mathrm{mH}$

【5】 図 9.6(a)で表される移相発振回路において，$C = 0.01\,\mu\mathrm{F}$ で発振周波数を 4 kHz にするには R の値をいくらにすればよいか．

【6】 図 9.7 の積分形移相発振回路における発振周波数の式 (9.39)，および電圧増幅度の式 (9.40) を導出せよ．

【7】 図 9.9 で表されるウィーンブリッジ発振回路において，$C_1 = C_2 = 1\,\mathrm{nF}$，$R_1 = R_2 = 5\,\mathrm{k\Omega}$ のとき，発振周波数はいくらか．また，同図における差動増幅器が電圧に対して正帰還として作用するためには R_3，R_4 はいくらにすればよいか．

【8】 水晶振動子の並列共振周波数 f_p が式 (9.56) で与えられることを示せ．

【9】 水晶振動子と FET を用いた発振回路を**問図 9.4** に示す．この回路の発振周波数を求めよ．ただし，振動子の等価回路は図 9.11 で表され，R の大きさは L，C のリアクタンス成分に比べて省略できるとする．

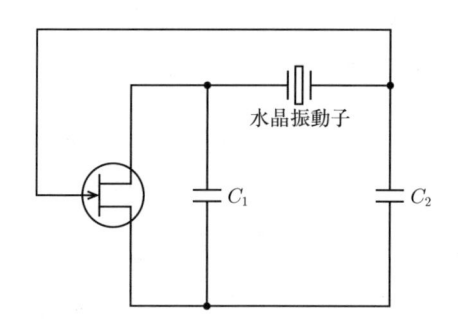

問図 9.4 FET を用いた水晶発振回路

10

変 復 調 回 路

　情報伝送手段としてわれわれが恒常的に使用しているものに電話やラジオやテレビジョンがある。取り扱っている情報信号は音声信号もしくは映像信号である。(有線)電話の場合，信号(音声信号のみ)は有線(電線や光ファイバー)に乗せられて送られる有線通信方式であるが，ラジオやテレビジョンの場合には有線方式は一般には通用しない。なぜならば，回線数に応じて配線しなければならないからである。このような場合には，信号をなんらかの方法でアンテナから電波として放射する無線通信方式が適用される。しかしながら，超低周波である音声信号や低周波を含む映像信号をそのまま電波として空中に放射できるかというと，これは無理な話である。電波として放射可能な周波数は，最低 20 kHz，実用的には数百 kHz 以上が必要といわれている。このように，信号そのものは電波にできないので，電波として空中に放射するには高周波にこれらの低周波信号を乗せる技術，いわゆる**変調** (modulation) が行われる。この場合の高周波を**搬送波** (carrier wave)，(低周波) 信号を**変調波** (modulation wave)，また変調された高周波を**被変調波** (modulated wave) という。受信側では，この被変調波から元の信号を復元しなければ情報は得られない。この技術を**復調** (demodulation) という。

　変調の方法は，搬送波に乗せる信号の形態によって連続波変調とパルス変調に分けられるが，ここでは前者のみについて述べる。

　一般に，正弦波で表される搬送波の瞬時値は，振幅と周波数と位相とによって一意的に決まる。したがって，搬送波に信号を乗せる手段，つまり，変調法は 3 通りある。搬送波の振幅を信号の振幅に比例して変化させる**振幅変調** (amplitude modulation：**AM**)，周波数を信号の振幅に比例して変化させる**周波数変調** (frequency modulation：**FM**)，位相を信号の振幅に比例して変化させる**位相変調** (phase modulation：**PM**) である。

　当然，復調方法は変調方式に対応する手法がとられる。

10.1 振幅変調

10.1.1 振幅変調の原理

図 $10.1(a)$ に示されるような一定の周波数,振幅をもつ搬送波 $v_c(t)$ は

$$v_c(t) = V_c \cos(\omega t + \phi) \tag{10.1}$$

で表されるとする。V_c, ω, ϕ はそれぞれ搬送波の振幅,角周波数 ($\omega = 2\pi f$, f:搬送波の周波数),初期位相を表す。

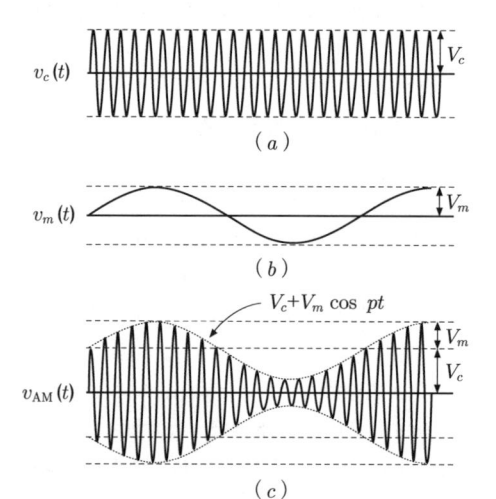

図 10.1 振幅変調波の波形

変調波(以下,信号という)$v_m(t)$ も同様に図 (b) で示されるように

$$v_m(t) = V_m \cos pt \tag{10.2}$$

で表されるとする。V_m, p はそれぞれ信号の振幅,角周波数 ($p = 2\pi f_m$, f_m:信号の周波数) を表す。

搬送波の振幅 V_c を信号の振幅 V_m に比例して変化させる。すなわち,振幅変調すると,搬送波の振幅は図 (c) で示されるように,$V_c + V_m \cos pt$ となり,時間 t とともに変化する。したがって,被変調波 v_{AM} は

$$v_{AM}(t) = (V_c + V_m \cos pt) \cos(\omega t + \phi)$$

$$= V_c(1 + m \cos pt) \cos(\omega t + \phi) \qquad (10.3)$$

となる。ここで, $m (= V_m/V_c)$ は**変調度** (modulation factor) と呼ばれる。正常な変調では $0 < m \leq 1$ となる。$m > 1$ となると**過変調** (over modulation) といわれ, 被変調波はその波形が一部脱落することになり, 通常の通信では使えなくなる。

式 (10.3) を展開すると

$$v_{\text{AM}}(t) = V_c \cos(\omega t + \phi) + mV_c \cos pt \cdot \cos(\omega t + \phi) \qquad (10.4)$$

となる。右辺の第1項は元の搬送波で, 第2項は搬送波と信号の積に比例している。したがって, 振幅変調するためには, **図 10.2** に示すように, 信号と搬送波の積をつくり, これに搬送波を加えるように回路をつくらなければならないことがわかる。さらに, 式 (10.4) を展開すると

$$v_{\text{AM}}(t) = V_c \cos(\omega t + \phi) + \frac{1}{2} mV_c \cos\{(\omega + p)t + \phi\}$$
$$+ \frac{1}{2} mV_c \cos\{(\omega - p)t + \phi\} \qquad (10.5)$$

となる。右辺の第1項は元の搬送波, 第2項は**上側波帯** (upper side band) といい, その角周波数は $\omega + p$ である。また, 第3項は**下側波帯** (lower side band) といい, その角周波数は $\omega - p$ である。これらのスペクトル分布を示すと, **図 10.3** のようになる。

下側波帯, 上側波帯の周波数をそれぞれ f_1, f_2 とすると

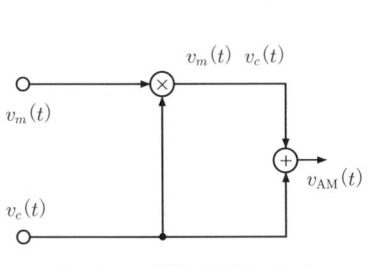

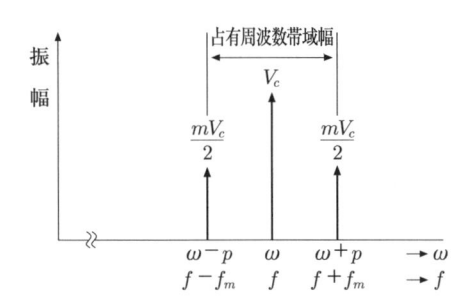

図 **10.2** 振幅変調波の作成   図 **10.3** 振幅変調波のスペクトル分布

10. 変復調回路

$$B = f_2 - f_1 = \frac{1}{2\pi}\{(\omega + p) - (\omega - p)\}$$

$$= \frac{p}{\pi} = 2f_m \qquad (10.6)$$

となり，この B は **占有周波数帯域幅** (occupied bandwidth) と呼ばれる。すなわち，振幅変調されると，搬送波の両側に側波帯を生じ，周波数軸上で $2f_m$ の範囲を占有することになる。もし，この周波数範囲内にほかの波が現れると混信を引き起こすことになる。

上記の原理に基づいて作られた回路において，出力として被変調波を取り出すために回路の出力側に負荷抵抗 R_L を設けたとき，被変調波の電力を求めてみよう。

式 (10.5) より，被変調波の（平均）電力は，搬送波の（平均）電力 P_c と，両側波帯の（平均）電力 P_{sb} との和で与えられることは容易にわかる。搬送波と信号波の実効値（r.m.s.値）は，それぞれ $V_c/\sqrt{2}$ と $mV_c/2\sqrt{2}$ で与えられるので

$$P_c = \frac{V_c^2}{2R_L} \qquad (10.7)$$

$$P_{sb} = \frac{2m^2 V_c^2}{8R_L} = \frac{m^2 V_c^2}{4R_L} \qquad (10.8)$$

となる。したがって

$$P = P_c + P_{sb} = \frac{V_c^2}{2R_L}\left(1 + \frac{m^2}{2}\right) \qquad (10.9)$$

となる。式 (10.9) より，搬送波と両側波帯の電力比は $1 : m^2/2$ であることがわかる。

例題 10.1 正弦波信号で振幅変調された波形をシンクロスコープで観測したところ，最大振幅 12 V，最小振幅 3 V だったという。この被変調波の変調度 m はいくらか。

【解答】 被変調波 v_{AM} は式 (10.3) より

$$v_{AM} = (V_c + V_m \cos pt)\cos(\omega t + \phi)$$

で与えられる。$-1 \leqq \cos pt \leqq 1$ であるので，被変調波の最大振幅を a, 最小振幅を b とすると，a および b はそれぞれ

$$\left. \begin{array}{l} a = V_c(1+m) \\ b = V_c(1-m) \end{array} \right\} \qquad (10.10)$$

となる。式 (10.10) を変調度 m について解くと

$$m = \frac{a-b}{a+b} \qquad (10.11)$$

で与えられる。数値を代入し，つぎの値を得る。

$$m = 0.6 \quad \therefore \quad 60\% \qquad \diamondsuit$$

例題 10.2 電話の音声信号（300〜3 400 Hz）で 12 kHz の搬送波を振幅変調したときの占有周波数帯域幅はいくらか。

【解答】 音声信号の最大周波数が 3 400 Hz であるので，被変調波の下側波帯の最低周波数は，$12 \times 10^3 - 3\,400 = 8\,600$ Hz, 上側波帯の最高周波数は $12 \times 10^3 + 3\,400 = 15\,400$ Hz となる。式 (10.6) に数値を代入し，つぎの値を得る。

$$B = 6\,800 \text{ Hz} \qquad \diamondsuit$$

例題 10.3 単一周波数の正弦波で 60％で変調した AM 波において，全電力：搬送波電力：両側波帯電力の比はどのようになるか。

【解答】 式 (10.9) を適用すると

$$\text{搬送波電力：両側波帯電力} = 1 : \frac{1}{2}m^2 = 1 : 0.18$$

したがって

$$\text{全電力：搬送波電力：両側波帯電力} = 1.18 : 1 : 0.18$$
$$= 59 : 50 : 9 \qquad \diamondsuit$$

10.1.2 振幅変調回路

振幅変調の原理に基づいたトランジスタの回路構成について考えてみよう。

エミッタ接地における入力信号 v_{be} と出力信号 v_c の関係は，**図 10.4** のように非線形特性として表される。トランジスタでは交流である小信号を増幅して出力側で取り出すのが本来の目的ではあるが，トランジスタ自体をこの目的

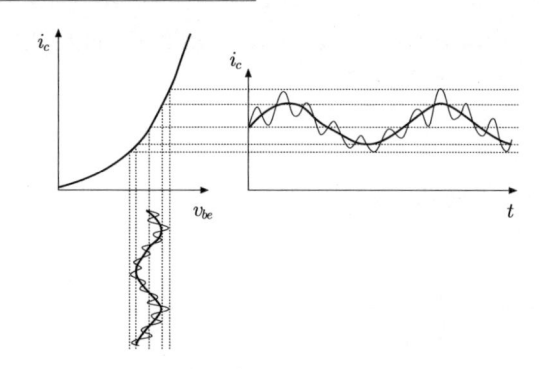

図 10.4 ベース変調特性

に合うように動作させるためには入力側で直流であるバイアスをかけなければならない。当然，出力側にもそれ相応の直流分が含まれてくる。そこで，トランジスタの入出力の非線形特性を考慮し，簡単化のために出力信号の電流 i_c は入力信号 v_{be} の 2 乗の形で特性づけられ

$$i_c = I_0 + a_1 v_{be} + a_2 v_{be}^2 \qquad (10.12)$$

で表されるものとする。I_0 は出力側における直流分を表し，a_1，a_2 は非線形性を特性づける定数である。

さて，入力信号 v_{be} が図 10.4 で示されるように，正弦波である搬送波 $v_c(t)$ と信号 $v_m(t)$ の和で与えられたとすると

$$v_{be}(t) = v_c(t) + v_m(t) = V_c \cos \omega t + V_m \cos pt \qquad (10.13)$$

すなわち

$$i_c(t) = I_0 + \underbrace{a_1(V_c \cos \omega t}_{①} + \underbrace{V_m \cos pt)}_{②}$$
$$+ \underbrace{a_2(V_c^2 \cos^2 \omega t}_{③} + \underbrace{V_m^2 \cos^2 pt}_{④} + \underbrace{2V_c V_m \cos \omega t \cdot \cos pt)}_{⑤} \qquad (10.14)$$

となる。このうち，①は搬送波，②は信号で，③，④，⑤はそれぞれ

③… $a_2 \dfrac{V_c^2}{2}(1 + \cos 2\omega t)$

④… $a_2 \dfrac{V_m^2}{2}(1 + \cos 2pt)$

⑤… $a_2 V_c V_m \{\cos (\omega + p)t + \cos (\omega - p)t\}$

と変形できる．周波数スペクトルを描くと**図 10.5** のようになる．式 (10.14) のうち，①は搬送波，⑤は信号と搬送波の積であり，**図 10.2** の振幅変調回路の構成法を考慮すると，**図 10.5** の破線で取り囲んだスペクトルだけ取り出せば振幅変調したことになる．

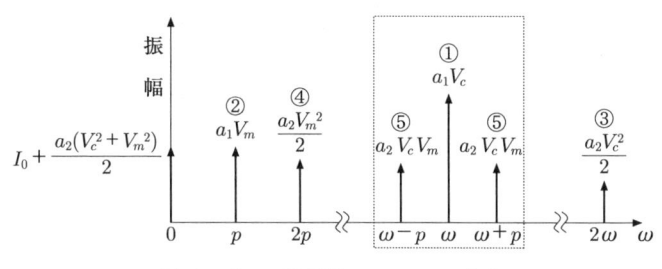

図 10.5 2 乗変調のスペクトル分布

図 10.6 に，その一例を示す．この回路は，入力のベース側に搬送波 v_c と信号波 v_m を加えるベース変調回路である．

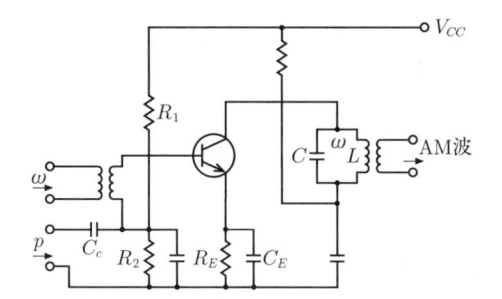

図 10.6 ベース変調回路

この回路は入力側で変調を行うため，変調に要する変調信号電力が非常に少なくて済む．しかしながら，トランジスタでは完全な 2 乗特性が得られず，不必要な高周波が発生して波形ひずみの原因にもなるので，低出力で，かつ変調度が小さい場合にだけ使われる．

このように，変調は通信の送信側で行われるため，入出力の非線形特性および増幅作用を生かしたトランジスタ回路で構成される．

10.1.3 振幅復調回路

送信側で行われる変調はトランジスタが使われるのに対し,受信側で行われる復調は,一般にはダイオードを用いて行われる。

最も簡単な方法として,図 10.7 に示すような半波整流回路がある。

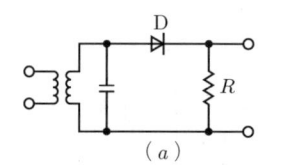

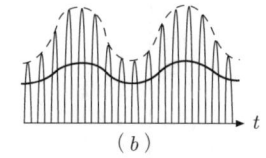

図 10.7 平均値復調回路

図から明らかなように,出力は半波整流された振幅の変化するパルス列となる。信号成分はこのパルスの平均値で与えられ平均値復調回路といわれる。

この波形を**低域フィルタ**(low pass filter)を通して高周波成分を除去すれば(変調)信号が得られる。図 10.8 は,図 10.7 の回路の負荷抵抗に適切な値のコンデンサを並列に接続した包絡線復調回路と呼ばれるものである。この回路では,入力の正の半周期でコンデンサが充電され,負の半周期では負荷抵抗 R を通じて放電されるので,図 10.7 に示されるように,出力は包絡線に近い波形が得られる。

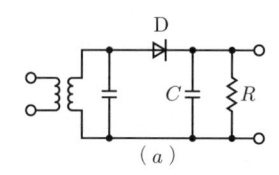

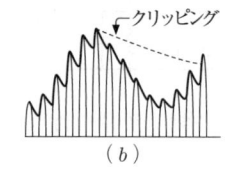

図 10.8 包絡線復調回路

この回路では,出力電圧が最大値に近い値に維持されるので,平均値復調回路より大きな出力電圧が得られる。この回路は,ダイオードの順方向抵抗 r_d とコンデンサ C の容量との積で表される時定数 Cr_d が搬送波の 1 周期に比べて十分小さくなければ,充電に時間を要し最大値まで充電されないので出力は小さくなる。また,出力回路の時定数 RC が大きすぎると信号波の変化に対

応じきれず，図 **10**.**8**(*b*)で示されるような**クリッピング**（clipping）と呼ばれる波形ひずみを発生するので，回路設計上，注意を要する．

10.*2* 周 波 数 変 調

10.*2*.*1* 周波数変調の原理

搬送波 $v_c = V_c \sin \omega t (= V_c \sin \theta)$ の角周波数 ω を信号波 $v_m = V_m \cos pt$ で変化させるとき，時々刻々と変わる角周波数は ω を中心にして $\pm \varDelta \omega$ 変動するものとする．変調という意味合いから，$\varDelta \omega$ は信号の振幅 V_m に比例する量である．

このときの変調を受けた波の任意の時刻 t における角周波数 ω_i は

$$\omega_i = \omega + \varDelta \omega \cos pt \tag{10.15}$$

で表される（図 **10**.**9** 参照）．角周波数が一定値 ω の場合，搬送波の位相 θ は ωt，つまり，時間 t に比例するが，角周波数が式 (10.15) のように時間に対して変化するとき，位相 θ は単純に ωt とはならない．

一般に，$\omega_i = d\theta / dt$ の関係があるので

(*a*) 信 号 波 振幅 $v_m = V_m \cos pt$

(*b*) 周波数偏移 $\omega + \varDelta \omega$ / ω / $\omega - \varDelta \omega$ $\omega_i = \omega + \varDelta \omega \cos pt$

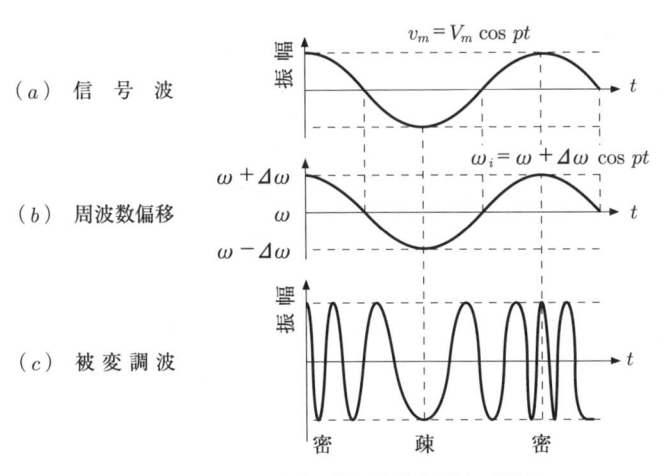

(*c*) 被 変 調 波 振幅 密 疎 密

図 **10**.**9** 信号波と被周波数変調波の関係

$$\theta = \int_0^t \omega_i dt$$

$$= \int_0^t (\omega + \Delta\omega \cdot \cos pt) dt = \omega t + \frac{\Delta\omega}{p} \sin pt \tag{10.16}$$

となり，周波数変調を受けた被変調波 v_{FM} は

$$v_{\mathrm{FM}} = V_c \sin\left(\omega t + \frac{\Delta\omega}{p} \sin pt\right) \tag{10.17}$$

で与えられる。この式において，$\Delta f = \Delta\omega/2\pi$ を**最大周波数偏移** (maximum frequency deviation) という。また

$$m_f = \frac{\Delta\omega}{p} = \frac{\Delta f}{f_m} \tag{10.18}$$

とおいて，式 (10.17) を書き直すと

$$v_{\mathrm{FM}} = V_c \sin(\omega t + m_f \sin pt) \tag{10.19}$$

となる。ここで，m_f は**変調指数** (modulation index) と呼ばれる。図 **10.9** (c) は被変調波の波形であるが，この図からわかるように，被変調波は振幅一定の疎密波を形成する。

つぎに，周波数変調を受けた波形のスペクトル分布について調べてみよう。式 (10.19) は展開してつぎのように書き直せる。

$$v_{\mathrm{FM}} = V_c \{\sin \omega t \cdot \cos(m_f \sin pt) + \cos \omega t \cdot \sin(m_f \sin pt)\}$$
$$\tag{10.20}$$

この式の右辺において，正弦的に変化する偏角の各項，$\cos(m_f \sin pt)$ および $\sin(m_f \sin pt)$ は，n 次の**第1種ベッセル関数** (first Bessel's function) に展開することができる。すなわち，n 次の第1種ベッセル関数を $J_n(m_f)$ とすると

$$\left.\begin{array}{l}\cos(m_f \sin pt) = J_0(m_f) + 2\{J_2(m_f)\cos 2pt + J_4(m_f)\cos 4pt + \cdots\} \\ \sin(m_f \sin pt) = 2\{J_1(m_f)\sin pt + J_3(m_f)\sin 3pt + \cdots\}\end{array}\right\}$$
$$\tag{10.21}$$

となるので，これらを式 (10.20) に代入すると

$$v_{\mathrm{FM}} = V_c \{J_0(m_f)\sin \omega t + 2J_1(m_f)\cos \omega t \sin pt + 2J_2(m_f)\sin \omega t$$

$$\cdot \cos 2pt + 2J_3(m_f) \cos \omega t \sin 3pt + \cdots\}$$
$$= V_c\{J_0(m_f) \sin \omega t + J_1(m_f)\{\sin (\omega + p)t - \sin (\omega - p)t\}$$
$$+ J_2(m_f)\{\sin (\omega + 2p)t + \sin (\omega - 2p)t\}$$
$$+ J_3(m_f)\{\sin (\omega + 3p)t - \sin (\omega - 3p)t\} + \cdots$$
$$+ J_n(m_f)\{\sin (\omega + np)t + (-1)^n \sin (\omega - np)t\}]$$
$$(10.22)$$

となる。また，ベッセル関数の関係式
$$J_{-n}(m_f) = (-1)^n J_n(m_f)$$
を用いれば，v_{FM} はつぎのように表される。
$$v_{\mathrm{FM}} = V_c \sum_{n=-\infty}^{\infty} J_n(m_f) \sin (\omega + np)t \qquad (10.23)$$

$n = 0$ は搬送波，$1 \sim n$ は n 番目の側波帯を表す。したがって，周波数変調では，側波帯は ω を中心に $\pm p$ の角周波数間隔で無限個発生する。また，側波帯の振幅は $J_n(m_f)$ で与えられ，高次の項の振幅は小さくなる。

搬送波を中心として上下に $(m_f + 1)$ 個の側波帯をとると，その帯域に含まれるエネルギーは全エネルギーの約 99 % となる。したがって，実用的には側波帯は搬送波を中心に上下 $(m_f + 1)$ 個ずつ存在するとして取り扱ってよい。この場合，被変調波の占有帯域幅 B はつぎのように表される。
$$B = \frac{\omega_h - \omega_l}{2\pi} = \frac{2(m_f + 1)p}{2\pi}$$
$$= 2(m_f + 1)f_m = 2(\varDelta f + f_m) \qquad (10.24)$$

例題 10.4 最大周波数偏移 30 kHz，信号周波数 15 kHz の周波数変調波における変調指数および占有帯域幅はそれぞれいくらか。

【解答】 式 (10.18) に数値を代入し，変調指数 m_f は
$$m_f = \frac{\varDelta f}{f_s} = 2$$
また，式 (10.24) から，占有帯域幅 B は
$$B = 2(\varDelta f + f_m) = 90 \ [\mathrm{kHz}]$$
◇

10.2.2 周波数変調回路

周波数変調回路の構成方法には，つぎのような2通りがある。一つは，搬送周波数で発振する発振回路の位相を変調入力に比例して変化させる直接変調による方法である。もう一つは，主発振回路で搬送周波数を発振させ，これにより変調入力に比例する位相変調を得た後に等価的に周波数変調する間接変調による方法である。

前者の方式では大きい周波数偏移が容易に得られるが，中心周波数の安定度がよくない。そのため，**自動周波数制御**（automatic frequency control：**AFC**）回路などを付加的に組み込まなければならない。一方，後者の方式では主発振回路として水晶発振回路を使用できるので，搬送波の中心周波数を高精度に安定できる。しかし，大きい周波数偏移を得ることは困難で，変調回路に縦続的に大きな倍数をもつ**周波数逓倍器**（frequency multiplier）を組み込まなければならなくなる。このように，直接変調と間接変調は，それぞれ一長一短があり，ここでは前者の直接変調による回路構成の方法，つまり，同調回路となる LC 発振回路の L または C の値を変調信号に応じて変化させる方法について述べる。

一般に，LC 発振回路の発振周波数 f は，$f = 1/2\pi\sqrt{LC}$ で与えられる。したがって，C のわずかな変化 ΔC による f の変化 Δf はつぎのように表される。

$$\Delta f = \frac{\partial f}{\partial C}\Delta C = -\frac{f}{2C}\Delta C \qquad (10.25)$$

$$\therefore \quad \frac{\Delta f}{f} = -\frac{\Delta C}{2C} \qquad (10.26)$$

同様に，L の微小変化 ΔL にともなう周波数変化を Δf とすると

$$\frac{\Delta f}{f} = -\frac{\Delta L}{2L} \qquad (10.27)$$

となる。ΔC または ΔL が変調信号の振幅に比例すれば周波数変調を行うことができる。ΔC または ΔL を得るために，**図 10.10**(a) に示される回路の Z_1，Z_2 に可変リアクタンス素子を用いることを考えてみよう。この回路はリ

10.2 周波数変調

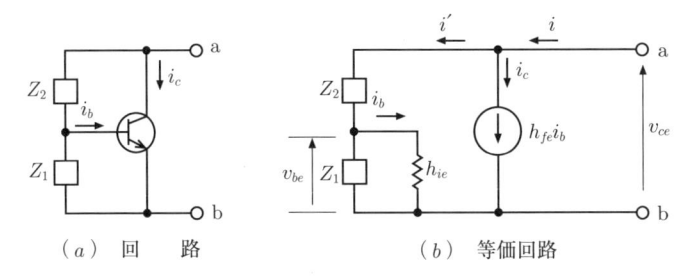

(a) 回路　　　　(b) 等価回路

図 **10.10**　リアクタンストランジスタ

アクタンストランジスタと呼ばれ，a-b 端子から見たインピーダンスが容量性の場合はキャパシタンストランジスタ，誘導性の場合はインダクタンストランジスタという。

トランジスタが遮断周波数より低い周波数で動作していれば，図 **10.10** (a) の等価回路は図 (b) のように表される。図 (b) のように電圧，電流を仮定すると

$$i_c = i - i' = i - \frac{v_{ce} - v_{be}}{Z_2} \tag{10.28}$$

$Z_1 \ll h_{ie}$ とすると

$$v_{be} = \frac{Z_1 v_{ce}}{Z_1 + Z_2} \tag{10.29}$$

式 (10.29) を式 (10.28) に代入すると

$$i_c = i - \frac{v_{ce}}{Z_1 + Z_2} \tag{10.30}$$

また

$$\left. \begin{array}{l} v_{be} = h_{ie} i_b \\ i_c = h_{fe} i_b \end{array} \right\} \tag{10.31}$$

となるので，式 (10.31) と式 (10.29) から

$$i_c = \frac{h_{fe} Z_1 v_{ce}}{h_{ie}(Z_1 + Z_2)} \tag{10.32}$$

したがって，式 (10.32) と式 (10.30) から

$$i = \frac{v_{ce}}{Z_1 + Z_2}\left(1 + \frac{h_{fe}}{h_{ie}} Z_1\right) \tag{10.33}$$

10. 変復調回路

それゆえ，$Z_2 \gg Z_1$ と仮定すると，a-b 端子から見た出力アドミタンス Y は

$$Y = \frac{i}{v_{ce}} \fallingdotseq \frac{h_{fe}}{h_{ie}} \cdot \frac{Z_1}{Z_2} \tag{10.34}$$

となる。いま，$Z_1 = R$，$Z_2 = 1/j\omega C$ とすると，式 (10.34) は

$$Y = j\omega CR \frac{h_{fe}}{h_{ie}} \tag{10.35}$$

となり，Y は容量性アドミタンスとなる。その等価容量 C_e は

$$C_e = \frac{h_{fe}}{h_{ie}} CR \tag{10.36}$$

で表され，式 (10.26) から，周波数変化率 $\Delta f/f$ はつぎのように表される。

$$\frac{\Delta f}{f} = -\frac{CR}{2C_e} \cdot \Delta\left(\frac{h_{fe}}{h_{ie}}\right) \tag{10.37}$$

h_{fe}/h_{ie} はトランジスタの動作点によって変化するので，例えば，図 **10.11** に示されるように，AFC 回路が付加された LC 発振回路に並列にキャパシタンストランジスタを接続し，そのトランジスタのベースに変調信号を加えれば周波数変調を行うことができる。

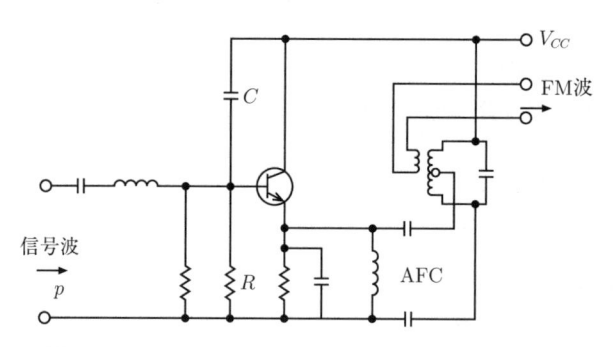

図 **10.11** キャパシタンストランジスタ周波数変調回路

インダクタンストランジスタを用いる場合もこれと同様に考え，回路を構成することができる。また，インダクタンストランジスタを用いる代わりに可変容量ダイオードを用いても周波数変調できるが，ここでは省略する。

10.2.3 周波数復調回路

つぎに，周波数変調を受けた波形を復調して元の信号，つまり，変調信号を取り出す方法および回路について述べる。復調するためには，まず，周波数変調波の搬送周波数を中心として周波数に対して直線的に変化する出力が得られるような回路を設けて周波数変調を振幅変化に変換する。さらに，得られた振幅変調波を前述したような振幅復調によって復調すればよい。このような機能をもつ復調回路を**周波数弁別器**（frequency discriminator）という。一例として，複同調形周波数弁別器について説明する。

LC 並列共振回路では周波数に対してその端子電圧が変化し，共振周波数で最大となる。したがって，共振周波数が周波数変調波の搬送周波数からわずかにずれた LC 共振回路を用いれば，周波数弁別回路をつくることができる。しかしながら，この方法では共振曲線の傾斜が完全には直線的ではないので，復調される出力は波形がひずんでしまう。

この欠点を改良するために，通常，**図 10.12** のように搬送周波数の上と下に中心周波数をもつ二つの同調回路が付加された回路が用いられる。この回路は**フォスター・シーレー**（Foster-Seely）回路と呼ばれている。図のトランジスタは**リミッタ**（limiter）として動作し，L_1，C_1 からなる同調回路 A は周波数変調波の搬送周波数 f_c に同調させる。L_2，C_2 からなる同調回路 B の共振周波数は f_c より少し高い f_h に，L_3，C_3 からなる同調回路 C のほうは f_c よりいくらか低い f_l に同調するように回路設計する。

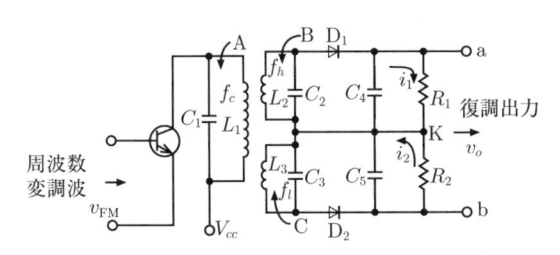

図 10.12 複同調形周波数弁別（フォスター・シーレー）回路

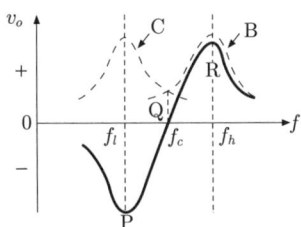

図 10.13 複同調形周波数弁別回路（図10.12）の復調特性

それぞれの共振特性は，図 **10.13** の破線のようになる．同調回路 B，C に誘起した電圧をダイオード D_1，D_2 で包絡線検波して端子 K にて接続し，a-b 端子から出力を取り出すと，抵抗 R_1 と R_2 を流れる電流は逆向きとなり，a-b 端子には図 **10.13** の実線で示されるような出力電圧の周波数特性が得られる．

無変調時には，入力周波数は搬送周波数 f_c であり，$i_1 = i_2$ となって出力は 0 となる．入力周波数が低くなれば $i_2 > i_1$ となり負の出力を生じ，逆に入力周波数が高くなれば $i_2 < i_1$ となり正の出力を生ずる．けっきょく，周波数弁別作用は図 **10.13** の PQR 部分を点 Q を中心として行われることになり，きわめて良好な直線特性が得られることになる．この回路は，実際に，テレビ映像信号や周波数分割多重信号で周波数変調された波形の復調などに用いられている．

10.3 位 相 変 調

$10.3.1$ 位相変調の原理

搬送波の位相が信号波 $v_m = V_m \sin pt$ によって変調を受けるとすると，その位相 θ はつぎのように表される．

$$\theta = \omega t + \Delta\theta \sin pt \tag{10.38}$$

したがって，位相変調を受けた波形 v_{PM} は

$$v_{\mathrm{PM}} = V_c \sin(\omega t + \Delta\theta \sin pt) \tag{10.39}$$

で表される．θ〔rad〕は**最大位相偏移** (maximum phase deviation) と呼ばれている．この位相変調を受けた波形の瞬時角周波数 ω_1 は $d\theta/dt \,(= \omega + p\Delta\theta \cos pt)$ で表されるので，周波数変調の場合の式 (10.15) と対比して

$$\Delta\omega = p\Delta\theta$$

$$\therefore \quad \Delta\theta = \frac{\Delta\omega}{p} = \frac{\Delta f}{f_m} \tag{10.40}$$

とおくと，式 (10.39) は式 (10.17) と同じになる．したがって，位相変調

をうけた波形のスペクトル分布は周波数変調の場合と同じになり，側波帯は無限に存在する。また，被位相変調の波形は被周波数変調のそれとまったく同じになる。ただし，位相変調の場合は $v_m = V_m \sin pt$ とおいて式 (10.39) を得ているのに対し，周波数変調の場合は $v_m = V_m \cos pt$ とおいて式 (10.17) を得ているので，被変調波の位相はたがいに $\pi/2$ 〔rad〕だけ異なる。したがって，周波数変調信号の位相を積分器などを用いて $\pi/2$ 〔rad〕だけずらして変調すれば，位相変調が得られることになる。

10.3.2 位相変調回路

位相変調回路としては，原理的には，**アームストロング変調回路**（Armstrong modulation circuit）があるが，ここでは，ブリッジ形変調回路を例にとり，その動作原理を述べる。

図 10.14 に，ブリッジ形位相変調回路を示す。図におけるコンデンサ C は直流阻止用であり，直流バイアスが抵抗素子に流れるのを防止する。また，L_1 は小さいインダクタンスであり，低周波に対しては無視でき，高周波に対しては大きいインピーダンスを示す。

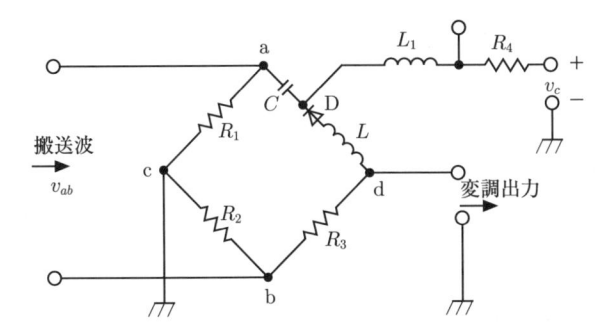

図 10.14 ブリッジ形位相変調回路

直流バイアス電圧とともに変調入力電圧がダイオードに加えられるので，ダイオードの障壁容量の大きさは変調入力電圧に応じて変化する。この回路の各部の端子間電圧の関係は**図 10.15** のようなベクトル図で示される。変調出力は，ブリッジの点 c と d から取り出されるので，**図 10.15** の電圧ベクトル

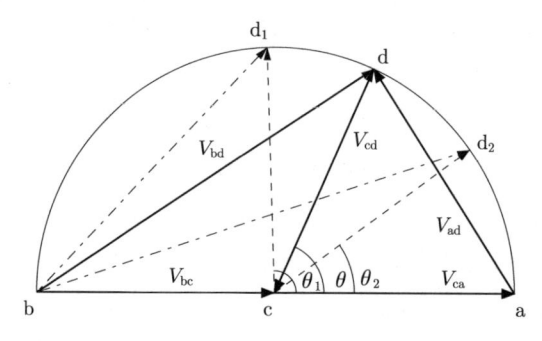

図 10.15 ブリッジ形位相変調回路の電圧ベクトル図

V_{ba} の中点 c と V_{ad} との合成点 d とを結んだ V_{cd} で与えられる。点 d は可変容量ダイオードの容量，L および R_3 の値によって決まり，これらの値の変化によって ab を直径とする円周上を移動する。したがって，可変容量ダイオードの容量の値が変調入力によって変化すれば，出力電圧はベクトル V_{cd1}, V_{cd2} と移動して，V_{ba} に対する位相角が θ_1, θ_2 の間を変化して位相変調が行われる。

10.3.3 位相復調回路

位相偏移に比例した復調出力を得るためには**位相弁別器**（phase discriminator）を用いる。これは，PM 波と搬送波とを比較し，その位相差を直流信号として取り出す手法である。

図 10.16(a) は図 10.12 のフォスター・シーレー形の周波数弁別回路を変形した位相弁別回路である。

いま，位相変調を受けた波形 v_{PM} が回路に入力され，L_2 に

$$v_2 = A \cos(\omega t + m \cos pt) \tag{10.41}$$

を生じていると仮定しよう。一方，L_1 には PM の搬送波より $\pi/2$ 〔rad〕遅れた位相標準波が入力され

$$v_1 = B \cos\left(\omega t - \frac{\pi}{2}\right) = B \sin \omega t \tag{10.42}$$

が生じているとすると，アースと端子 a 間の電圧 v_a およびアースと端子 b 間の電圧 v_b は，それぞれ次式で表される。

(a) 回 路　　　　　　　(b) 出力と位相推移の関係

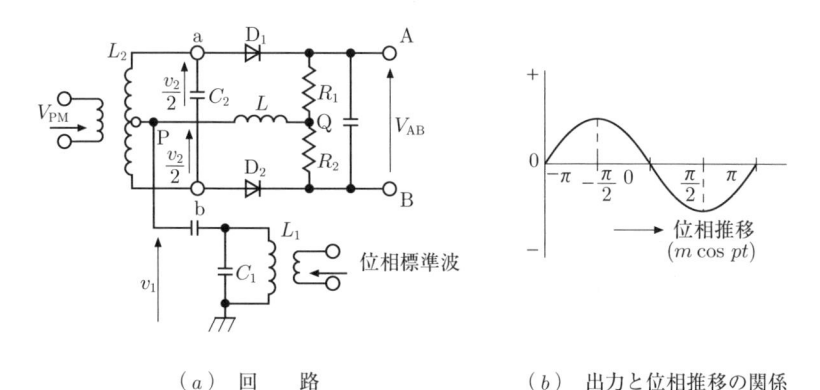

図 **10.16**　位相弁別回路

$$\left.\begin{array}{l} v_a = v_1 + \dfrac{v_2}{2} \\ v_b = v_1 - \dfrac{v_2}{2} \end{array}\right\} \qquad (10.43)$$

D_1, D_2 は包絡線検波器で，点 P と点 Q を結ぶ L は，搬送波 ω に対して無限大とみなせる高いリアクタンスを表し，変調信号の p に対してはほとんど短絡とみなせるような高周波チョークコイルで，これによって D_1, D_2 は独立に作用する．したがって，端子 A–B 間の電圧 V_{AB} は

$$V_{AB} = K(|v_a| - |v_b|) \qquad (10.44)$$

となる．ここで，K は比例定数で，**検波能率**（detection efficiency）と呼ばれている．

v_{PM} の位相が信号により推移した場合の位相推移と出力の関係は，つぎのようになる．

1) $m \cos pt = 0$ （無変調）の場合　　$V_{AB} = 0$
2) $m \cos pt > 0$ の場合　　　　　　$V_{AB} < 0$
3) $m \cos pt < 0$ の場合　　　　　　$V_{AB} > 0$

この結果，弁別出力 V_{AB} の位相特性は図 **10.16**(b) のように，位相推移 $m \cos pt$ に対して逆 S 字形になる．

コーヒーブレイク

光IC実現の鍵,フォトニック結晶

　最近,超小型・大容量の次世代形光ICの一つとしてフォトニック結晶が注目されています。

　半導体のバンドギャップ（禁制帯；BG）は荷電子帯と伝導帯に挟まれたエネルギーギャップで,その中には電子は存在できません。これと同じようなことがフォトンについて当てはまるような結晶のことをフォトニック結晶と呼んでいます。したがって,この結晶にはフォトニックバンドギャップ（光の禁制帯；PBG）があり,その波長帯の光はこの結晶を透過できず,その中に存在すらできません。半導体トランジスタはBGを電子の制御に利用しています。したがって,フォトニック結晶を用いてPBGを作り,光の制御に利用しようとするものです。発案者はベルコア出身で,現在UCLAに籍を置くE.ヤブロノビッチ教授です。

　では,どうすればPBGを実現できるのでしょうか。回折格子でブラッグ反射を起こす結晶構造で,図のように三次元的に孔をあけ,積層し,周期的に屈折率分布をもたせることで実現できるといわれています。

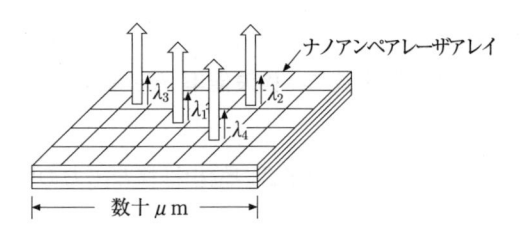

図　超小型光多重回路

　精巧なフォトニック結晶では光を完全に反射するため,その内部に屈折率分布の周期性を乱すなどの"欠陥"を設ければ,逆にそこだけに特有の光が存在することになり,欠陥を核に究極の発光素子や無損失の導波路ができ,それらを組み合わせることにより超小型光ICを作ることも夢ではなくなるでしょう。ただ,現在の光通信の1.55 μm帯で実現しようとすれば半分の波長サイズで三次元の周期性を達成する必要があるため,高度の製造技術が必要です。

演 習 問 題

【1】 搬送波 $v_c = V_c \sin \omega t$ を信号波 $v_s = V_s \sin pt$ で振幅変調した場合,被変調波を式で表せ。ただし,変調度は $m (= V_s/V_c)$ とする。

【2】 $f_s = 5\,\text{kHz}$ の正弦波信号で $f_c = 1.2\,\text{MHz}$ の搬送波(振幅 12 V)を振幅変調した。変調度が 60 % の場合,側波帯の振幅と周波数を求めよ。

【3】 $f_c = 12\,\text{kHz}$ の搬送波を $f_s = 4\,\text{kHz}$ の信号波(振幅 12 V)で変調した場合,搬送波をフィルタリングして取り除き,両側波帯のみを含む波形を観測したところ,**問図 10.1** のように得られたという。図の x〔s〕, y〔s〕, z〔V〕はそれぞれいくらか。

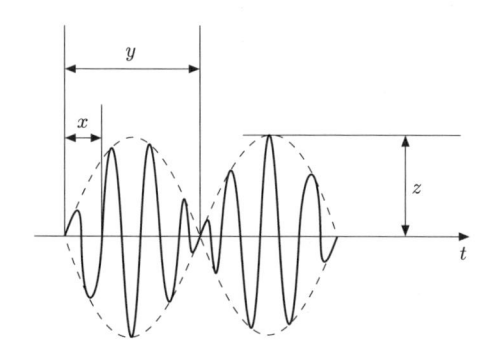

問図 10.1 両側波帯のみを含む波形

【4】 図 $10.8(a)$ で示される包絡線復調回路において,コンデンサが十分に充電されるための時定数 Cr_d と RC の関係,および出力波形がクリッピングされないための搬送波と信号波の周期($1/f_c$ と $1/f_s$)の関係について説明せよ。ただし,r_d はダイオードの順方向抵抗である。

【5】 図 $10.8(a)$ の包絡線復調回路において,$r_d = 200\,\Omega$,$R = 10\,\text{k}\Omega$,$f_c = 1.6\,\text{MHz}$,$f_s = 5\,\text{kHz}$ の場合,コンデンサ C の容量はいくらに設計すればよいか。

【6】 $f_s = 5\,\text{kHz}$ の正弦波信号で $f_c = 80\,\text{MHz}$ の搬送波(振幅 10 V)を周波数変調したところ,最大周波数偏移は 25 kHz だったという。このときの変調指数はいくらか。また,そのときのスペクトル分布を示せ。ただし,変数 5 の n 次第 1 種ベッセル関数 $J_n(5)$ は**問表 10.1** に示される値とし,スペクトルの振幅は絶対値を用いるものとする。

10. 変復調回路

問表 10.1

n	$J_n(5)$
0	-0.178
1	-0.328
2	0.046
3	0.364
4	0.391
5	0.261
6	0.131
7	0.053

【7】 図 **10.10** で示されるリアクタンス・トランジスタにおいて，$h_{ie} = 2\,\mathrm{k\Omega}$，$h_{fe} = 100$，$Z_1 = R = 1\,\mathrm{k\Omega}$ および Z_2 が $C = 10\,\mathrm{pF}$ で構成される場合，等価キャパシタンス C_e はいくらか。ただし，$1/\omega C \gg R$ とする。

【8】 $5\,\mathrm{kHz}$ の信号で位相変調して得られた位相変調波の最大位相偏移は $0.6\,\mathrm{rad}$ だったという。このときの最大周波数偏移はいくらか。

11

電　源　回　路

　トランジスタやFETを動作させるためには直流電源が必要である。電池は最も簡単な直流電源であるが，小型携帯用機器・測定器などを除いてはあまり使用されない。通常は商用電源の交流を直流に変換して用いている。このような電源回路は，必要な大きさの電圧・電流を得るための電源変圧器，交流を脈流に変換する整流回路，および脈流を滑らかにするための平滑回路で構成される。さらに，電圧あるいは電流の変動を少なくするために安定化回路が付加される。

11.1 電源回路の性能因子

電源回路の性能はつぎの諸量で評価される。

〔*1*〕 **脈動率（リップル率）** *r*　　整流器により交流を直流に変換しようとしても完全な直流を得ることはできず，周期的な変動分が必ず含まれる。この変動分は小さければ小さいほどよいが，この変動量を表す目安として，出力電圧（電流）中に含まれる直流値 V_{dc}（I_{dc}）に対する脈動電圧（電流）の割合をもって定義し，これを**脈動率**（ripple factor）*r* という。すなわち

$$r = \frac{\text{出力に含まれる交流電圧（電流）の実効値}}{\text{出力直流電圧（電流）}} \times 100 \quad [\%] \quad (11.1)$$

〔*2*〕 **電圧変動率 K_v**　　負荷電流の増加とともに負荷端子電圧は低下する。これは，整流素子の内部抵抗，平滑回路のインダクタンスの抵抗分などによる電圧降下のために起こり，整流回路としてはこの変動は少ないほうがよい。この変動率として，無負荷時の出力電圧を V_0，定格負荷電流を流したと

きの出力電圧を V_l として

$$K_v = \frac{V_0 - V_l}{V_l} \times 100 \quad [\%] \qquad (11.2)$$

で定義される量を**電圧変動率**（voltage regulation）という．

〔3〕 **整流効率 η**　　整流回路では整流素子，平滑回路のインダクタンスなどの抵抗により損失を生ずる．したがって，回路のエネルギー（電力）の変換効率として，負荷側で消費される直流電力 P_{dc} と電源から供給される交流電力 P_{ac} との比で定義され，**整流効率**（efficiency of rectification）η という．

$$\eta = \frac{P_{dc}}{P_{ac}} \times 100 \quad [\%] \qquad (11.3)$$

11.2　整　流　回　路

11.2.1　単相半波整流回路

図 **11.1** に示すように，1個の整流器を負荷と単相交流電源との間に接続した回路を**単相半波整流回路**（single-phase half-wave rectifier circuit）という．整流器の電圧 v_b と電流 i との関係は，図 **11.2**(a) に示す静特性のようになる．このような特性の整流器が図 **11.1** のように抵抗 R_l に接続される場合には，入力電圧 v と

$$v = v_b + iR_l \qquad (11.4)$$

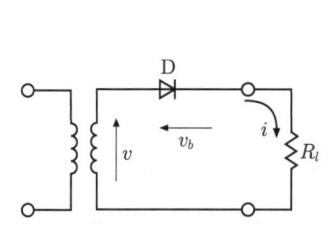

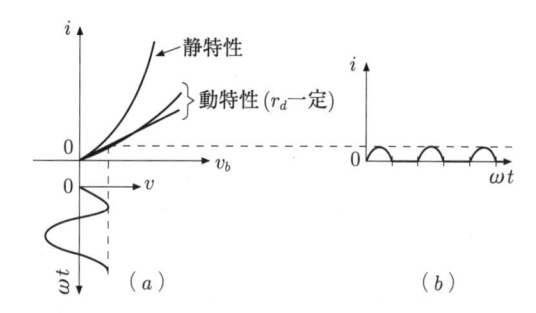

図 **11.1**　単相半波整流回路　　図 **11.2**　入力電圧波形と出力電流波形との関係

の関係が成り立つので,静特性の代わりに入力電圧 v を基準にした動特性を用いなければならない。動特性は,静特性より直線性がよくなる。

図 **11.2** から明らかなように,整流回路の変圧器の二次側に発生した正弦波電圧 $v = V_m \sin \omega t$ により負荷には図(b)に示すような半周期だけ流れる電流が得られる。

整流器の順方向抵抗 r_d が一定であると仮定すると,この動特性は直線となり,負荷に流れる電流 i は半波の正弦波電流となる。これを式で表すとつぎのようになる。

$$\left. \begin{array}{l} 0 \leqq \omega t \leqq \pi \text{ の場合} \quad i = \dfrac{V_m}{R_l + r_d} \sin \omega t = I_m \sin \omega t \\ \pi \leqq \omega t \leqq 2\pi \text{ の場合} \quad i = 0 \end{array} \right\} \quad (11.5)$$

負荷 R_l を流れる直流電流 I_{dc} は1周期にわたる平均値として求められ

$$I_{dc} = \frac{1}{2\pi} \int_0^\pi i \, d(\omega t)$$
$$= \frac{1}{2\pi} \int_0^\pi I_m \sin \omega t \, d(\omega t) = \frac{I_m}{\pi} \quad (11.6)$$

となる。したがって,負荷の出力電圧 V_{dc} はつぎのようになる。

$$V_{dc} = R_l I_{dc} = R_l \frac{I_m}{\pi} = \frac{V_m}{\pi} \cdot \frac{R_l}{r_d + R_l} = \frac{V_m}{\pi} - I_{dc} r_d \quad (11.7)$$

負荷がないときには出力電圧は V_m/π になる。したがって,電圧変動率は

$$K_v = \frac{\dfrac{V_m}{\pi} - \dfrac{V_m}{\pi} \cdot \dfrac{R_l}{r_d + R_l}}{\dfrac{V_m}{\pi} \cdot \dfrac{R_l}{r_d + R_l}} \times 100 \, [\%]$$

$$= \frac{r_d}{R_l} \times 100 \, [\%] \quad (11.8)$$

で与えられる。また,負荷により消費される直流電力 P_{dc} はつぎのようになる。

$$P_{dc} = (I_{dc})^2 R_l = \left(\frac{I_m}{\pi} \right)^2 R_l = \frac{1}{\pi^2} \left(\frac{V_m}{r_d + R_l} \right)^2 R_l \quad (11.9)$$

一方,変圧器を理想変圧器と仮定すると,負荷に供給される交流電力 P_{ac} は

$$P_{ac} = \frac{1}{2\pi}\int_0^{2\pi} vi\, d(\omega t) = \frac{V_m^2}{4(r_d + R_l)} \qquad (11.10)$$

で与えられるので，整流効率 η は

$$\eta = \left(\frac{2}{\pi}\right)^2 \frac{R_l}{r_d + R_l} \times 100 \, [\%]$$

$$\fallingdotseq 40.6 \, [\%] \qquad (\because\ r_d \ll R_l) \qquad (11.11)$$

となる。

式 (11.5) で表される電流は，フーリエ級数に展開すればつぎのようになる。

$$i = I_m\left\{\frac{1}{\pi} + \frac{1}{2}\sin\omega t - \frac{2}{\pi}\sum_{k=2,4\cdots}\frac{\cos k\omega t}{(k+1)(k-1)}\right\} \qquad (11.12)$$

右辺の第 1 項は直流分であり，第 2 項は入力信号と同じ周波数成分，第 3 項以下は入力信号の偶数次高調波成分である。第 2 項以下の交流分の実効値 I_{ACrms} は，各項の実効値を用いて算出する方法もあるが，出力電流の実効値 I_{rms}，直流分 I_{dc} との関係から

$$I_{\mathrm{ACrms}} = \sqrt{I_{\mathrm{rms}}^2 - I_{dc}^2}$$

$$= \sqrt{\left(\frac{I_m}{2}\right)^2 - \left(\frac{I_m}{\pi}\right)^2}$$

$$= I_m\sqrt{\frac{1}{4} - \frac{1}{\pi^2}} \qquad (11.13)$$

となる。したがって，脈動率 r は

$$r = \frac{I_{\mathrm{ACrms}}}{I_{dc}} = \sqrt{\frac{\pi^2}{4} - 1} \times 100 \, [\%] \fallingdotseq 121 \, [\%] \qquad (11.14)$$

で与えられる。このように，半波整流回路は整流効率が低く，脈動率が大きい。また，負荷を流れる直流電流が電源変圧器の二次巻線を流れるから，鉄心が直流で磁化されてしまう。実際には，この直流電流による飽和を防止するため鉄心にエア・ギャップを設けるので，電圧変動率も大きい。このようなことから，半波整流回路は出力数 10 W 以下の小電源用に用いられる。

11.2.2 単相全波整流回路

図 **11.3** に示すように，2 個の整流器を同方向にして電源変圧器の二次巻

11.2 整流回路

図 11.3 単相全波整流回路

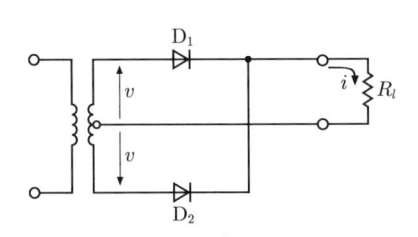

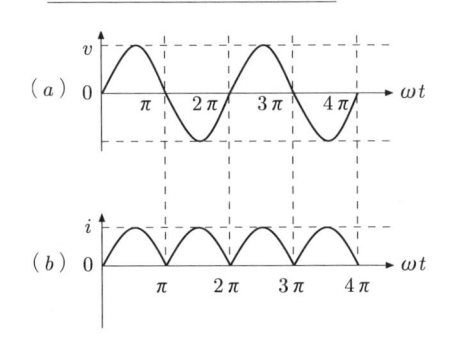

図 11.4 単相全波整流回路の電圧・電流波形

線の両端に接続し,整流器の他端を結んで電源変圧器の二次巻線の中性点との間に負荷を接続した回路を**単相全波整流回路**(single-phase full-wave rectifier circuit)という。この回路は,半波整流回路を二つ接続して,整流器が交互に導通,非導通になるようにしたものである。したがって,整流電流の波形は入力電圧波形に対して**図 11.4**(b)のようになる。

したがって,負荷 R_l を流れる電流 I_{dc} は

$$I_{dc} = \frac{1}{\pi}\int_0^\pi i \, d(\omega t) = \frac{1}{\pi} \cdot \frac{V_m}{r_d + R_l}\int_0^\pi \sin \omega t \, d(\omega t)$$

$$= \frac{2}{\pi} \cdot \frac{V_m}{r_d + R_l}$$

$$= \frac{2}{\pi} I_m \qquad (11.15)$$

となる。また,実効値 I_{rms} は

$$I_{\mathrm{rms}} = \sqrt{\frac{1}{\pi}\int_0^\pi i^2 \, d(\omega t)} = \sqrt{\frac{1}{\pi}\int_0^\pi I_m^2 \sin^2 \omega t \, d(\omega t)}$$

$$= \frac{I_m}{\sqrt{2}} \qquad (11.16)$$

で与えられる。これから明らかなように,負荷を流れる直流電流は半波整流に比べて2倍となるので,直流電力は4倍となる。したがって,整流効率は

$$\eta = 2 \cdot \left(\frac{2}{\pi}\right)^2 \cdot \frac{R_l}{r_d + R_l} \times 100 \; [\%]$$

$$\fallingdotseq 81.2 \; [\%] \qquad (\because \; r_d \ll R_l) \qquad (11.17)$$

で与えられ，整流効率も半波整流の場合の2倍になる。

図 11.4(b) の全波整流電流は，フーリエ級数に展開すると

$$i = I_m \left\{ \frac{2}{\pi} - \frac{4}{\pi} \sum_{k=1}^{\infty} \frac{\cos 2k\omega t}{(2k+1)(2k-1)} \right\} \tag{11.18}$$

となる。第2項以下の交流分の実効値 I_{ACrms} は，半波整流の場合と同様に求められ

$$\begin{aligned} I_{\text{ACrms}} &= \sqrt{I_{\text{rms}}^2 - I_{dc}^2} \\ &= \sqrt{\left(\frac{I_m}{\sqrt{2}}\right)^2 - \left(\frac{2I_m}{\pi}\right)^2} \\ &= I_m \sqrt{\frac{1}{2} - \frac{4}{\pi^2}} \end{aligned} \tag{11.19}$$

となる。したがって，脈動率 r は

$$r = \frac{I_{\text{ACrms}}}{I_{dc}} = \sqrt{\left(\frac{\pi}{2\sqrt{2}}\right)^2 - 1} \times 100 \, [\%] \fallingdotseq 48 \, [\%] \tag{11.20}$$

となり，半波整流回路に比べてかなり改善されることがわかる。また，変圧器二次側巻線に加わる直流起磁力はたがいに打ち消される利点がある。しかしながら，電源変圧器の二次巻線は半波整流の2倍必要になり，非導通時でも整流器には交流電圧の最大値の2倍の逆電圧がかかることになる。

図 11.5 は，これらの不利点がやや緩和される4個の整流器を用いた全波整流回路である。この回路では，交流電圧の正の半周期でダイオード D_1 と D_2 が導通し R_l に整流電流が流れ，負の半周期で D_3 と D_4 が導通し R_l に同じ向きの整流電流が流れる。したがって，整流電流の波形は**図 11.4**(b) の場合と同じになる。この回路を**ブリッジ形単相全波整流回路** (single-phase bridge rectifier circuit) という。この回路は**図 11.3** の回路に比べて変圧器の二次

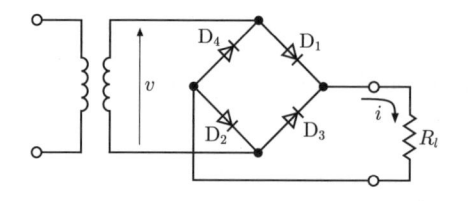

図 11.5 ブリッジ形単相全波整流回路

巻線に中心タップが必要でなく，二次巻線電流は正，負の方向に流れるので，巻線の利用効率は良くなる。また，非導通時に整流器にかかる逆電圧は交流電圧の最大値 V_m になり，図 **11.3** の回路の半分になる。しかしながら，ダイオード数が多くなり，ダイオードの電圧降下は 2 倍になる。これらの全波整流回路は，出力数 100 W 以下の直流電源として使用されている。

例題 11.1 $v = 10 \sin(2\pi \times 50t)$ 〔V〕の電圧が以下のおのおのの回路に加わる場合について，直流出力電圧 V_{dc}，電圧変動率 K_v および整流効率 η をそれぞれ求めよ。ただし，出力負荷抵抗 $R_l = 1\,\text{k}\Omega$，ダイオードの順方向抵抗 $r_d = 20\,\Omega$ とする。

1) 単相半波整流回路（図 **11.1**）
2) 単相全波整流回路（図 **11.3**）
3) ブリッジ形全波整流回路（図 **11.5**）

【解答】
1) 式 (11.7)，式 (11.8)，式 (11.11) に数値を代入し，それぞれつぎの値を得る。

$$V_{dc} = \frac{V_m}{\pi} \cdot \frac{R_l}{r_d + R_l} \fallingdotseq 3.1 \text{〔V〕}$$

$$K_v = \frac{r_d}{R_l} = 2 \text{〔\%〕}$$

$$\eta = \left(\frac{2}{\pi}\right)^2 \cdot \frac{R_l}{r_d + R_l} \fallingdotseq 40 \text{〔\%〕}$$

2) 全波整流の場合には負荷 R_l を流れる直流電流は半波整流の場合の 2 倍になるので，各定数はそれぞれつぎのように求められる。

$$V_{dc} = \frac{2V_m}{\pi} \cdot \frac{R_l}{r_d + R_l} \fallingdotseq 6.2 \text{〔V〕}$$

$$K_v = \frac{r_d}{R_l} = 2 \text{〔\%〕}$$

$$\eta = 2 \cdot \left(\frac{2}{\pi}\right)^2 \cdot \frac{R_l}{r_d + R_l} \fallingdotseq 79 \text{〔\%〕}$$

3) ブリッジ形では負荷 R_l とダイオード 2 個が直列に接続された回路に電流が流れることになるので，各定数はそれぞれつぎのように求められる。

$$V_{dc} = \frac{2V_m}{\pi} \cdot \frac{R_l}{2r_d + R_l} \fallingdotseq 6.1 \,\text{[V]}$$

$$K_v = \frac{2r_d}{R_l} = 4 \,\text{[\%]}$$

$$\eta = 2 \cdot \left(\frac{2}{\pi}\right)^2 \frac{R_l}{2r_d + R_l} \fallingdotseq 78 \,\text{[\%]} \qquad \diamondsuit$$

11.2.3 倍電圧整流回路

　整流器を通じてコンデンサを充電することにより，交流電圧の最大値より高い直流電圧を取り出すことができる。このような回路を倍電圧整流回路という。コンデンサは容量の大きいものを使用しなければならないが，電源変圧器を用いなくても，あるいは電源変圧器の二次巻線数が少なくても直流の高電圧を得ることができる。しかしながら，容量の大きいコンデンサを用いても大きい負荷電流になれば，コンデンサの充電電圧は回路の抵抗を通じて放電され整流出力電圧は変化する。このようなことから，この回路は小電力用の電源装置に利用される。図 **11.6** は倍電圧形半波整流回路である。

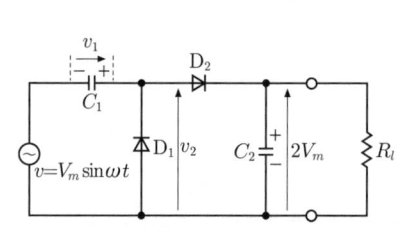

図 **11.6**　倍電圧形半波整流回路

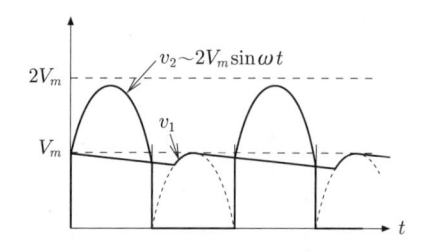

図 **11.7**　電圧 v_1, v_2 の波形

　交流電圧の負の半周期にダイオード D_1 が導通してコンデンサ C_1 を図中の符号の方向に V_m まで充電する。つぎの正の半周期にはダイオード D_2 が導通し，この交流電圧に C_1 の放電電圧が加算されて（図 **11.7**）コンデンサ C_2 に充電される。したがって，負荷抵抗 R_l には最大約 $2V_m$ のリップル電圧がかかる。しかしながら，この回路は基本的に半波整流回路であるのでリップル率は大きい。

　図 **11.8** は倍電圧形全波整流回路である。交流電圧の正の半周期でダイオ

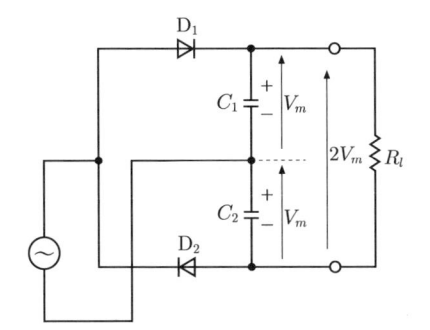

図 11.8　倍電圧形全波整流回路

ード D_1 が導通してコンデンサ C_1 が充電され，負の半周期でダイオード D_2 が導通してコンデンサ C_2 が充電される．したがって，出力端子には両者の和の電圧 $2V_m$ が取り出される．もちろん，この回路の脈動率は**図 11.6** の回路より小さくなる．これらの倍電圧整流回路は，ラジオやテレビジョンのトランスレス受信機などに用いられている．

11.3　平　滑　回　路

11.3.1　コンデンサフィルタ

整流回路の出力には脈動分が含まれており，一般に，そのままでは電子回路の直流電源として使用できない．**平滑回路**（smoothing circuit）は，この脈動分をできるだけ抑制し，直流に近づけるために用いられるフィルタである．

最も簡単な平滑回路は**図 11.9** のような負荷抵抗に並列に接続される容量の大きいコンデンサで構成される．ダイオード D が導通のときにコンデンサ C が充電され，非導通のときに負荷抵抗 R_l を通じて放電されるので，1 周期にわたって正弦波は平滑されることになる．

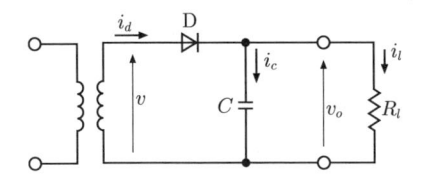

図 11.9　コンデンサフィルタ

負荷抵抗の端子電圧 v_o の波形は図 **11.10** のようになる。位相角 θ_1, $\theta_1 + 2\pi$, $\cdots$, では, ダイオード D が非導通 (オフ) から導通 (オン) に変わる。また, θ_2, $\theta_2 + 2\pi$, $\cdots$, では, D がオンからオフに変化する。したがって, $\theta_1 \leqq \omega t \leqq \theta_2$ において, v_o は入力電圧 $v = V_m \sin \omega t$ に沿って変化するから

$$v_o = V_m \sin \omega t \tag{11.21}$$

で表され, $\omega t = \pi/2$ のとき最大値 V_m を示す。続いて, $\theta_2 \leqq \omega t \leqq \theta_1 + 2\pi$ では D がオフとなり, 負荷電圧は

$$v_o = (V_m \sin \theta_2) \exp\left(\frac{-t}{CR_l}\right) \tag{11.22}$$

の形で減少する。以降, これらの波形が繰り返されることになる。

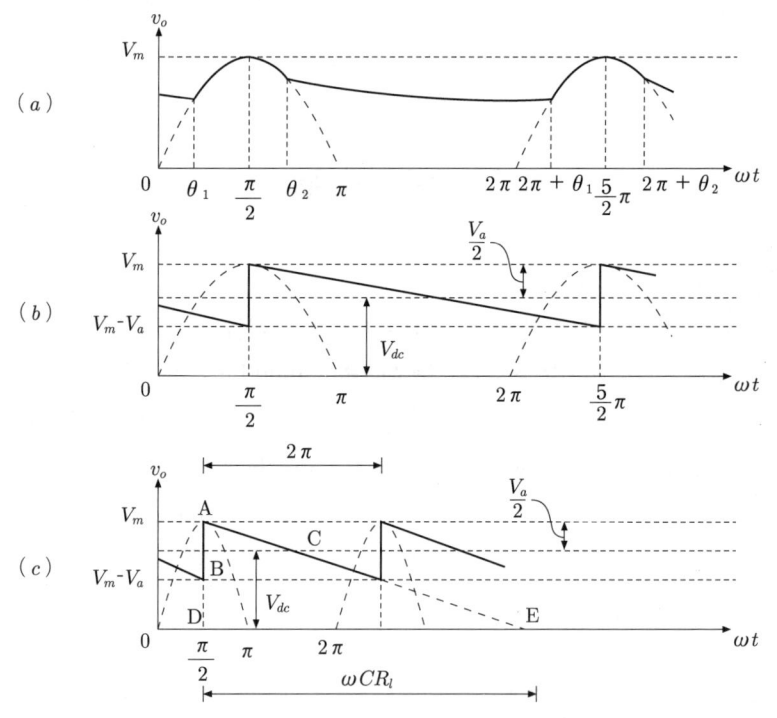

図 **11.10** コンデンサフィルタの出力電圧 (v_o) 波形

さて, 脈動率 (リップル率) を求めるため, v_o をつぎのように近似する。時定数 CR_l は通常, ある程度大きい値に設定され, 放電時の電圧 v_o は時間 t

に対してゆるやかに減少することになるので，$\theta_2 = \pi/2$ とおき，減少する v_o を直線で近似する。また，コンデンサ C の充電時間をほぼ 0 とすると，$\theta_1 = \pi/2 = \theta_2$ となる。すなわち，$\theta_1 = \theta_2 = \pi/2, 5\pi/2, \cdots$，となる。したがって，$v_o$ の近似波形は**図 11.10**(b) となる。そこで，C が放電開始する点から放電の電圧波形に接線を描くと ωt 軸と交わる。すなわち，位相が放電開始点より ωCR_l だけ変化すると $v_o = 0$ となる。**図 11.10**(c) では，ωCR_l の意味をわかりやすくするために，放電は迅速に行われるように描いてある。図の △ABC と △ADE との関係から

$$\frac{V_a/2}{V_{dc} + (V_a/2)} = \frac{\pi}{\omega CR_l} \tag{11.23}$$

が得られる。$V_{dc} \gg V_a/2$ とすれば，上式は

$$\frac{V_a/2}{V_{dc}} = \frac{1}{2fCR_l} \tag{11.24}$$

となる。つぎに，三角波形の交流分の実効値 V_{rms}' を求める。図(c) の波形から，v_o と t の関係は

$$v_o = -\frac{V_a}{2\pi}\omega t + V_{dc} + \frac{V_a}{2} \tag{11.25}$$

で与えられるので，V_{rms}' は

$$\begin{aligned} V_{\text{rms}}' &= \sqrt{\frac{1}{2\pi}\int_0^{2\pi}(v_o - V_{dc})^2 d(\omega t)} \\ &= \sqrt{\frac{1}{2\pi}\int_0^{2\pi}V_a^2\left(\frac{1}{2} - \frac{\omega t}{2\pi}\right)^2 d(\omega t)} \\ &= \frac{V_a}{2\sqrt{3}} \end{aligned} \tag{11.26}$$

となる。それゆえ，脈動率 r は式 (11.24) と式 (11.26) からつぎのように得られる。

$$r = \frac{V_{\text{rms}}'}{V_{dc}} = \frac{1}{2\sqrt{3}\,fCR_l} \tag{11.27}$$

全波整流回路にコンデンサフィルタが用いられる場合も半波整流回路の場合と同様な結果が得られることは容易に推察されるが，ここでは省略する。

11.3.2 インダクタンスフィルタ

図 **11.11** のように,負荷抵抗と直列にコイルを接続すると,コイルは電流変化を阻止する働きがあるので,整流回路で問題となる出力電圧(電流)の脈動分は減少する。負荷抵抗 R_l の値を一定にしてインダクタンス L の値を変化させると,出力電圧 $v_o(=iR_l)$ の波形は図 **11.12** のようになる。すなわち,L が大きくなると整流器が導通する時間が π より大きくなり,同時に電流 i のピーク値が減少し,出力電圧は平滑化される。しかしながら,この回路は電流が遮断状態になるとインダクタンスの両端にきわめて大きい逆起電力を発生するため,整流器を破壊する恐れがある。そのため,半波整流回路にはほとんど用いられない。通常は単相全波整流回路や三相整流回路などの比較的大きな出力を必要とする回路に用いられる。

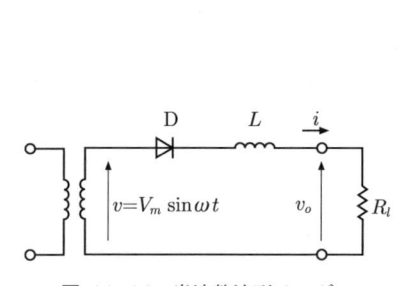

図 **11.11** 半波整流形インダクタンスフィルタ

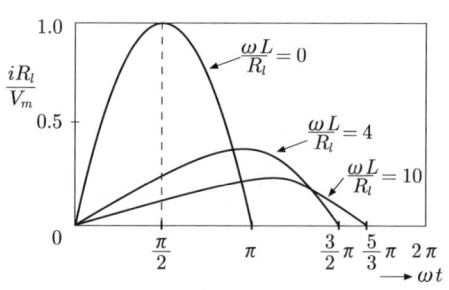

図 **11.12** 半波整流形インダクタンスフィルタの出力電圧 (v_o) 波形

図 **11.13** にインダクタンスフィルタをもつ全波整流回路を示す。

全波整流回路の出力電圧 v_o は,式 (11.18) からつぎのように表される。

$$v_o = V_m \left\{ \frac{2}{\pi} - \frac{4}{\pi} \sum_{n=2,4,6\cdots} \frac{\cos n\omega t}{(n+1)(n-1)} \right\} \qquad (11.28)$$

全波整流電圧 v_o は直流成分と偶数高調波成分からなり,偶数高調波の振幅は次数が高くなるにつれて急速に小さくなる。また,インダクタンスのリアクタンスは周波数に比例するから,負荷抵抗に流れる高周波電流は第 4 次以上の項を無視しても差し支えない。したがって,負荷電流 i_l は

11.3 平滑回路

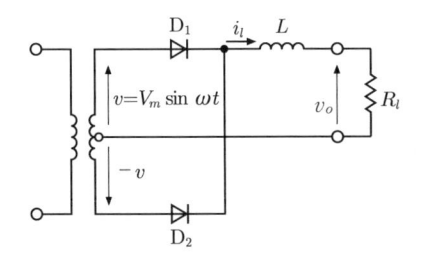

図 11.13 全波整流形インダクタンスフィルタ

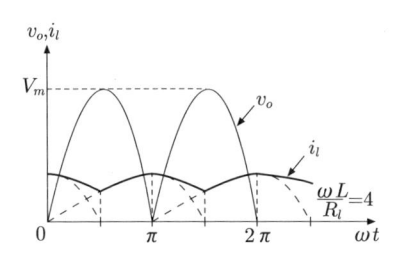

図 11.14 全波整流形インダクタンスフィルタの出力電流 (i_l) 波形

$$i_l \fallingdotseq \frac{2V_m}{\pi R_l} - \frac{4V_m}{3\pi} \cdot \frac{\cos(2\omega t - \theta)}{\sqrt{R_l^2 + (2\omega L)^2}} \tag{11.29}$$

ただし

$$\theta = \tan^{-1}\frac{2\omega L}{R_l} \tag{11.30}$$

で表される。それゆえ，全波整流電圧 v_o と負荷電流 i_l の波形は**図 11.14**のようになる。式 (11.29) の交流分の実効値を求め，式 (11.1) で定義した脈動率を求めると

$$\begin{aligned}r &= \frac{2R_l}{3\sqrt{2}} \cdot \frac{1}{\sqrt{R_l^2 + (2\omega L)^2}} \\ &= \frac{2}{3\sqrt{2}} \cdot \frac{1}{\sqrt{1+(4\omega^2 L^2/R_l^2)}} \fallingdotseq \frac{0.47}{\sqrt{1+(4\omega^2 L^2)/R_l^2}}\end{aligned} \tag{11.31}$$

となる。この式から，コイルのリアクタンス ωL に対して負荷抵抗 R_l が小さくなればなるほど脈動率は小さくなり，逆に R_l が大きくなるにつれ平滑の効果は薄れることがわかる。一方，直流分の出力電圧 V_{dc} は

$$V_{dc} = I_{dc}R_l = \frac{2V_m}{\pi} = 0.637\ V_m \tag{11.32}$$

となる。整流器が理想的であるならば，負荷電圧は負荷電流の関数ではなく，電圧変動率はなくなる。このように，出力電圧はコンデンサフィルタに比べて低いが，負荷の値に無関係であり，電圧変動率は小さい。

11.3.3 LCフィルタ

平滑回路としてコンデンサとコイルの両方を用いると，出力電圧に含まれる脈動分はさらに減少させることができる。コンデンサを電源側に接続するか，コイルを電源側に接続するかで，もちろん出力特性は異なる。前者をコンデンサ入力形平滑回路，後者をコイル入力形平滑回路というが，回路解析はいずれの場合もやや複雑になるので，本書では学習しない。

11.4 安定化回路

前節で述べたように，整流回路に平滑回路を付加すると脈動分はかなり抑制される。しかしながら，交流電源の電圧変動や負荷の変動による出力電圧・電流の変動は抑えることができない。**安定化回路** (stabilized circuit)，つまり，定電圧回路や定電流回路は，このような変動をもさらに減少させるために用いられる。

ツェナーダイオード D_z を用いた簡単な定電圧回路およびその等価回路を図 11.15 に示す。図(b)における V_z および r_d は，それぞれツェナーダイオードの**ツェナー電圧** (Zener voltage) および内部抵抗である。

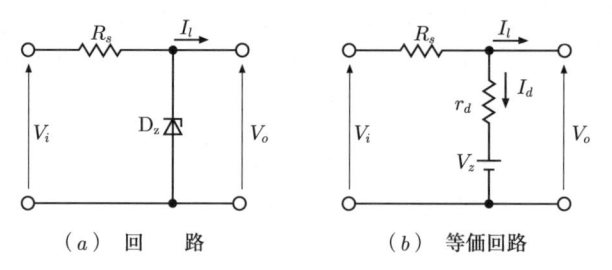

(a) 回 路　　　　(b) 等価回路

図 **11.15**　ツェナーダイオードを用いた定電圧回路

図(b)より

$$V_o = V_i - R_s(I_l + I_d) \qquad (11.33)$$

$$I_d r_d = V_o - V_z \qquad (11.34)$$

が成り立つので，式 (11.34) を式 (11.33) に代入し整理すると

$$V_o = \frac{r_d}{R_s + r_d} V_i - \frac{R_s r_d}{R_s + r_d} I_l + \frac{R_s}{R_s + r_d} V_z \qquad (11.35)$$

となる．この回路における電圧変化率 δ_V は

$$\delta_V = \left. \frac{\partial V_o}{\partial V_i} \right|_{I_l = \text{const.}} \qquad (11.36)$$

で評価できるので，式 (11.35) を式 (11.36) に適用すると

$$\delta_V = \frac{r_d}{R_s + r_d} \qquad (11.37)$$

が得られる．また，出力電流の変化にともなって生ずる出力抵抗の変化分 ΔR は

$$\Delta R = \left. \frac{\partial V_o}{\partial I_l} \right|_{V_i = \text{const.}} \qquad (11.38)$$

で見積もることができるので，式 (11.35) を式 (11.38) に適用すると

$$\Delta R = \frac{r_d R_s}{R_s + r_d} \qquad (11.39)$$

となる．定電圧回路としては電圧変化率 δ_V，出力抵抗の変化分 ΔR，ともに小さくすることが望ましい．ツェナーダイオードの内部抵抗 r_d は通常 10 Ω 程度であるので，直列抵抗 R_s を大きい値に設定すれば電圧変化率 δ_V を小さくできる．しかしながら，実際には R_s を大きくとりすぎると R_s における電圧降下が大きくなり，所望の出力電圧が得られなくなることもあるので，適切な値に設定する必要がある．

　図 **11.15** の回路では出力電圧がツェナー電圧で決まるので回路設計上柔軟性に乏しく，このまま電源回路として用いられることはなく一般には電子回路の一部の電圧を安定化するために使用される．

　一例として，図 **11.16**(a) に直列形定電圧回路を示す．図(b) はその等価回路である．h_{fe} および h_{ie} は，それぞれトランジスタの小信号電流増幅率および小信号入力インピーダンスを表し，V_z はダイオードのツェナー電圧である．ここでは，ダイオードの内部抵抗は省略した．

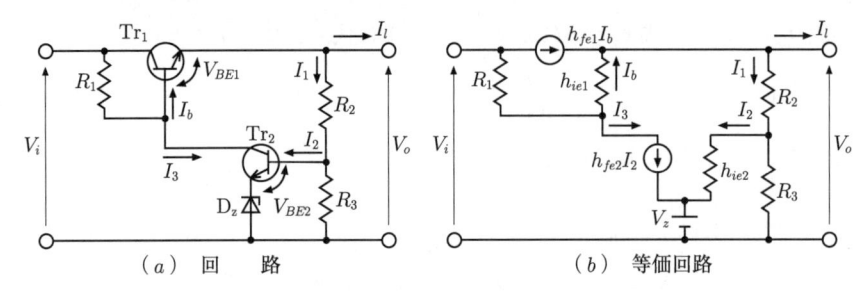

図 11.16 直列形定電圧回路

(a) 回路　(b) 等価回路

回路の動作原理は定性的にはつぎのように説明できる。いま，なんらかの原因で出力電圧 V_o が上昇すると，Tr_2 のベース電位が上昇する。Tr_2 のエミッタ電位はダイオード D_z のツェナー電圧 V_z で一定であるので，V_{BE2} が増加し，I_3 が増え，I_b は減少する。その結果，Tr_1 の V_{BE1} が減少し，V_o は低下する。この一連の動作により，V_o を一定に保つように作用する。V_o が減少する場合は，これと全く逆に考えればよい。

さて，**図 11.16**(b) の等価回路において，Tr_1 周辺では

$$V_i = (I_b + I_3)R_1 + h_{ie1}I_b + V_o \tag{11.40}$$

が成り立つ。また，Tr_2 周辺では

$$V_o = I_1 R_2 + h_{ie2} I_2 + V_z \tag{11.41}$$

$$I_3 = h_{fe2} I_2 \tag{11.42}$$

が成り立つ。また，分圧回路 R_2-R_3 では

$$V_o = I_1 R_2 + (I_1 - I_2)R_3 \tag{11.43}$$

となる。さらに，分圧回路に流れる電流 I_1 は負荷電流 I_l に比べて通常は非常に小さくなるので，次式が得られる。

$$I_l \fallingdotseq I_b + h_{fe1} I_b = (1 + h_{fe1}) I_b \tag{11.44}$$

したがって，式 (11.40) と式 (11.42) から

$$I_b = \frac{V_i - V_o - h_{fe2} I_2 R_1}{h_{ie1} + R_1} \tag{11.45}$$

また，式 (11.43) から

$$I_1 = \frac{V_o + I_2 R_3}{R_2 + R_3} \tag{11.46}$$

が導出される。式 (11.46) を式 (11.41) に代入し

$$\left.\begin{array}{l} n = \dfrac{R_3}{R_2 + R_3} \\[2mm] R_t = \dfrac{R_2 R_3}{R_2 + R_3} \end{array}\right\} \tag{11.47}$$

とおくと

$$I_2 = \frac{nV_o - V_z}{h_{ie2} + R_t} \tag{11.48}$$

と表せる。そこで，式 (11.48) を式 (11.45) に代入し，さらに式 (11.44) に代入し整理すると

$$V_o = \frac{E_2}{B} V_i - \frac{E_1 E_2}{(1 + h_{fe1})B} I_1 + \frac{h_{fe2} R_1}{B} V_2 \tag{11.49}$$

となる。ここで，B, E_1, E_2 はそれぞれつぎのように置いた。

$$\left.\begin{array}{l} B = E_2 + n h_{fe2} R_1 \\ E_1 = h_{ie1} + R_1 \\ E_2 = h_{ie2} + R_t \end{array}\right\} \tag{11.50}$$

したがって，式 (11.49) を式 (11.36) と式 (11.38) に適用し，それぞれ，この回路全体の電圧変化率 δ_V および出力抵抗の変化分 ΔR を求めると

$$\delta_V = \frac{E_2}{B} \tag{11.51}$$

$$\Delta R = \frac{E_1 E_2}{(1 + h_{fe1})B} \tag{11.52}$$

が得られる。δ_V, ΔR をできるだけ小さくして，より良好な定電圧回路に設計するためには，B を大きく，E_1, E_2 を小さくする必要があるが，式 (11.50) から明らかなように，これらの要求事項はたがいに矛盾するので，実際には，トランジスタの性能をも考慮して，R_1, R_2, R_3 は適切な値に設計しなければならない。

定電流回路の一例を図 **11.17** に示す。負荷に直列に抵抗 R_s を挿入し，そ

214   11. 電源回路

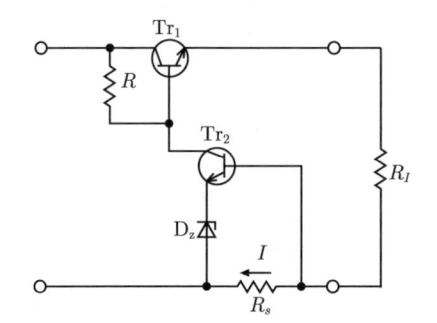

図 11.17 負帰還形定電流回路

の電圧降下 R_sI とツェナー電圧 V_z を比較するしくみになっており，電圧 R_sI を一定に制御して，電流 I を一定に保つようになっている。R_s の値を変えると，これに逆比例して電流 I の値を変えることができる。

例題 11.2 ツェナーダイオードを用いた定電圧回路（**図 11.15**）において，$R_s = 500\,\Omega$，$V_i = 20\,\text{V}$，$I_l = 10\,\text{mA}$ の場合，電圧変化率 δ_V，出力抵抗の変化分 ΔR，ダイオードおよび R_s の消費電力はそれぞれいくらか。ただし，ツェナー電圧 $V_z = 10\,\text{V}$，ダイオードの順方向抵抗 $r_d = 10\,\Omega$ とする。

【**解答**】 式（11.37）と式（11.39）に数値を代入すると，つぎの値が得られる。

$$\delta_V = \frac{r_d}{R_s + r_d} \fallingdotseq 2\;[\%]$$

$$\Delta R = \frac{R_s r_d}{R_s + r_d} \fallingdotseq 9.8\;[\Omega]$$

また，式（11.35）と式（11.34）に数値を代入すると，つぎの値が得られる。

$$V_o = \frac{r_d}{R_s + r_d}V_i - \frac{R_s r_d}{R_s + r_d}I_l + \frac{R_s}{R_s + r_d}V_z \fallingdotseq 10.1\;[\text{V}]$$

$$I_d = \frac{V_o - V_z}{r_d} \fallingdotseq 9.8\;[\text{mA}]$$

ツェナーダイオードの消費電力 P_d は

$$P_d = V_o I_d \fallingdotseq 99\;[\text{mA}]$$

R_s 端子間の電圧は $V_i - V_o$，R_s を流れる電流は $I_d + I_l$ であるから，その消費電力 P_{R_s} は

$$P_{R_s} = (V_i - V_o)(I_d + I_l) \fallingdotseq 196\;[\text{mA}] \qquad \diamondsuit$$

演 習 問 題

【1】 全波整流回路（図 11.3）にコンデンサフィルタが用いられるときの脈動率 r は次式で与えられることを示せ。

$$r = \frac{1}{4\sqrt{3}\,fCR_l}$$

【2】 コンデンサフィルタをもつ以下のおのおのの回路において，$f = 50\,\mathrm{Hz}$，$C = 50\,\mu\mathrm{F}$，$R_l = 5\,\mathrm{k\Omega}$ であるとき，出力電圧の脈動率（リップル率）r を求めよ。
   (1) 単相半波整流回路（図 11.11）
   (2) 単相全波整流回路

【3】 全波整流形インダクタンスフィルタ回路（図 11.13）における脈動率 r は式 (11.31) で与えられることを示せ。

【4】 図 11.13 に示すインダクタンスフィルタをもつ全波整流回路において，$V_m = 10\,\mathrm{V}$，$f = 50\,\mathrm{Hz}$ の交流電圧を加えたとき，直流負荷電圧 V_{dc} および出力電圧の脈動率（リップル率）r を求めよ。ただし，$L = 1\,\mathrm{H}$，$R_l = 5\,\mathrm{k\Omega}$ である。

【5】 図 11.16 の直列形定電圧回路において，$R_1 = 2\,\mathrm{k\Omega}$，$R_2 = 100\,\Omega$，$R_3 = 200\,\Omega$，$h_{ie2} = 1\,\mathrm{k\Omega}$，$h_{fe2} = 100$ とすれば，電圧変化率 δ_V はいくらか。

【6】 問図 11.1 に示す並列形定電圧回路の電圧変化率 δ_V および出力抵抗の変化分 ΔR を求めよ。ただし，トランジスタの h パラメータは，$h_{fe} \gg 1$，$h_{re} \ll 1$，$h_{ie}h_{oe} \ll 1$，$h_{ie} \gg R$ とする。

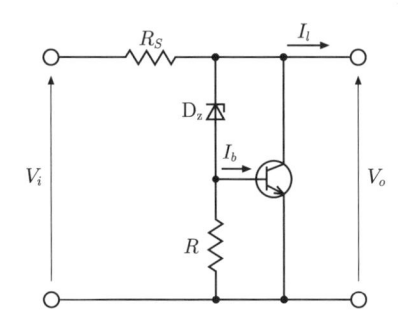

問図 11.1　並列形定電圧回路

引用・参考文献

1) 雨宮好文：現代電子回路学Ⅰ，オーム社（1979）
2) 宇都宮敏男，大越孝敬，中山　章：改訂電子技術Ⅰ（上），コロナ社（1989）
3) (株)日立製作所半導体事業部：日立小信号トランジスタデータブック（1997）
4) JISハンドブック　電子，日本規格協会（1999）
5) 藤井信生：アナログ電子回路―集積回路化時代の―，昭晃堂（1984）
6) 石橋幸男：アナログ電子回路，培風館（1990）
7) 当麻喜弘：入門電子回路，槇書店（1997）
8) 丹野頼元：電子回路（第2版），森北出版（1988）
9) 砂沢　学：増幅回路の考え方（改訂2版），オーム社（1992）
10) 小柴典居，植田佳典：発振・変復調回路の考え方（改訂2版），オーム社（1991）
11) 桜庭一郎，大塚　敏，熊耳　忠：電子回路，森北出版（1986）
12) 秋冨　勝：図解電子回路の基礎（第3版），東京電機大学出版局（1997）
13) 江村　稔：実践電子回路の学び方，共立出版（1995）
14) 尾崎　弘，金田彌吉，谷口慶治，横山正人：電子回路（新訂版）―アナログ編―，共立出版（1992）
15) 齋藤忠夫：電子回路入門（第2版），昭晃堂（1993）
16) 実用電子回路ハンドブック(2)，CQ出版（1975）
17) 桜庭一郎，佐々木正規：演習電子回路，森北出版（1995）
18) 藤村安志：電気・電子回路計算演習，誠文堂新光社（1995）
19) 丹野頼元：演習電子回路，森北出版（1984）

演習問題解答

1章

【1】 $I_1 = \dfrac{9}{40} = 0.225$〔A〕, $I_2 = \dfrac{1}{8} = 0.125$〔A〕, $I_3 = -\dfrac{7}{20} = -0.35$〔A〕

【2】 実効値 $= \dfrac{E_m}{\sqrt{2}}$, 平均値 $= \dfrac{2E_m}{\pi}$

【3】 270 kΩ ± 20 %

【4】 150 kΩ ± 20 %, 茶, 緑, 黄, 無

【5】 $I_{D1} = 2.9\,\text{mA}$, $I_{D2} = 3.25\,\text{mA}$

【6】 略

【7】 選択すべき語と空欄に入れるべき語を順番に記す。
電子, 正孔, (ア)拡散, (イ)空乏層, (ウ)不純物, (エ)イオン, 正, 負, (オ)電位障壁, 逆, 順, 順, 逆, 低く, −, +極

2章

【1】 $I_B = 14\,\mu\text{A}$, $V_{BE} = 0.67\,\text{V}$, $I_C = 2\,\text{mA}$, $V_{CE} = 6\,\text{V}$

【2】 $A_v = -24$, $A_i = 160$

【3】 解表 2.1 のとおり。

解表 2.1

	エミッタ接地	コレクタ接地	ベース接地
(1)	中	大	小
(2)	中	小	大
(3)	反転する	反転しない	反転しない
(4)	大	ほぼ1	大
(5)	大	大	ほぼ1
(6)	大	小	中

【4】 $h_{ib} = \dfrac{h_{ie}}{(1+h_{fe})(1-h_{re})+h_{ie}h_{oe}}$, $h_{rb} = \dfrac{h_{ie}h_{oe} - h_{re}(1+h_{fe})}{(1+h_{fe})(1-h_{re})+h_{ie}h_{oe}}$

$h_{fb} = -\dfrac{h_{ie}h_{oe} + h_{fe}(1-h_{re})}{(1+h_{fe})(1-h_{re})+h_{ie}h_{oe}}$, $h_{ob} = \dfrac{h_{oe}}{(1+h_{fe})(1-h_{re})+h_{ie}h_{oe}}$

【5】（1）略

（2） $A_v = -\dfrac{h_{fe}}{(R_B + h_{ie})\left(h_{oe} + \dfrac{1}{R_L}\right) - h_{fe}h_{re}} \fallingdotseq -58.6$

$A_i = \dfrac{h_{fe}}{1 + R_L h_{oe}} \fallingdotseq 97.1$

（3） $R_i = R_B + h_{ie} - \dfrac{h_{re}h_{fe}}{h_{oe} + \dfrac{1}{R_L}} \fallingdotseq 4.97 \,[\mathrm{k\Omega}]$

$R_o = \dfrac{1}{h_{oe} - \dfrac{h_{fe}h_{re}}{R_B + h_{ie}}} \fallingdotseq 125 \,[\mathrm{k\Omega}]$

【6】 $R_i = h_{ie} + (1 + h_{fe})R_E, \ R_o = \dfrac{r_g + h_{ie}}{1 + h_{fe}}$

【7】略

【8】略

【9】 $R_1 = 17.8\,\mathrm{k\Omega}, \ R_2 = 5.2\,\mathrm{k\Omega}, \ R_E = 1\,\mathrm{k\Omega}$

3 章

【1】 $A_{vm} = -450, \ A_{im} \fallingdotseq 47, \ f_l \fallingdotseq 40\,\mathrm{Hz}, \ f_h \fallingdotseq 16\,\mathrm{kHz}$

【2】 $|A_{vf}| \fallingdotseq 420, \ \theta \fallingdotseq 204°$

【3】（1）略

（2） $A_{vm} = -125, \ f_l \fallingdotseq 3\,\mathrm{Hz}, \ f_h \fallingdotseq 508\,\mathrm{kHz}$

【4】（1） $R_{Eb} \fallingdotseq 110\,\Omega, \ R_{E2} \fallingdotseq 2.5\,\mathrm{k\Omega}$

（2） $R_3 \fallingdotseq 54\,\mathrm{k\Omega}, \ R_4 \fallingdotseq 58\,\mathrm{k\Omega}$

（3） $R_{i2} \fallingdotseq 6.0\,\mathrm{k\Omega}$

（4） $R_{Ea} \fallingdotseq 50\,\Omega, \ R_{E1} \fallingdotseq 2.4\,\mathrm{k\Omega}$

（5） $R_1 \fallingdotseq 5.8\,\mathrm{k\Omega}, \ R_2 \fallingdotseq 4.1\,\mathrm{k\Omega}$

（6） $C_{E1} \fallingdotseq 0.22\,\mu\mathrm{F}, \ C_{E2} \fallingdotseq 0.21\,\mu\mathrm{F}, \ C_{o1} \fallingdotseq 0.35\,\mu\mathrm{F}, \ C_{o2} \fallingdotseq 0.096\,\mu\mathrm{F}$

4 章

【1】（1） $I_{C1} = \dfrac{V_{CC} - V_{BE2} - \left\{1 + \dfrac{R_{E2} + (R_{C1}/h_{FE2})}{R_{E3}}\right\}V_{BE1}}{R_{C1} + \left(R_{E1} + \dfrac{R_F}{h_{FE1}}\right)\left\{1 + \dfrac{R_{E2} + (R_{C1}/h_{FE2})}{R_{E3}}\right\}}$

$I_{C2} = \dfrac{1}{R_{E3}}\left\{\left(R_{E1} + \dfrac{R_F}{h_{FE1}}\right)I_{C1} + V_{BE1}\right\}$

(2) $R_{E1} = 0.8\,\text{k}\Omega,\ R_{E2} \fallingdotseq 0.34\,\text{k}\Omega,\ R_{E3} = 0.8\,\text{k}\Omega,$
$R_{C1} \fallingdotseq 93\,\text{k}\Omega,\ R_{C2} \fallingdotseq 5.3\,\text{k}\Omega$
$C_E \fallingdotseq 67\,\mu\text{F}$

(3) ⅰ) $\dfrac{\Delta I_{C1}}{I_{C1}} \fallingdotseq 0.05 \quad \therefore\ 5\,\%,\ \dfrac{\Delta I_{C2}}{I_{C2}} \fallingdotseq 0.01 \quad \therefore\ 1\,\%$

ⅱ) $\dfrac{\Delta I_{C1}}{I_{C1}} \fallingdotseq 0.02 \quad \therefore\ 2\,\%,\ \dfrac{\Delta I_{C2}}{I_{C2}} \fallingdotseq -0.07 \quad \therefore\ -7\,\%$

5 章

【1】 $R_L' = 100\,\Omega,\ I_{CQ} \fallingdotseq 100\,\text{mA}$

【2】 $P_{L\max} \fallingdotseq 82.6\,\text{mW},\ P_{dc} \fallingdotseq 165\,\text{mW},\ \eta_{\max} \fallingdotseq 50\,\%,$
$P_c = 82.4\,\text{mW},\ P_{c\max} = 165\,\text{mW}$

【3】 $P_{L\max} = 1.04\,\text{W},\ P_{dc} = 1.4\,\text{W},\ \eta_{\max} \fallingdotseq 74\,\%$

6 章

【1】 $B \fallingdotseq 6.4\,\text{kHz},\ k = 0.01$

【2】 $k \fallingdotseq 0.033$

【3】 略

7 章

【1】 (1) $A_F \fallingdotseq 4.5$

(2) $\dfrac{\Delta A_F}{A_F} \fallingdotseq 0.018 \quad \therefore\ 1.8\,\%$

(3) $f_{hf}/f_h = 11,\ |A_{Fm}| \fallingdotseq 4.5$

【2】 $A_{vF} \fallingdotseq -\dfrac{h_{fe}R_L}{h_{ie} + h_{fe}R_E},\ R_{iF} \fallingdotseq h_{ie} + h_{fe}R_E$

8 章

【1】 (1) $I_C = 0.565\,\text{mA}$ (2) $A_d = -111\,\text{倍},\ A_c = -0.247\,\text{倍}$
(3) CMRR=449 倍

【2】 $R_1 = R_2 = 15\,\text{k}\Omega,\ R_E = 4.7\,\text{k}\Omega$

【3】 $V_o = -\dfrac{R_2}{R_1}\left\{\dfrac{1}{a} + \dfrac{(1-a)r}{R_2}\right\}V_i$

【4】 $V_o = \left(1 + \dfrac{R_2}{R_1}\right)\left\{\dfrac{1}{a} + \dfrac{(1-a)r}{R_1 + R_2}\right\}V_i$

【5】 $R_3 = \dfrac{R_1 R_2}{R_1 + R_2}$

【6】 (1) $I_L = -\dfrac{R_3 V_i}{\dfrac{R_1(R_0 + R_2 - R_3)}{R_1 + R_2} R_L + R_0 R_1}$

(2) $R_3 = R_0 + R_2$

9章

【1】 周波数の条件式：$X_1 + X_2 + X_3 = 0$

振幅の条件式：$-\dfrac{\mu X_3}{X_2 + X_3} \geq 1$

【2】 $f \fallingdotseq 239\,\text{kHz},\ \mu \geq 0.8$

【3】

(a) $f = \dfrac{1}{2\pi\sqrt{C(L_1 + L_2 + 2M)}}$

$h_{fe} \geq \left(\dfrac{X_3}{X_1} = \right) \dfrac{L_2 + M}{L_1 + M}$

(b) $f = \dfrac{1}{2\pi\sqrt{L\dfrac{C_1 C_2}{C_1 + C_2}}}$

$h_{fe} \geq \dfrac{C_1}{C_2}$

【4】 (1) $f \fallingdotseq 103\,\text{kHz},\ h_{fe} \geq 7$

(2) $f \fallingdotseq 167\,\text{kHz},\ h_{fe} \geq 10$

【5】 $R \fallingdotseq 1.6\,\text{k}\Omega$

【6】 略

【7】 $f \fallingdotseq 31.8\,\text{kHz}$

$2R_4 < R_3$（例えば，$R_4 = 1\,\text{k}\Omega,\ R_3 = 3\,\text{k}\Omega$）

【8】 略

【9】 $f = \dfrac{1}{2\pi\sqrt{LC}} \cdot \sqrt{1 + \dfrac{C}{C_t + C_p}}$

ただし，$C_t = \dfrac{C_1 C_2}{C_1 + C_2}$

10章

【1】 $v_{AM} = V_c(1 + m\sin pt)\sin \omega t$

$= V_c \sin \omega t - \dfrac{1}{2} m V_c \cos(\omega + p)t + \dfrac{1}{2} m V_c \cos(\omega - p)t$

【2】　側波帯の振幅：3.6 V
　　　上側波帯周波数：1 205 kHz
　　　下側波帯周波数：1 195 kHz

【3】　$x ≒ 83\,\mu\text{s},\ y = 125\,\mu\text{s},\ z = 12\,\text{V}$

【4】　$Cr_d \ll \dfrac{1}{f_c} \ll CR \ll \dfrac{1}{f_s}$

【5】　62.5 pF $\ll C \ll$ 3 125 pF（例えば，$C = 500$ pF）

【6】　$m_f = 5$，スペクトル分布図（略）

【7】　$C_e = 500$ pF

【8】　$\mathit{\Delta} f = 3$ kHz

11 章

【1】　略

【2】　（1）　$r ≒ 23\,\%$
　　　（2）　$r ≒ 12\,\%$

【3】　略

【4】　$V_{dc} ≒ 6.4\,\text{V},\ r ≒ 47\,\%$

【5】　$\delta_V ≒ 7.9\,\%$

【6】　等価回路（略）

$$\delta_V = \frac{1}{B_p},\ \mathit{\Delta} R = \frac{R_s}{B_p}$$

ただし，$B_p = 1 + E_p,\ E_p = R_s\left(\dfrac{1 + h_{fe}}{h_{ie}} + \dfrac{1}{R}\right)$

索引

【あ】
圧電効果 169
アナロジー 2
アームストロング変調回路 191
安定化回路 210
安定指数 55, 87

【い】
位相変調 175
位相弁別器 192

【う】
ウィーンブリッジ 166

【え】
エミッタ接地T形等価回路 43
エミッタ接地回路 27
エミッタ接地直流電流増幅率 28
エミッタ接地電流増幅率 28
エミッタホロワ 28, 40, 84
演算増幅器 139

【お】
遅れ位相形移相発振回路 166
オフセット電圧 84, 139
オペアンプ 139

【か】
開放電圧増幅度 145
加算回路 151
下側波帯 177
可変コンデンサ 107
過変調 177
カラーコード 4

【き】
帰還 126
帰還増幅回路 126
帰還発振器 156
逆方向電圧 11
キャリヤ 8
共有結合 8
局部発振器 118
許容差 5
キルヒホッフ 95
金属皮膜抵抗器 5

【く】
空乏層 10
クリッピング 183

【け】
結合コンデンサ 70
ゲート 60
減算回路 152
検波能率 193

【こ】
コイル 3
高域遮断周波数 76
公称抵抗値 4
広帯域増幅器 80
交流抵抗 41
交流負荷直線 71
固定バイアス回路 54, 56
コルピッツ 160
コレクタ遮断電流 25
コレクタ接地回路 28
コンデンサ 3
コンプライアンス 170

【さ】
最大位相偏移 190
最大周波数偏移 184
差動増幅回路 140
差動利得 141

【し】
自動周波数制御 186
周波数安定度 169
周波数混合器 118
周波数条件 157
周波数正確度 169
周波数逓倍器 186
周波数変調 175
周波数弁別器 189
出力インピーダンス 47
出力抵抗 47
受動素子 3
順方向電圧 10
順方向電流 10
上側波帯 177
自励発振 118
真性半導体 8
振幅条件 157
振幅変調 175

【す】
進み位相形移相発振回路 163
スタガ同調増幅回路 120
スーパーヘテロダイン受信機 105

索　　　引　　　223

【せ】

正帰還	126
整　合	48, 91
正　孔	9
静特性	30
性能指数	107
整流効率	198
積分回路	150
積分形移相発振回路	166
絶縁ゲート形電界効果	
トランジスタ	15
絶縁体	8
接合形電界効果トラン	
ジスタ	15
絶対最大定格	24
占有周波数帯域幅	178

【そ】

双峰特性	117
疎結合	117
ソース	60
ソリッド抵抗器	4

【た】

帯域幅	80
第1種ベッセル関数	184
ダイオード	8, 11
体抵抗器	4
ダーリントン	89
単向化	121
単相全波整流回路	201
単相半波整流回路	198
炭素皮膜抵抗器	4

【ち】

チャネル	62
中間周波増幅回路	105
中　和	121
直接結合増幅回路	84
直流結合増幅回路	84
直流負荷直線	70

【つ】

ツェナー電圧	211

【て】

低域遮断周波数	76
低域フィルタ	182
抵抗器	3
ディジット	2
定電流回路	144, 155
電圧帰還形バイアス回路	54, 58
電圧増幅度	26, 33
電圧・電流帰還形バイアス	
回路	55
電圧変動率	198
電界効果トランジスタ	15
電気回路	1
電　子	8
電子回路	1
電流帰還形バイアス回路	55, 58
電流増幅度	26, 33
電力形巻線抵抗器	5
電力効率	76
電力増幅度	26

【と】

動作抵抗	41
動作点	30, 31
同相信号除去比	143
同相利得	142
導　体	8
同調増幅回路	105
トランジスタ	3, 14
ドリフト	139
トリマコンデンサ	119
ドレーン	60

【に】

入力インピーダンス	47
入力抵抗	47
ニュートロダイン増幅回路	121

【は】

バイアス	52
バイアス回路	52
バイパスコンデンサ	70
バイポーラトランジスタ	15
発振回路	156
ハートレー	160
搬送波	175
反転増幅回路	148
反転入力	145
半導体	8

【ひ】

非同調増幅回路	91
非反転増幅回路	149
非反転入力	145
微分形移相発振回路	163
被変調波	175
非飽和領域	61
漂遊容量	75
ピンチオフ電圧	61

【ふ】

ファラデーの法則	92
フォスター・シーレー	189
負荷直線	31
負帰還	126
復　調	175
不純物半導体	8
ブートストラップ	136
ブリッジ形単相全波整流	
回路	202

【へ】

平滑回路	205
ベース接地T形等価回路	42
ベース接地回路	29
ベース接地電流増幅率	29
変成器	3
変成器結合増幅回路	91
変　調	175

変調指数	184	脈動率	197	リミッタ	189
変調度	177			臨界結合	117
変調波	175	【ゆ】			
		ユニティゲイン・ボルテージホロワ	149	【る】	
【ほ】				ループ利得	127
飽和ドレーン電流	61	【り】			
飽和領域	61				
		理想変成器	92		
【み】		離調度	108		
密結合	117	利得帯域幅積	75, 129		

【A】		【G】		【P】	
AFC	186	GB 積	75, 129	PM	175
AM	175	【H】		pn 接合	10
【C】		h パラメータ	34, 24	p チャネル形	61
CMRR	143	【J】		【R】	
【E】		JFET	15, 61	RC 結合増幅回路	69
E シリーズ	5	【M】		RC 発振回路	163
【F】		MOS 形 FET	15, 61	【S】	
FET	15	【N】		SEPP 回路	103
FM	175	n チャネル形	61	【Y】	
				y パラメータ	25

―― 著 者 略 歴 ――

須田　健二（すだ　けんじ）
1967年　群馬工業高等専門学校電気工学科卒業
1967年　三菱電機(株)勤務
1970年　群馬工業高等専門学校助手
1982年　群馬工業高等専門学校助教授
1984年　放送大学講師（非常勤）
1992年　群馬工業高等専門学校教授
2010年　群馬工業高等専門学校嘱託教授
2012年
〜14年　群馬工業高等専門学校非常勤講師

土田　英一（つちだ　えいいち）
1979年　防衛大学校電気工学科卒業
1979年　陸上自衛隊入隊
1984年　防衛大学校理工学研究科修了
　　　　（電子工学専攻）
1990年　工学博士（東京工業大学）
1994年　(財)応用光学研究所勤務
1995年　小山工業高等専門学校助教授
2007年　小山工業高等専門学校教授
　　　　現在に至る

電 子 回 路
Electronic Circuits　　　　　　　© Kenji Suda, Eiichi Tsuchida 2003

2003年12月15日　初版第1刷発行
2016年1月20日　初版第14刷発行

検印省略

著　者　須　田　健　二
　　　　土　田　英　一
発行者　株式会社　コロナ社
代表者　牛来真也
印刷所　壮光舎印刷株式会社

112-0011 東京都文京区千石4-46-10
発行所　株式会社　コロナ社
CORONA PUBLISHING CO., LTD.
Tokyo Japan
振替 00140-8-14844・電話(03)3941-3131(代)
ホームページ http://www.coronasha.co.jp

ISBN 978-4-339-01192-0　　(安達)　　(製本：グリーン)
Printed in Japan

本書のコピー，スキャン，デジタル化等の無断複製・転載は著作権法上での例外を除き禁じられております。購入者以外の第三者による本書の電子データ化及び電子書籍化は，いかなる場合も認めておりません。

落丁・乱丁本はお取替えいたします

電子情報通信レクチャーシリーズ

■電子情報通信学会編　　　（各巻B5判）

共通

	配本順			頁	本体
A-1	(第30回)	電子情報通信と産業	西村吉雄著	272	4700円
A-2	(第14回)	電子情報通信技術史 ―おもに日本を中心としたマイルストーン―	「技術と歴史」研究会編	276	4700円
A-3	(第26回)	情報社会・セキュリティ・倫理	辻井重男著	172	3000円
A-4		メディアと人間	原島博 北川高嗣共著		
A-5	(第6回)	情報リテラシーとプレゼンテーション	青木由直著	216	3400円
A-6	(第29回)	コンピュータの基礎	村岡洋一著	160	2800円
A-7	(第19回)	情報通信ネットワーク	水澤純一著	192	3000円
A-8		マイクロエレクトロニクス	亀山充隆著		
A-9		電子物性とデバイス	益川一哉 天川修平共著		

基礎

	配本順			頁	本体
B-1		電気電子基礎数学	大石進一著		
B-2		基礎電気回路	篠田庄司著		
B-3		信号とシステム	荒川薫著		
B-5	(第33回)	論理回路	安浦寛人著	140	2400円
B-6	(第9回)	オートマトン・言語と計算理論	岩間一雄著	186	3000円
B-7		コンピュータプログラミング	富樫敦著		
B-8		データ構造とアルゴリズム	岩沼宏治他著		
B-9		ネットワーク工学	仙田正和 石村裕共著 中野敬介		
B-10	(第1回)	電磁気学	後藤尚久著	186	2900円
B-11	(第20回)	基礎電子物性工学 ―量子力学の基本と応用―	阿部正紀著	154	2700円
B-12	(第4回)	波動解析基礎	小柴正則著	162	2600円
B-13	(第2回)	電磁気計測	岩﨑俊著	182	2900円

基盤

	配本順			頁	本体
C-1	(第13回)	情報・符号・暗号の理論	今井秀樹著	220	3500円
C-2		ディジタル信号処理	西原明法著		
C-3	(第25回)	電子回路	関根慶太郎著	190	3300円
C-4	(第21回)	数理計画法	山下信雄 福島雅夫共著	192	3000円
C-5		通信システム工学	三木哲也著		
C-6	(第17回)	インターネット工学	後藤滋樹 外山勝保共著	162	2800円
C-7	(第3回)	画像・メディア工学	吹抜敬彦著	182	2900円
C-8	(第32回)	音声・言語処理	広瀬啓吉著	140	2400円
C-9	(第11回)	コンピュータアーキテクチャ	坂井修一著	158	2700円

配本順				頁	本体
C-10		オペレーティングシステム			
C-11		ソフトウェア基礎	外山芳人著		
C-12		データベース			
C-13	(第31回)	集積回路設計	浅田邦博著	208	3600円
C-14	(第27回)	電子デバイス	和保孝夫著	198	3200円
C-15	(第8回)	光・電磁波工学	鹿子嶋憲一著	200	3300円
C-16	(第28回)	電子物性工学	奥村次徳著	160	2800円

展 開

配本順				頁	本体
D-1		量子情報工学	山崎浩一著		
D-2		複雑性科学			
D-3	(第22回)	非線形理論	香田徹著	208	3600円
D-4		ソフトコンピューティング			
D-5	(第23回)	モバイルコミュニケーション	中川正雄・大槻知明共著	176	3000円
D-6		モバイルコンピューティング			
D-7		データ圧縮	谷本正幸著		
D-8	(第12回)	現代暗号の基礎数理	黒澤馨・尾形わかは共著	198	3100円
D-10		ヒューマンインタフェース			
D-11	(第18回)	結像光学の基礎	本田捷夫著	174	3000円
D-12		コンピュータグラフィックス			
D-13		自然言語処理	松本裕治著		
D-14	(第5回)	並列分散処理	谷口秀夫著	148	2300円
D-15		電波システム工学	唐沢好男・藤井威生共著		
D-16		電磁環境工学	徳田正満著		
D-17	(第16回)	VLSI工学 ―基礎・設計編―	岩田穆著	182	3100円
D-18	(第10回)	超高速エレクトロニクス	中村徹・三島友義共著	158	2600円
D-19		量子効果エレクトロニクス	荒川泰彦著		
D-20		先端光エレクトロニクス			
D-21		先端マイクロエレクトロニクス			
D-22		ゲノム情報処理	高木利久・小池麻子編著		
D-23	(第24回)	バイオ情報学 ―パーソナルゲノム解析から生体シミュレーションまで―	小長谷明彦著	172	3000円
D-24	(第7回)	脳工学	武田常広著	240	3800円
D-25		福祉工学の基礎	伊福部達著		近刊
D-26		医用工学			
D-27	(第15回)	VLSI工学 ―製造プロセス編―	角南英夫著	204	3300円

定価は本体価格+税です。
定価は変更されることがありますのでご了承下さい。

図書目録進呈◆

電気・電子系教科書シリーズ

(各巻A5判)

- ■編集委員長　高橋　寛
- ■幹　　　事　湯田幸八
- ■編集委員　江間　敏・竹下鉄夫・多田泰芳
　　　　　　　中澤達夫・西山明彦

配本順		書名	著者	頁	本体
1.	(16回)	電気基礎	柴田尚志・皆藤新泰・田多芳志 共著	252	3000円
2.	(14回)	電磁気学	柴田尚・田多芳志 共著	304	3600円
3.	(21回)	電気回路Ⅰ	柴田尚志 著	248	3000円
4.	(3回)	電気回路Ⅱ	遠藤勲・鈴木靖 共著	208	2600円
5.		電気・電子計測工学	西山明彦・吉福高二郎・降矢典・奥正立 共著		
6.	(8回)	制御工学	吉下奥正立 共著	216	2600円
7.	(18回)	ディジタル制御	青西木堀俊俊 共著	202	2500円
8.	(25回)	ロボット工学	白水俊次 著	240	3000円
9.	(1回)	電子工学基礎	中澤達夫・藤原勝幸 共著	174	2200円
10.	(6回)	半導体工学	渡辺英夫 著	160	2000円
11.	(15回)	電気・電子材料	中押森須土澤田山・伊若田原吉海沢室賀田　・藤服部英二共著	208	2500円
12.	(13回)	電子回路	健英充弘博純也　夫共著	238	2800円
13.	(2回)	ディジタル回路	昌進　嚴 共著	240	2800円
14.	(11回)	情報リテラシー入門	山湯田幸 共著	176	2200円
15.	(19回)	C++プログラミング入門	湯田幸八 著	256	2800円
16.	(22回)	マイクロコンピュータ制御プログラミング入門	柚賀正光千代谷慶 共著	244	3000円
17.	(17回)	計算機システム	春舘日泉雄健　治八 共著	240	2800円
18.	(10回)	アルゴリズムとデータ構造	湯田原田原幸充博 共著	252	3000円
19.	(7回)	電気機器工学	伊前谷敏勉　弘 共著	222	2700円
20.	(9回)	パワーエレクトロニクス	江高前新間橋邦　敏勲 共著	202	2500円
21.	(12回)	電力工学	甲斐隆章・三吉木成機・江高英機彦 共著	260	2900円
22.	(5回)	情報理論	吉木川下鉄機夫 共著	216	2600円
23.	(26回)	通信工学	竹田英豊稔 共著	198	2500円
24.	(24回)	電波工学	宮松部克正久 共著	238	2800円
25.	(23回)	情報通信システム(改訂版)	南岡田桑唯史植原月孝夫植松志 共著	206	2500円
26.	(20回)	高電圧工学	箕 共著	216	2800円

定価は本体価格+税です。
定価は変更されることがありますのでご了承下さい。

図書目録進呈◆